21世纪高等学校规划教材

VB语言
程序设计教程

杨忠宝 康顺哲 主编

李子梅 齐鹏 副主编

21st Century University
Planned Textbooks

人民邮电出版社

北 京

图书在版编目（CIP）数据

VB语言程序设计教程 / 杨忠宝，康顺哲主编.
-- 北京：人民邮电出版社，2010.12
21世纪高等学校规划教材
ISBN 978-7-115-24672-1

Ⅰ. ①V… Ⅱ. ①杨… ②康… Ⅲ. ①
BASIC语言－程序设计－高等学校－教材 Ⅳ. ①TP312

中国版本图书馆CIP数据核字(2011)第008572号

内 容 提 要

本书主要介绍了 Visual Basic 的基础知识、Visual Basic 语言的常用对象、控件的概念及开发简单 Visual Basic 程序的步骤以及 3 种基本控制结构、数组和过程等知识。另外，本书配有《VB 语言程序设计实验指导与习题解答》，为学生提供配套的辅导教材。

21 世纪高等学校规划教材

VB 语言程序设计教程

◆ 主　编　杨忠宝　康顺哲
　　副主编　李子梅　齐　鹏
　　责任编辑　武恩玉

◆ 人民邮电出版社出版发行　　北京市崇文区夕照寺街 14 号
　　邮编　100061　　电子函件　315@ptpress.com.cn
　　网址　http://www.ptpress.com.cn
　　中国铁道出版社印刷厂印刷

◆ 开本：787×1092　1/16
　　印张：18.5　　　　　　　　2010 年 12 月第 1 版
　　字数：482 千字　　　　　　2010 年 12 月北京第 1 次印刷

ISBN 978-7-115-24672-1
定价：33.00 元

读者服务热线：(010)67170985　印装质量热线：(010)67129223
反盗版热线：(010)67171154
广告经营许可证：京崇工商广字第 0021 号

前　言

随着信息技术等现代科技的飞速发展,当今社会已经迈入了以计算机和网络技术为核心的信息时代,人们的生产、生活方式发生了质的改变。计算机作为信息社会中必备的工具之一已经成为一种普及的文化。计算机应用水平已经成为衡量现代人才综合素质的重要标志之一。我国目前对计算机教育的普及和发展给予了前所未有的关注和投入。

Visual Basic 语言在计算机程序设计领域应用非常广泛,它具有功能丰富、使用方便、语法灵活等诸多优点。

Visual Basic 语言是我国各高校普遍开设的一门重要的计算机基础课程,同时也是计算机专业学生学习程序设计语言的必修课程。通过本课程的学习,能使学生应用计算机解决问题的能力得到进一步的提高,为后续的计算机应用课程打下坚实的基础。在编写本书过程中,作者结合自己多年从事 Visual Basic 语言教学的经验,理论联系实际,尽可能将概念、知识点与例题结合起来,力求通俗易懂。每道例题都添加了必要的中文注释,并且程序中输入/输出提示信息也多采用中文,增加了程序的可读性。

本书的第 1 章介绍了 Visual Basic 6.0 的发展历史、安装、启动、卸载以及集成开发环境。第 2 章介绍了 Visual Basic 语言的常用对象、控件的概念及开发简单Visual Basic 程序的步骤。第 3 章介绍了 Visual Basic 语言的基础知识,包括:数据类型、常量、变量、运算符、表达式和函数等。第 4 章介绍了 3 种基本控制结构:顺序、选择和循环。第 5 章介绍了数组和过程。第 6 章介绍了 Visual Basic 常用控件。第 7 章介绍了 Visual Basic 高级控件。第 8 章介绍了菜单及 MDI 窗体设计。第 9 章介绍了文件操作,包括文件的概念、打开和关闭方法、文件读写方法等。第 10 章介绍了 Visual Basic 语言中数据库应用程序设计。第 11 章介绍了多媒体应用程序设计。第 12 章介绍了网络应用程序设计。第 13 章介绍了程序调试与错误处理。

为了便于教学和自学,我们还编写了与本教材配套的教学工具。

《VB 语言程序设计实验指导与习题解答》:包括习题解答、实验指导、实验项目、课程设计、自测练习;

《VB 语言程序设计教程》教材的配套 PowerPoint 电子课件;

《VB 语言程序设计教程》教材的源程序已在 Visual Basic 6.0 环境下编译调试通过。

上述课件和源程序有需要者可登录人民邮电出版社教学服务与资源网(http//:www.ptpedu.com.cn)免费下载。

本书由杨忠宝、康顺哲、李子梅、齐鹏编写。杨忠宝编写了第 10 章~第 12章,康顺哲编写了第 4 章、第 5 章、第 9 章,李子梅编写了第 6 章~第 8 章,齐鹏编写了第 1 章~第 3 章、第 13 章。全书由杨忠宝主编并统稿。

由于编者水平有限,书中难免存在缺点和错误,殷切希望读者批评指正。

邮箱地址:js_yzb@ccit.edu.cn 。

编　者

2010 年 12 月

目　录

第1章
Visual Basic 概述

本章简单介绍 Visual Basic 的发展历程与主要特点，重点介绍 Visual Basic 6.0 的集成开发环境，使读者对 Visual Basic 有一个概括性的认识和掌握。

1.1 Visual Basic 的发展历程及特点

1.1.1 Visual Basic 的发展历程

Visual Basic（简称 VB）是由美国微软公司于 1991 年开发的一种可视化的、面向对象和采用事件驱动方式的结构化高级程序设计语言，可用于开发 Windows 环境下的各类应用程序，它简单易学、效率高，且功能强大。

Visual 意为可视的、可见的，指的是开发像 Windows 操作系统的图形用户界面（Graphic User Interface，GUI）的方法，它与其他编程软件不同的是不需要编写大量代码去描述界面元素的外观和位置，只要把预先建立好的对象拖放到屏幕上相应的位置即可。

Basic 指的是 BASIC（Beginners All Purpose Symbolic Instruction Code）语言，它是一种在计算机技术发展历史上应用得最为广泛的语言。VB 在原有 BASIC 语言的基础上进一步发展，至今包含了数百条语句、函数及关键词，专业人员可以用 VB 实现其他任何 Windows 编程语言的功能，而初学者只要掌握几个关键词就可以建立简单实用的应用程序。

1991 年，微软公司推出了 Visual Basic 1.0 版本，在此之后，微软公司相继于 1992 年推出 2.0 版，1993 年推出 3.0 版，1995 年推出 4.0 版，1997 年推出 5.0 版，1998 年推出 6.0 版，Visual Basic 6.0 一直沿用到现在。

Visual Basic 6.0 有 3 种不同的版本，可满足不同的开发需要。

（1）学习版：是 VB 的基础版本，可以开发 Windows 和 Windows NT 的应用程序。该版本包括所有的内部控件以及网格（Grid）、选项卡（Tab）和数据绑定控件（Data_Bound）。

（2）专业版：为专业编程人员提供了一整套功能完备的开发工具。该版本包括学习版的全部功能以及 ActiveX 控件、Internet 控件、集成的数据库工具和数据编辑环境、ADO 和 DHTML。

（3）企业版：使得专业编程人员能够开发功能强大的组内分布式应用程序。该版本包括专业版的全部功能，同时具有自动化管理器、部件管理器、数据库管理工具、Visual SourceSafe 面向对象的控制系统等。

本书中使用的开发环境是 Visual Basic 6.0 中文企业版。

1.1.2 Visual Basic 语言的主要特点

Visual Basic 是一种新型的现代程序设计语言，具有很多与传统程序设计语言不同的特点，其主要的特点如下。

1. 可视化的编程工具

用传统程序设计语言设计程序时，主要的工作就是设计算法和编写代码，程序的各种功能和用户界面都可以通过程序语句来实现。在设计过程中看不到界面的实际显示效果，必须在编译后运行程序才能观察效果，有时要反复修改多次。这种重复的操作会大大影响软件的开发效率。Visual Basic 提供了可视化设计工具。程序设计者只要从"工具箱"中选择所需工具（控件），按设计要求在屏幕上画出各种控件，就可以得到相应的对象，然后设置这些对象的属性。Visual Basic 将自动生成界面程序代码，程序设计者只需编写实现程序功能的那部分代码即可。与传统程序设计语言相比，提高了编程效率。

2. 面向对象的程序设计

VB 是面向对象的程序设计语言，它把程序和数据封装起来作为一个对象，并为每个对象赋予应有的属性，使对象成为实在的东西。在设计对象时，不必编写建立和描述每个对象的程序代码，而是用工具在界面上画出来，VB 便会自动生成对象的程序代码并封装起来。如 VB 中的窗体和控件，就是它的对象。这些对象是由系统设计好并提供给用户使用的；对象的建立、移动、增删、缩放操作也是由系统规定好的，这比一般的面向对象程序设计中的操作要简单得多。

3. 事件驱动的编程机制

VB 是采用事件驱动编写机制的语言。传统编程是面向过程的，采取的方式是按程序事先设计好的流程运行，这种编程方式的缺点是编程人员总是要关心什么时候发生什么事情。而在事件驱动编程中，应用程序在响应不同的事件时，驱动不同的事件代码，并不是按预定的顺序来执行的。一个对象可能会产生多个事件（如单击、双击、获得焦点等），每个事件都可以通过一段代码来响应；为了让窗体或控件响应某个事件，必须把代码放入到这个事件的事件过程之中。

4. 结构化的程序设计语言

VB 是在 Basic 和 Quick Basic 语言的基础上发展起来的，具有高级语言的语句结构，用过程作为程序的组织单位，是理想的结构化语言。

5. 强大的数据库功能

VB 支持各类数据库和电子表格，如 Microsoft Access、Dbase、SQL Server、Oracle、Excel、Lotus 等，并提供了方便的数据库与控件连接的功能，开发人员只要设计控件与数据库的数据连接，就可以做出功能强大的数据库管理系统。VB 6.0 中新增了功能强大、使用方便的 ADO（Active Database Object）技术。ADO 包括了现有的开放式数据连接 ODBC 功能，可以通过直接访问或建立连接的方式使用并操纵后台大型网络数据库，从而使网络数据库的开发更加快捷、简单。

6. 动态数据交换功能

VB 提供了动态数据交换（Dynamic Data Exchange，DDE）技术，可以在应用程序中与其他 Windows 应用程序建立动态数据连接交换，在不同的应用程序之间进行通信。

7. ActiveX 技术

VB 提供了 ActiveX（OLE）技术（也称对象的衔接和嵌入技术），该技术可以将多个应用程序看做不同的对象，将它们连接起来组合为一体，再嵌入某个应用程序中，而这些应用程序可以通过许多不同的工具来创建。这样就可以在开发应用程序的过程中利用其他应用程序提供的功能。

8．定制 ActiveX 控件

在 VB 6.0 中，可以开发用户自己的 ActiveX 控件，并把它作为集成开发环境和运行环境的一部分为开发应用程序提供服务。

9．ActiveX 文档

ActiveX 文档是一种能在 Internet 浏览器窗口中显示的窗体，提供了内置的视口滚动、超链接以及菜单组合。建立 ActiveX 文档同建立其他 VB 窗体一样，可以包含可插入的对象，比如 Microsoft Excel 的数据透视表，还可显示一些消息框和次级窗体；更重要的是它能控制包括它的页面。

10．动态链接库和 WinAPI

VB 不仅支持对动态链接库（Dynamic Link Library，DLL）的调用，还支持访问 Microsoft Windows 操作系统的 API 函数，完成窗口与图形的显示、内存管理或其他任务。通过动态链接库可以将其他语言编写的各种例程加入到 VB 应用程序中，像调用内部函数一样调用它们。

11．网络功能

在 Internet 编程上，VB 6.0 提供了 IIS 和 DHTML（Dynamic HTML）两种类型的程序设计方法。利用它们进行程序设计，编程人员不再需要学习编写脚本和操作 HTML 标记，就可以开发功能很强的基于 Web 的应用程序。

1.2　Visual Basic 6.0 的安装与启动

1.2.1　Visual Basic 6.0 的安装

Visual Basic 6.0 的安装工作由系统提供的相应安装程序 Setup.exe 完成。安装步骤如下。

（1）插入具有 Visual Basic 6.0 系统安装文件的光盘。

（2）运行 Visual Basic 6.0 安装程序 Setup.exe，进入"安装程序向导"，如图 1-1 所示。

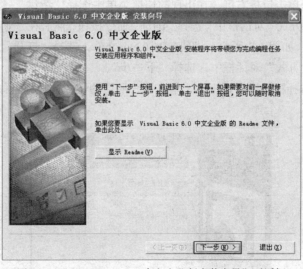

图 1-1　"Visual Basic 6.0 中文企业版安装向导"对话框

（3）进入安装程序向导后，用户要阅读一份"最终用户许可协议"，单击"同意"按钮方可进行下一步安装，接着安装程序向导会要求用户选择安装 Visual Basic 6.0 的驱动器和文件夹，可以直接单击"确定"按钮，按默认文件夹安装。

（4）在进行以上步骤后，安装程序向导将显示安装类型选择窗体，有 3 种安装方式供选择：典型安装、自定义安装和最小安装。一般情况下，可选择典型安装，单击典型安装的按钮后，即开始 Visual Basic 6.0 应用程序的安装，安装完成后，会在 Windows 的开始菜单中添加"Microsoft Visual Basic 6.0 中文版"程序组。

1.2.2　Visual Basic 6.0 的启动与退出

1．Visual Basic 启动

（1）在"开始"菜单中启动 VB 6.0。

① 单击屏幕左下角的"开始"按钮，选择"程序"菜单。

② 单击"Microsoft Visual Basic 6.0 中文版"子菜单下的"Microsoft Visual Basic 6.0 中文版"，如图 1-2 所示，就可以启动 VB 6.0。

图 1-2　启动 VB 开发环境

（2）用快捷方式启动 VB6.0。

① 在桌面空白处单击鼠标右键，在出现的快捷菜单中选择"新建"，然后选择"快捷方式"。

② 在"创建快捷方式"对话框中，选择"浏览"命令按钮，然后在"浏览"窗口中找到 Visual Basic 6.0 所在的目录，如图 1-3 所示，找到 VB6.0.exe 文件，选择"打开"。

③ 在"创建快捷方式"对话框中，选择"下一步"。

④ 在"为程序选择标题"对话框中，输入用户所要的快捷方式的名称，然后单击"完成"按钮。

图 1-3　快捷方式启动 VB 6.0

启动 VB6.0 后，将显示"新建工程"对话框，如图 1-4 所示。在该对话框中有如下 3 个选项卡。

（1）新建：建立新工程（默认）。

（2）现存：选择和建立现有的工程。

（3）最新：列出最近使用过的工程。

"新建"选项卡中列出了 VB 6.0 能够建立的应用程序类型，初学者只要选择默认的"标准 EXE"即可。单击"打开"按钮，就可以创建标准 EXE 工程，进入如图 1-5 所示的 VB 6.0 应用程序集成开发环境。

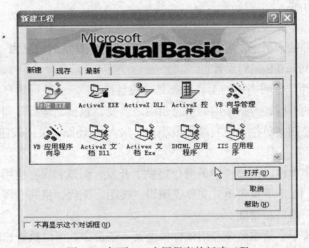

图 1-4 打开 VB 应用程序并新建工程

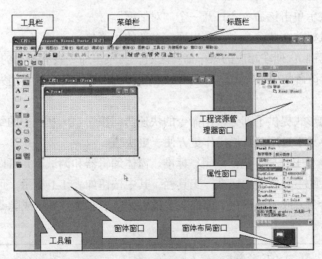

图 1-5 VB 6.0 应用程序开发环境

2. Visual Basic 6.0 退出

退出 VB6.0 有以下几种方法。

（1）在"文件"菜单中，单击"退出"命令。

（2）直接按 Alt + Q 组合键。

（3）单击标题栏上的关闭按钮。

（4）双击标题栏左侧的控制菜单。

采用上述方法，都会退出 VB 6.0，返回到 Windows 环境。

1.3 Visual Basic 6.0 的集成开发环境

1.3.1 主窗口

主窗口也称设计窗口。启动 VB 6.0 后，主窗口位于集成环境的顶部，由标题栏、菜单栏和工具栏组成，如图 1-5 所示。

1. 标题栏

标题栏是屏幕顶部的水平条。启动 VB 6.0 后，标题栏中显示的信息为：

工程 1-Microsoft Visual Basic [设计]

方括号内的"设计"表明当前的工作状态是"设计阶段"，可进行用户界面的设计和代码的编制。随着工作状态的不同，方括号内的信息也随之改变，包括"运行"和"中断"。

标题栏最左端是控制菜单栏，最右端是最小化、最大化/还原、关闭按钮。

2. 菜单栏

标题栏下面就是菜单栏。菜单栏中的命令提供了开发、调试和保存应用程序所需要的工具。VB 6.0 菜单栏共包括 13 个下拉菜单：文件、编辑、视图、工程、格式、调试、运行、查询、图表、工具、外接程序、窗口和帮助。

每个菜单项包含若干个菜单命令，用鼠标单击某一条命令就可以执行相应的操作。

在下拉菜单中，有几点需要注意。

（1）省略号：表示单击该命令会打开一个"对话框"。

（2）箭头：将鼠标放在此命令上，会出现一个新的子菜单。

（3）热键（快捷键）：列在相应的菜单命令之后，与菜单命令具有相同的作用。

（4）对号：表示该命令在当前状态下正在使用。再次选择此命令，对号消失，该命令不起作用。

3. 工具栏

工具栏以图标的形式提供了部分常用命令的快速访问按钮。工具栏中的每一个按钮都对应着菜单中的某个命令，只不过用工具栏操作更方便、更快速。

VB 6.0 提供了 4 种工具栏，包括编辑、标准、窗体编辑器和调试，并可以根据需要定义用户自己的工具栏。默认的工具栏是"标准"工具栏，其中按钮如表 1-1 所示。可以选择"视图"菜单下的"工具栏"命令，或用鼠标在"标准"工具栏处单击右键，显示或隐藏其他工具栏。

表 1-1　　　　　　　　　　　标准工具栏按钮

图　标	名　称	功　能
🖼 ▾	添加标准工程	用来添加新的工程到工作组中。单击其右边的箭头，在弹出的下拉菜单中可以选择所要添加的工程类型
🗔 ▾	添加窗体	用来添加新的窗体到工程中。单击其右边的箭头，在弹出的下拉菜单中可以选择所要添加的窗体类型
📋	菜单编辑器	显示菜单编辑器对话框
📂	打开工程	用来打开一个已经存在工程文件
💾	保存工程（组）	用来保存当前的工程（组）文件

图 标	名 称	功 能
✂	剪切	把选择的文字或控件剪切到剪贴板
📋	复制	把选择的文字或控件拷贝一份到剪贴板
📋	粘贴	将剪贴板上的内容复制到当前的插入位置
🔍	查找	查找指定的字符串在程序代码窗口中的位置
↺	撤消	撤销上一次的编辑操作
↻	恢复	将上一次的撤销命令取消
▶	启动	启动目前正在设计的程序
❚❚	中断	暂时中断正在运行的程序
■	结束	结束目前正在运行的程序，回到设计窗口
🗂	工程资源管理器	打开工程资源管理器窗口
📑	属性窗口	打开属性窗口
🖼	窗体布局窗口	打开窗体布局窗口
🗃	对象浏览器	显示对象浏览器对话框
🔨	工具箱	打开工具箱窗口
🗄	数据视图	打开数据视图窗口
🗂	可视化组件管理器	打开可视化组件管理器
⊡ 0, 0 ⊞ 4800 x 3600	数据显示区	显示当前对象的位置和大小（窗体工作区的左上角为坐标原点），左数字区显示的是对象的坐标位置，右数字区显示的是对象的高度和宽度

1.3.2　窗体设计器窗口

窗体设计器窗口简称窗体（Form），是应用程序最终面向用户的窗口。在窗体中可以设计菜单，可以添加按钮、文本框、列表框、图片框等控件，并通过窗体或窗体中的这些控件将各种图形、图像、数据等显示出来。

启动 VB 6.0 后，Form1 作为窗体的缺省名称显示在屏幕上，如图 1-6 所示。若再添加新的空窗体，默认窗体名称为 Form2、Form3…

窗体上有标准的网格点线，它用于对齐窗体中的控件。如果想清除网格点线或改变网格点线间的距离，则可以通过"工具"菜单下的"选项"命令（"通用"选项卡）来进行调整。

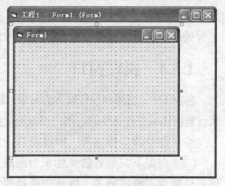

图 1-6　窗体设计器窗口

1.3.3　工程资源管理器窗口

工程资源管理器窗口类似于 Windows 下的资源管理器。在这个窗口中列出了当前工程中的窗体和模块，其结构用树形的层次管理方法显示，如图 1-7 所示。应用程序就是在工程的基础上完成的，而工程又是各种类型的文件的集合。这些文件可以分为以下几类。

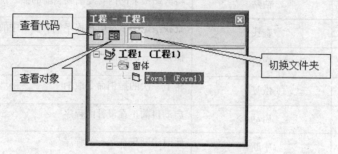

图 1-7　工程资源管理器窗口

（1）工程文件（.vbp）和工程组文件（.vbg）：保存的是与该工程有关的所有文件和对象的清单。每个工程对应一个工程文件。当一个应用程序包含两个以上的工程时，这些工程构成一个工程组，存储为工程组文件。

（2）窗体文件（.frm）：窗体及其控件的属性和其他信息都存放在窗体文件中。一个工程可以有多个窗体（最多可达 255 个）。

（3）标准模块文件（.bas）：纯代码性质的文件，不属于任何一个窗体。主要用来声名全局变量和定义一些通用的过程，可以被不同窗体的程序调用。

（4）类模块文件（.cls）：VB 提供了大量预定义的类，同时也允许用户定义自己的类。每个类都用一个文件来保存，称为类模块文件。

（5）资源文件（.res）：保存的是各种"资源"，包括文本、图片、声音等。它由一系列独立的字符串、位图及声音文件组成。是一个纯文本文件。

除上面几类文件外，在工程资源管理器窗口的顶部还有 3 个按钮，它们的功能如下。

（1）"查看代码"按钮：切换到"代码窗口"，查看和编辑代码。

（2）"查看对象"按钮：切换到"窗体窗口"，查看和编辑对象。

（3）"切换文件夹"按钮：折叠或展开包含在对象文件夹中的个别项目列表。

在工程资源管理器窗口中，括号内是工程、窗体、程序模块、类模块等的存盘文件名，括号外是相应的名字（Name 属性）。每个工程名左侧都有一个方框，当方框内为" + "号时，表明此工程处于"折叠"状态，单击" + "号后变为"展开"状态，" + "号变为" – "号。

1.3.4　属性窗口

在 VB 中，窗体和控件被称为对象。每个对象都可以用一组属性来刻画其特征，而属性窗口就是用来设置窗体或控件属性的。用户可以通过修改对象的属性来设计满意的外观。属性窗口如图 1-8 所示。

除了属性窗口标题外，属性窗口中还包括如下内容。

（1）对象下拉列表框：标识当前选定对象的名称和所属类型。单击右边的下拉按钮可打开所选窗体所含对象的列表，可从中选择要设置其属性的对象。

（2）选项卡：具有按字母顺序和按分类顺序两个方式，可以按不同的排列方式显示属性。

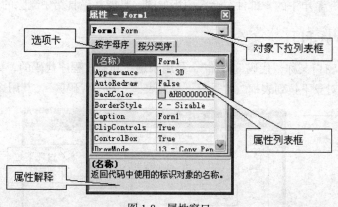

图 1-8　属性窗口

（3）属性列表框：可以滚动显示当前活动对象的所有属性。左侧显示的是属性名，右侧显示的是相应的属性值。

（4）属性解释：当在属性列表框中选取某一属性时，在该区内显示所选属性的含义。

属性窗口默认出现在 VB 6.0 集成环境中，若环境中没有属性窗口，可以用以下 3 种方法打开。

（1）执行"视图"菜单中的"属性窗口"命令。

（2）按 F4 键。

（3）单击工具栏上的"属性窗口"按钮。

1.3.5　工具箱窗口

工具箱窗口由工具图标组成，这些图标是 VB 应用程序的构件，称为图形对象或控件，每个控件由工具箱中的一个工具图标来表示，如图 1-9 所示。

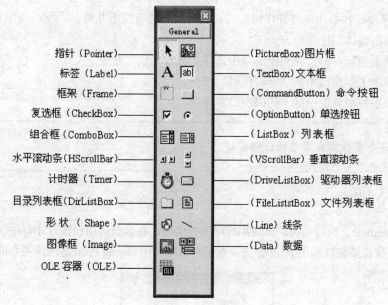

图 1-9　工具箱窗口

VB 中的控件通常分两类，一类称为内部控件或标准控件，另一类称为 ActiveX 控件。其中内部控件是 VB 启动时默认显示在工具箱中的，是不能从工具箱中删除的；而 ActiveX 控件是用户需要时从"工具"菜单下的"部件"命令中添加的，是能从工具箱中删除的。

1.3.6　代码窗口

代码（Code）窗口又称"代码编辑器"，是用来编写和修改程序代码的，如图 1-10 所示。代码窗口中主要有"对象下拉列表框"、"过程下拉列表框"和"代码区"，其用途如下。

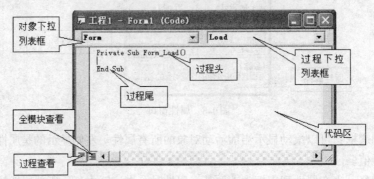

图 1-10　代码窗口

（1）对象下拉列表框：标识所选对象的名称，单击下拉按钮可以显示当前窗体及所含的所有对象名称。其中"通用"一般用于声明模块级变量或用户编写自定义过程。

（2）过程下拉列表框：列出了对象框中与所选对象有关的所有事件过程名。选择所需的事件过程名，就可以在代码区的该事件过程代码头尾之间编辑代码了。其中"声明"表示声明模块级变量。

（3）代码区：是编写和修改程序代码的编辑区。

在代码窗口的左下角有如下两个查看按钮。

（1）"过程查看"按钮：一次只查看一个过程。

（2）"全模块查看"按钮：可查看程序中的所有过程。

只有在程序设计状态才能打开代码窗口，打开的方法有以下几种。

方法 1　双击窗体的任何地方。

方法 2　单击鼠标右键，在快捷菜单中选择"查看代码"命令。

方法 3　单击工程窗口中的"查看代码"按钮。

方法 4　单击视图菜单中的"代码窗口"命令。

注意

每个窗体都有自己的代码窗口。

1.3.7　立即窗口

立即（Immediate）窗口是为调试应用程序而提供的，在运行应用程序时才有用，如图 1-11 所示。用户可以直接在该窗口利用 Print 方法或直接在程序中用 Debug.Print 显示所关心的表达式的值。

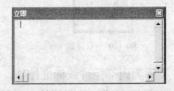

图 1-11　立即窗口

1.3.8 调色板窗口

在 VB 程序中经常会用到背景色彩（backcolor）和前景色彩（forecolor），可以调出调色板直接选用某种颜色来进行设置，调色板窗口如图 1-12 所示。

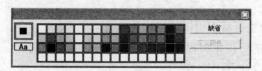

图 1-12 调色板窗口

1.3.9 窗体布局窗口

窗体布局（Form Layout）窗口用于设计应用程序运行时各个窗体在屏幕上的位置，如图 1-13 所示。用户只要用鼠标拖曳"窗体布局"窗口中计算机屏幕上的任一个 Form 窗体的位置，就可设置该窗体在程序运行时显示的初始位置。

图 1-13 窗口布局窗口

1.3.10 对象浏览器窗口

对象浏览器窗口是一个非常有用的 Visual Basic 工具，通过它去检查对象输出的属性和方法以及各种必要的参数；测试人员可以利用这些信息创建对这些对象的验证性和功能性的测试，特别是对面向对象测试，非常有用而且非常有效。对象浏览器窗口如图 1-14 所示。

图 1-14 对象浏览器窗口

习　题

选择题

1．Visual Basic 6.0 的主要特点中描述错误的是（　　）。

[A] 提供了面向对象的可视化编程工具，友好的集成开发环境

[B] 采用结构化程序设计方法

[C] 支持多种数据库系统的访问，支持动态数据交换（DDE）、动态链接库（DLL）、对象的链接与嵌入（OLE）以及 ActiveX 技术

[D] 完备的 Help 联机帮助功能

2．下列关于退出 Visual Basic 系统的方法描述错误的是（　　）。

[A] 打开 Visual Basic 主窗体的"文件"菜单，执行其中的"退出"命令

[B] 按快捷键 Alt+Q 退出

[C] 单击 Visual Basic 主窗体右上角的"关闭"按钮

[D] 按快捷键 Alt+E 退出

3．Visual Basic 6.0 分为 3 种版本，不属于这 3 种版本的是（　　）。

[A] 学习版　　　　　[B] 专业版　　　　　[C] 企业版　　　　　[D] 业余版

4．下列可以启动 Visual Basic 的方法是（　　）。

[A] 打开"我的电脑"，找到存放 Visual Basic 所在系统文件的硬盘及文件夹，双击"VB6.exe"图标

[B] 在 DOS 窗口中，键入安装 Visual Basic 系统文件的路径，执行 VB 可执行文件 VB6.exe

[C] 利用"开始"菜单中的"程序"命令可启动 Visual Basic

[D] 以上 3 项均可

5．一个工程必须包含的文件的类型是（　　）。

[A] *.vbp　　*.frm　　*.frx　　　　　[B] *.vbp　　*.cls　　*.bas

[C] *.bas　　*.ocx　　*.res　　　　　[D] *.frm　　*.cls　　*.bas

第 2 章
Visual Basic 简单程序设计

本章将介绍面向对象程序设计的概念，几个常用的内部控件的属性、事件和方法，并通过一个简单的实例说明 Visual Basic 应用程序设计的一般步骤。通过本章的学习，使读者对 Visual Basic 程序设计的概念、方法和过程有一个全面的了解。

2.1　面向对象程序设计基本概念

2.1.1　对象

在现实世界中，我们身边的一切事物都是对象，一本书、一个人、一台计算机等。每个对象都有描述其特征的属性和行为。

"类"是对具有相同属性和相同操作的一组对象的共同描述，是同种对象的抽象。例如，一个班级的所有同学都属于学生的范畴，学生就是一个类，其中"张三"是学生类中的一个具体对象。在 VB 中，系统预先定义了众多的类，如控件工具箱中的命令按钮、文本框、定时器等控件就是 VB 系统预先定义的类，设计程序时可以用它来定义对象，当我们将控件工具箱中某个控件拖放到窗体上时，就相当于用类定义了一个对象。

在 VB6.0 中，对象分为两类，一类是由系统设计好的，称为预定义对象，可以直接使用或对其进行操作；另一类是由用户定义的，可以建立用户自己的对象。

后面要介绍的窗体和控件就是 VB 中预定义的对象，这些对象是由系统设计好提供给用户使用的，其移动、缩放等操作也是由系统预先规定好的。除了窗体和控件外，VB 还提供了其他一些对象，包括打印机、剪贴板、屏幕等。

2.1.2　对象的三要素

VB 中的对象由三大要素描述，分别是：描述对象的特性，即属性；对象执行的某种行为，即方法；作用在对象上的动作，即事件。

1. 属性

属性（Property）用来描述对象的特性，不同的对象有不同的属性。每个属性的取值称为属性值，不同的对象其同一属性的属性值也不相同。例如，有两台笔记本电脑，可以用显示屏尺寸、硬盘大小、CPU 主频、内存容量等属性来分辨其差异。

同样的道理，VB 窗体或控件的属性决定了对象以什么样的外观展现在用户界面中。

前面介绍的属性窗口中包含各种属性，可以在属性列表中为某一具体的对象设置属性；也可以在程序代码中通过赋值语句实现，格式如下：

对象名.属性名 = 属性值

例如：Label1.Caption = "欢迎使用 Visual Basic 6.0"

这里，Label1 是对象名，代表标签；Caption 是属性名，表示"标题"；"欢迎使用 Visual Basic6.0"是属性值。

例如：Command1.Visible = False

这里，Command1 是对象名，代表命令按钮；Visible 是属性名，表示"可见性"；False 是属性值，表示对象不显示。

2. 方法

方法（Method）指的是作用在对象上的内部指令或函数的统称，这些内部指令或函数因其作用在对象上，所以就给予一个特殊名称叫"方法"。方法决定了对象可以执行的行为。

一般格式如下：

对象名.方法名 [参数列表]

例如：Form1.Print " Visual Basic 程序设计基础！"

这里，Form1 是窗体的名称；Print 是方法；整个语句的功能是在 Form1 的窗体上显示字符串"Visual Basic 程序设计基础！"。

3. 事件

所谓事件（Event），是由 VB 预先设置好的、能够被对象识别的动作。例如：Click（单击）、DblClick（双击）、Load（装入）、Gotfocus（获得焦点）、Activate（被激活）、Change（改变）等。

不同的对象能够识别的事件也不一样。例如，窗体能识别单击和双击事件，而命令按钮只能识别单击事件。

当事件由用户触发（如 Click）或由系统触发（如 Load）时，对象就会对该事件做出响应；响应某个事件后所执行的操作是通过一段代码来实现的，这段代码就叫做事件过程。在 VB 中，编程的核心就是为每个要处理的对象事件编写相应的事件过程，以便在触发该事件时执行相应的操作。

一般格式如下：

```
Private Sub 对象名_事件名([[参数列表]])
    …(程序代码)
End Sub
```

事件过程的开始（Private Sub 对象名_事件名）和结束（End Sub）是由系统自动生成的，因此程序员只需在事件过程中编写对事件做出响应的程序代码。

例如：
```
Private Sub Command1_Click()
    '显示信息
    Text1.Text = " Visual Basic 程序设计基础！"
    Form1.Print "长春工程学院"
    End Sub
```

这里，操作的对象是 Command1，事件是 Click（单击）。

4. 三要素的比较

（1）属性与方法。

① 相同点：在使用上，都是用小数点分隔对象名称与属性名称。

② 不同点：属性是一个具有特殊用途的内定变量，是"名词"；方法是特殊用途的内定命令，是"动词"。

（2）事件过程与方法的区别。

① 事件过程使用底线符号"_"分隔对象名与事件名称；而方法使用小数点来分隔。

② 事件过程由事件驱动，而方法由程序驱动。

③ 事件过程代码由设计者编写，而方法一般由系统预定。

2.2　窗体

窗体和控件都是 VB 中的对象，它们共同构成用户界面。窗体具有自己的属性、方法和事件。控件以图标的形式放在工具箱中，每个控件都有与之对应的图标；正是因为有了控件，才使得 VB 的功能更加强大，而且易于使用。

2.2.1　窗体结构

窗体结构与 Windows 下的窗口十分类似。在程序的设计阶段，这些用户界面称为窗体，在程序运行后称为窗口。窗口可以任意缩放、移动，可最大化也可以最小化。窗体结构如图 2-1 所示。

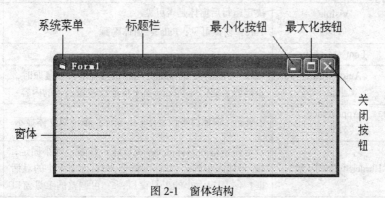

图 2-1　窗体结构

2.2.2　窗体的属性、方法和事件

1. 常用属性

窗体属性决定了窗体的外观和操作。可以用两种方法来设置窗体属性：一是通过属性窗口设置；二是在窗体事件过程中通过代码来设置。在程序代码中设置或改变对象属性值使用如下赋值表达式：

<对象名>.<属性名> = 属性值

大部分属性既可以通过属性窗口设置，也可以通过代码设置，只有少数属性例外。通常把只能通过属性窗口设置的属性称为"只读属性"，如 Name 属性。表 2-1 所示是窗体对象的常用属性说明。

表 2-1　　　　　　　　　　　　　　窗体的常用属性

序　号	属　性	说　明	默　认　值
1	Name （名称）	窗体的名称。窗体和所有控件在创建时由 VB 自动提供一个默认名称，可在属性窗口中修改。每个对象都有名称	Form1
2	Caption （标题）	窗体标题栏上显示的文字	Form1
3	Width （宽度）	对象的宽度，每个对象都有该属性。这里是窗体的水平宽度	
4	Height （高度）	对象的高度，每个对象都有该属性。这里是窗体的垂直高度	
5	Left （左边界限）	窗体左上角距屏幕左边的距离	
6	Top （上方界限）	窗体左上角距屏幕顶部的距离	
7	ForeColor（前景颜色）	窗体工作区的前景色，即正文颜色	&H80000012&
8	BackColor（背景颜色）	窗体工作区的背景色	&H8000000F&
9	Enabled （可用）	决定窗体是否响应用户的事件 Ture：能够响应用户事件；False：不能响应用户事件	True
10	Visible （可视）	决定运行后窗体是否可见 Ture：窗体可见；False：窗体隐藏	True
11	Font（字体）		宋体
12	AutoRedraw （重绘）	Ture：当缩小了的或部分内容被覆盖的窗体复原时，重绘覆盖的内容；False：不重绘曾被覆盖了的内容	False
13	Appearance （外观）	0-平面：窗体以平面显示；1-立体：窗体以立体显示	1-立体
14	BorderStyle（边界）	设定窗体边界的样式 0：无框线，位置、大小固定；1：单线大小固定；2：可调整；3：固定大小的对话框；4：固定大小的工具窗口；5：可调整的工具窗口	2-可调整
15	Icon（图标）	设定/改变窗体左上角的小图片；当 ControlBox 属性设为 True，运行后单击窗体图标会弹出控制菜单	[图标]
16	Picture （图案）	设置将要显示在窗体上的图形的文件名和路径	无
17	WindowState （窗体状态）	程序运行后窗体以什么状态显示。0：正常，窗体为设计阶段大小；1：最小化状态，窗体缩为图标；2：最大化状态，窗体占满整个屏幕	0-正常

注意

Name 属性与 Caption 属性的区别。

（1）Name 属性是对象在程序中被引用的名字，每个对象都有该属性；Caption 是窗体或控件外观上的标题，不是每个对象都有该属性。

（2）Name 属性是只读属性，只能在设计阶段设置，在运行阶段不能改变；Caption 属性既可以在设计阶段设置，也可以在运行阶段改变。

2．常用方法

窗体的方法是指窗体可以执行的动作和行为，在 VB 程序代码中，对象调用方法的一般格式为：

`<对象名>.<方法名>[参数 1，参数 2，…]`

调用方法时，是否需要参数需根据方法的种类以及具体的使用情况而定。

窗体含有许多方法，通过在代码中调用方法可以执行某种行为。常用方法如下。

（1）Show 方法：显示被遮住的窗体，或将窗体载入内存后再显示。语法格式为：

`对象名.Show[模式]`

调用 Show 方法将显示指定的窗体。

可选参数“模式”，用来确定被显示窗体的状态，值等于 1 时，表示窗体状态为“模态”，模态指鼠标只在当前窗体内起作用，只有关闭当前窗口后才能对其他窗口进行操作；值等于 0 时，表示窗体状态为“非模态”，非模态是指不必关闭当前窗口就可以对其他窗口进行操作。

（2）Hide 方法：使窗体从屏幕上暂时隐藏，但并没有从内存中清除，需要时可用 Show 方法显示。语法格式为：

`对象名. Hide`

如果省略窗体名，则默认为当前窗体。

隐藏窗体时，它就从屏幕上被移除，并自动将其 Visible 属性设置为 False。用户将无法访问隐藏窗体上的控件，以后需要再显示隐藏起来的窗体时，执行 Show 方法即可。

（3）Print 方法：该方法用来在窗体上输出文本和数据。除窗体对象外，图片框控件也有 Print 方法，该方法的语法格式为：

`[对象名.]Print [表达式表] [ ，| ；]`

---

① 表达式可以是数值也可以是字符串，对于数值表达式，先计算出表达式的值，然后输出，字符串表达式将按原样输出，并且字符串一定要放在双引号内。若省略表达式，则输出一个空行。

② 对象名可以是窗体或者图片框，如省略对象名，则默认在当前窗体上输出。

③ 也可以使用一个 Print 语句输出多个表达式。各表达式之间需要用分隔符隔开。分隔符可以是逗号或者分号。如果表达式使用逗号分隔，在输出时，各表达式之间间隔 14 个字符的位置。如果使用分号分隔符，则以紧凑格式输出。如输出数值数据，输出时前面有一个符号位，后面有一个空格，而字符串输出时，前后都没有空格。

④ 在一般情况下，每执行一次 Print 方法都会自动换行，即后一个 Print 语句的执行结果总是显示在前一个 Print 语句的下一行。为了仍在同一行上显示，可以在 Print 语句的末尾加上逗号或者分号。例如：

```
Print "20+30 = ",
Print 50
Print "20+30 = ";
Print 50
```

其输出结果为：

```
20+30=    50
20+30= 50
```

（4）Move 方法：窗体调用该方法可以进行移动，并可在移动中动态改变窗体的大小，语句

格式为：

```
[对象名.] Move X [ , Y [, Width [ , Height ] ] ]
```

参数 X 和 Y 表示移动到目标位置的坐标；Width 和 Height 表示移动到目标位置后窗体的宽度和高度，通过这两个参数实现窗体大小的调整。若省略 Width 和 Height 参数，则移动过程中窗体大小不变。

例如，要将 Form1 移动到屏幕的（100，100）处，并使其大小变为高 600、宽 800，可使用如下语句：Form1.Move 100,100,600,800

（5）Cls 方法：用于清除窗体上的文本或图形。语句格式为：

```
[对象名.]Cls
```

对象名省略，则清除当前窗体中所显示的内容。

3. 常用事件

与窗体有关的事件较多，其中常用的有以下几个。

（1）Initialize 事件：仅当窗体第一次创建时（用对象的方法）触发该事件。编程时一般将窗体或其他对象的属性设置的初始化代码放在该事件过程中。

（2）Load 事件：当窗体装入到内存时就会触发 Load 事件。编程时，一般把设置控件属性默认值和窗体级变量的初始化代码放到 Load 事件过程中。

（3）Activate、Deactivate 事件：当窗体变为活动窗口时触发 Activate 事件，而在另一个窗体变为活动窗口前触发 Deactivate 事件。

（4）UnLoad 事件：当从内存中清除一个窗体时触发该事件。如果重新装入该窗体，则窗体中所有的控件都要重新初始化。

（5）Click 事件：单击鼠标左键时发生的事件。程序运行时，单击窗口内的空白处将调用窗体的 Form_Click 事件过程，否则调用控件的 Click 事件过程。

（6）DblClick 事件：双击鼠标左键时发生的事件。

（7）Paint 事件：为了确保程序运行时不至于因某些原因使窗体内容丢失，通常用 Paint 事件过程来重画窗体内容。程序运行时，如果出现以下情况会自动触发 Paint 事件：

① 窗体被最小化成图标，然后又恢复为正常显示状态。

② 全部或者部分窗体内容被遮住。

③ 窗体的大小发生改变。

（8）Resize 事件：运行时如果改变窗体的大小，则会自动触发该事件。

　　无论窗体的名称是什么，该窗体的事件过程的名称都是以"Form"开始的，如 Form_Click、Form_DblClick。

2.3　基本控件

VB 6.0 控件分为以下 3 类。

（1）标准控件（内部控件）：由 VB 本身提供的控件，如标签、文本框、图片框等。启动 VB 后，这些控件就显示在工具箱中，既不能添加，也不能删除。

（2）ActiveX 控件：以前版本中称为 OLE 控件或定制控件。这些控件使用前必须添加到工具箱中，否则不能在窗体中使用。

（3）可插入对象：是由其他应用程序创建的不同格式的数据，如 Microsoft Excel。因为这些对象能添加到工具箱中，所以可以把它们当作控件使用。

启动 VB 6.0 后，工具箱中列出的就是标准控件，或称内部控件，如图 2-2 所示。工具箱实际上是一个窗口，也称为工具箱窗口，通常位于窗体的左侧。可以单击工具箱窗口右上角的"×"关闭工具箱，也可以通过"视图"菜单的"工具箱"命令打开工具箱窗口。

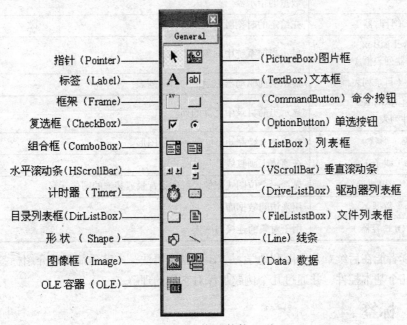

指针（Pointer）			（PictureBox）图片框
标签（Label）			（TextBox）文本框
框架（Frame）			（CommandButton）命令按钮
复选框（CheckBox）			（OptionButton）单选按钮
组合框（ComboBox）			（ListBox）列表框
水平滚动条（HScrollBar）			（VScrollBar）垂直滚动条
计时器（Timer）			（DriveListBox）驱动器列表框
目录列表框（DirListBox）			（FileListstBox）文件列表框
形状（Shape）			（Line）线条
图像框（Image）			（Data）数据
OLE 容器（OLE）			

图 2-2　标准控件

表 2-2 所示为标准工具箱中各控件的名称和作用。后续章节将陆续介绍如何用这些控件来设计应用程序。

表 2-2　　　　　　　　　　　　Visual Basic 6.0 标准控件

名　称	作　用
Pointer（指针）	这不是一个控件，只有在选择 Pointer 后，才能改变窗体中控件的位置和大小
PictureBox（图片框）	用于显示图像，包括图片或文本，VB 把它们看成是图形。可以装入位图（Bitmap）、图标（Icon）以及.wmf、.jpg、.gif 等各种图形格式的文件，或作为其他控件的容器（父控件）
Label（标签）	可以显示（输出）文本信息，但不能输入文本
TextBox（文本框）	文本的显示区域，既可输入也可输出文本，并可对文本进行编辑
Frame（框架）	组合相关的对象，将性质相同的控件集中在一起
CommandButton（命令按钮）	用于向 VB 应用程序发出指令，当单击此按钮时，可执行指定的操作
CheckBox（复选框）	又称检查框，用于多重选择
OptionButton（单选按钮）	又称录音机按钮，用于表示单项的开关状态
ComboBox（组合框）	为用户提供对列表的选择，或者允许用户在附加框内输入选择项。它把TextBox（文本框）和 ListBox（列表框）组合在一起，既可选择内容，又可进行编辑

续表

名　称	作　用
ListBox（列表框）	用于显示可供用户选择的固定列表
HScrollBar（水平滚动条）	用于表示在一定范围内的数值选择。常放在列表框或文本框中用来浏览信息，或用来设置数值输入
VScrollBar（垂直滚动条）	用于表示在一定范围内的数值选择。可以定位列表，作为输入设备或速度、数量的指示器
Timer（计时器）	在给定的时刻触发某一事件
DriveListBox（驱动器列表框）	显示当前系统中的驱动器列表
DirListBox（目录列表框）	显示当前驱动器磁盘上的目录列表
FileListstBox（文件列表框）	显示当前目录中文件的列表
Shape（形状）	在窗体上绘制矩形、圆等几何图形
Line（线条）	在窗体上画直线
Image（图像框）	显示一个位图式图像，可作为背景或装饰的图像元素
Data（数据）	用来访问数据库
OLE（OLE 容器）	用于对象的连接与嵌入

为了让读者能在后续章节中顺利地学习 VB 的基本语法，本节先简要地介绍标签、命令按钮和文本框等几个基本控件，并通过几个例题加深对它们的理解。

2.3.1　标签

标签（Label）的用途就是显示文字。标签的 Caption 属性就决定了将要显示的文字信息。

1. 主要属性

这里介绍标签的几个主要属性，如表 2-3 所示。

表 2-3　　　　　　　　　　　　　标签的主要属性

属　性	说　明	默　认　值
Name（名称）	标签的名称	Label1
Caption（标题）	设置要在标签上显示的文字	Label1
AutoSize（自动调整大小）	使标签能够自动水平扩充来适应标签上显示的文字。True：根据标题文字自动调整标签控件的大小；False：控件大小不变	False
Alignment（对齐）	标签中文本的对齐的方式。0-靠左对齐；1-靠右对齐；2-居中对齐	0-左对齐
BorderStyle（边界样式）	设定外框的样式。0-无框线；1-单线固定	0-无框线
BackStyle（背景样式）	设定背景样式。0-透明；1-不透明	1-不透明

注意

除了直线控件（Line）外，其他控件都有 Left 和 Top 属性。与窗体的 Left 和 Top 属性不同，控件的 Left 和 Top 属性决定了控件在窗体中的位置。Left 表示控件左边线到窗体左边框的距离，Top 表示控件顶端到窗体顶部的距离，如图 2-3 所示。

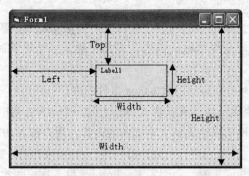

图 2-3　Top、Left、Width 和 Height 属性

2. 事件

标签对象可以接受的事件有单击（Click）、双击（DblClick）和改变（Change）。但标签只用于显示文字，因此，一般不需要编写事件过程。

2.3.2　文本框

文本框（Text Box）是用于输入和输出信息的最主要方法。与标签不同的是，用户可以编辑文本框中的信息。

1. 文本框的主要属性

文本框与窗体、标签三者之间有许多相同属性，为节省篇幅，相同的属性不再赘述，只介绍不同的属性，如表 2-4 所示。

表 2-4　　　　　　　　　　　　　　文本框常用属性

属　　性	说　　明	默 认 值
Name（名称）	文本框的名称	Text1
Text（标题）	显示在文本框上的文本，为字符型	Text1
MaxLength（文本最大长度）	允许输入的最多字符个数，默认为 0，表示长度不限	0
MultiLine（多行）	设置文本框中是否可以输入/显示多行文本。True：多行显示，即当输入的文本超出文本框边界，将自动换行；False：单行显示	False
PasswordChar（密码字符）	向文本框中输入密码时，所有字符均显示为该属性设定的字符（如*）	
Lock（锁定）	决定控件是否可编辑。True：不能修改，只能对文字做选取和滚动显示；False：允许修改	False
ScrollBar（滚动条）	为文本框添加滚动条，仅当 MultiLine 属性为真时该起作用。0-None：无滚动条；1-Horizontal：水平滚动条；2-Vertical：垂直滚动条；3-Both：水平和垂直滚动条	0

① 当 MultiLine 设为 True 时，Alignment 属性、ScrollBars 属性才有效。

② 当 Lock 属性为 True 时，无法通过界面输入或编辑该文本框，但可以通过代码设置 Text 属性来改变文本框中的内容。

2. 文本框常用事件

文本框可以识别键盘、鼠标操作的多个事件，其中 Change、KeyPress、LostFocus、GotFocus

是最重要的事件。

（1）Change 事件：当文本框中的内容发生改变时激活 Change 事件。用户输入新内容或将 Text 属性设置新值，都会改变文本框的内容。当用户输入一个字符时，就会触发一次 Change 事件。

例如，用户输入 Basic 一词时会引发 Change 事件 5 次。

（2）KeyPress 事件：当用户按下并且释放键盘上的一个 ANSI 键时，就会触发焦点所在控件的 KeyPress 事件。用于监视用户输入到文本框中的内容。用户输入的字符会通过 KeyAscii 参数返回到该事件过程中。

例如，用户输入 basic 并回车时，会引发 KeyPress 事件 6 次，每次反映到 KeyAscii 参数中的数据分别是字母 b、a、s、i、c 的 ASCII 值，以及回车符的 ASCII 值 13。

① 当用户按下字母键 b 时，首先激活 KeyPress 事件，但此时字母 b 并未显示在文本框中。系统执行完 KeyPress 事件过程后，接下来激活 Change 事件，此时字母 b 显示在文本框中。

② 当按下一个按键时，触发的事件顺序为 KeyDown、KeyPress、KeyUp。

（3）GotFocus 与 LostFocus 事件：当一个对象获得焦点时触发事件 GotFocus，反之，失去焦点则触发 LostFocus 事件。以下几种情况对象能够获得焦点：

① 鼠标点击某对象；

② 按 Tab 键使焦点落在某个对象上；

③ 在程序代码中利用 SetFocus 方法使某对象获得焦点；

④ 按快捷键（Alt + 有下画线的字母）使相应的对象获得焦点。

在使某控件获得焦点的同时，也使得其他控件失去了焦点。此外，如果一个窗体由当前活动的变为非当前的，那么窗体上原先具有焦点的控件也就失去了焦点。

【例 2-1】 设计一个简易的加法运算器，任意两数相加并显示结果。

【画面说明】 用户界面如图 2-4 所示。其中有 3 个 Text、2 个 Label 和 2 个 Command。

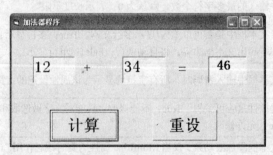

图 2-4　简易加法运算器

Form	Caption 设置为："加法器程序"
Label1	Caption 设置为："+"
Label2	Caption 设置为："="
Text1	Text 设置为：""（空）
Text2	Text 设置为：""（空）
Text3	Text 设置为：""（空）
Command1	Caption 设置为："计算"

Command2　　　　　　Caption 设置为："重设"

【程序】

```
Private Sub cmdAdd_Click()
    Text3.Text = Str(Val(Text1.Text)+ Val(Text2.Text))
End Sub

Private Sub cmdReset_Click()
    Text1.Text = ""
    Text2.Text = ""
    Text3.Text = ""
End Sub
```

　　　　Val( )函数将字符串转换为数值，而 Str( )函数将数值转换为字符串。

2.3.3　命令按钮

命令按钮（Command Button）通常用于完成某种功能，当用户单击命令按钮时就会引发相应的动作。

1. 命令按钮的主要属性

其主要属性如表 2-5 所示。

表 2-5　　　　　　　　　　　　　　命令按钮的主要属性

属　　性	说　　明	默 认 值
Name	命令按钮的名称	Command1
Caption	在命令按钮上显示的文字	Command1
Default （默认按钮）	设置命令按钮是否为默认按钮。程序运行时，不论窗体中哪个控件（命令按钮除外）具有焦点，按回车键都相当于单击默认按钮。True：设为默认按钮；False：不是默认按钮	False
Cancel （取消按钮）	设置命令按钮是否为取消按钮。程序运行时，不论窗体中哪个控件具有焦点，按 Esc 键都相当于单击取消按钮。True：设为取消按钮；False：不是取消按钮	False
Style （样式）	设置按钮是标准的还是图形的。0-标准的；1-图形的	0
Picture	设定按钮上的图形。只有当 Style 属性为 1，Picture 属性才会起作用	None

2. 命令按钮常用的事件

Click 事件：单击命令按钮时触发 Click 事件并执行 Click 事件过程中的代码。命令按钮不支持 DblClick 事件。

3. 选择命令按钮

程序运行时，可以用以下方法之一来选择命令按钮。

（1）鼠标点击命令按钮。

（2）按 Tab 键使焦点落在命令按钮上，然后按空格键或者回车键来选择命令按钮。

（3）在程序代码中将命令按钮的 Value 属性设为 True。

（4）按 Alt＋命令按钮的访问键。

（5）从代码中调用命令按钮的 Click 事件。

（6）对于默认按钮，按回车键即可选中。

（7）对于取消按钮，按 Esc 键即可选中。

选中命令按钮时，按钮处于按下状态，并调用 Click 事件过程。

【例 2-2】 设计一个简单的应用程序，当用户单击"显示"按钮时，在标签控件中显示"Visual Basic 程序设计基础!"，当用户单击"清除"按钮时，清除文本框中的内容。

【画面说明】 Form 界面中有 2 个 Command 控件和 1 个 Label 控件。

Command1　　　　　　　Caption 设置为：显示

　　　　　　　　　　　Name 设置为：cmdDisplay

Command2　　　　　　　Caption 设置为：清除

　　　　　　　　　　　Name 设置为：cmdClear

Label1　　　　　　　　Caption 设置为："" (空)

Name 设置为：lblMessage

【程序】

```
Private Sub cmdClear_Click()
    lblMessage.Caption = ""
End Sub
Private Sub cmdDisplay_Click()
    lblMessage.Caption = " Visual Basic 程序设计基础! "
End Sub
```

程序结果如图 2-5 所示。

图 2-5　窗体界面

2.4　Visual Basic 应用程序设计步骤

建立一个 VB 应用程序主要按照以下几个步骤进行。

（1）创建新工程。

（2）设计用户界面（添加控件）。

（3）设置控件属性。

（4）编写程序代码。

（5）保存应用程序。

（6）运行应用程序。

（7）生成可执行文件。

一个 VB 应用程序从设计到编程实现一般分两个阶段，即规划阶段和程序设计阶段。规划阶段的工作包括设计用户界面、确定各个控件的名称及属性；程序设计阶段就是把用户认可的规划方案通过计算机来实现，包括编写代码、保存并运行。

下面通过一个简单的示例来说明在 Visual Basic 6.0 环境下建立应用程序的完整过程。

【例 2-3】　设计一个简单的应用程序，如图 2-6 所示。当用户单击"显示"按钮时，在文本框控件中显示"Visual Basic 程序设计基础！"，在窗体上显示"长春工程学院"如图 2-7 所示；当用户单击"清除"按钮时，清除文本框中的内容；当用户单击"退出"时，结束程序。

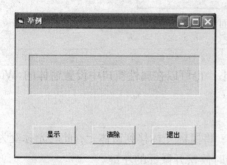
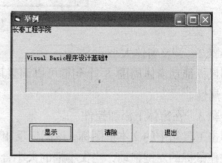

图 2-6　简单应用程序　　　　　　　　　　图 2-7　例题运行情况

1. 创建新工程

为了建立应用程序，首先应建立一个新的工程。创建新工程的步骤如下。

（1）单击"文件"菜单中的"新建工程"命令。

（2）打开"新建工程"对话框，如图 2-8 所示。选中"标准 EXE"图标，单击"确定"按钮。

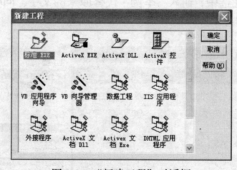

图 2-8　"新建工程"对话框

2. 设计用户界面

开发 VB 应用程序的第一步是设计程序执行后屏幕上显示的窗口信息。在这个应用程序中，用户界面中共有 5 个对象，如图 2-9 所示。

（1）1 个窗体（Form1）：放置其他控件的载体，也可用于数据输出。

（2）1 个文本框控件（Text1）：用来显示输出信息。

（3）3 个命令按钮控件（Command1、Command2、Command3）：用来执行相关操作。

步骤 1　建立窗体。

每次开始一个新工程时，都会自动创建一个新的窗体，其默认的名称（Name）为"Form1"，默认的窗体标题也是"Form1"。

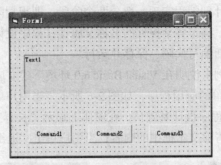

图 2-9　界面设计

步骤 2　调整窗体大小。

用鼠标拖动窗体周围 8 个句柄可以调整其大小，也可以在属性窗口中设置窗体的 Width 和 Height 属性。

步骤 3　在窗体上添加控件。

单击工具箱中的文本框图标，该图标反相显示；将鼠标光标移到窗体上，此时光标变为"＋"号；按住鼠标的左键拖动，当文本框的大小合适的时候松开鼠标的左键。

使用同样的方法在窗体上画出 3 个命令按钮。根据具体情况，对每个控件的大小和位置进行调整。

3．设置控件属性

以下分别对窗体、文本框和命令按钮进行相应的属性设置。

（1）设置窗体的属性——Caption。

① 在窗体的空白处单击以选中窗体。

② 在窗体的属性窗口中找到标题属性"Caption"，单击选中，其右侧设置栏的默认值为"Form1"。

③ 在默认值上双击使之选中，输入"举例"代替原来的文字。同时，窗体标题栏中的标题也随之改变，如图 2-10 所示。

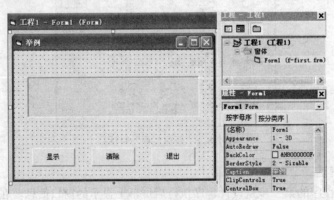

图 2-10　属性设置

（2）设置文本框的属性——Caption。

① 在文本框的属性窗口中，单击"Text"。

② 双击右侧设置栏的默认值"Text1"，按 Del 键或退格键，文本框内的 Text1 即被清除。

（3）设置命令按钮的属性——Caption。

① 在第一个命令按钮的属性窗口中，单击"Caption"按钮。

② 双击右侧设置栏的默认值"Command1"，输入"显示"。

③ 重复以上两步操作，设置其他两个命令按钮的标题。

4. 编写事件代码

在这个简单的程序中，我们只需要对"显示"、"清除"和"退出"这 3 个命令按钮的单击（Click）事件分别编写代码。

（1）"显示"按钮的 Click 事件。

① 双击窗体上的"显示"按钮进入代码窗口。

② 光标插入点会自动出现在该控件的事件过程中。

③ 以缩进的方式（按 Tab 键）输入一条注释语句（'显示信息），输入完毕按回车，注释语句自动变为绿色。

注意　VB 语句中的所有英文文字和符号都应使用英文半角方式录入。

④ 再按一次回车键，插入一个空行，然后输入语句：

```
Text1.Text = " Visual Basic 程序设计基础! "
Form1.Print "长春工程学院"
```

如图 2-11 所示。

窗体的 Print 方法用于在窗体上显示文字。

图 2-11　代码设置

注意　编写代码时，当用户输入完文本框名称（Text1）后的小数点时，"自动列出成员"功能会自动列出该对象的所有属性和方法，如图 2-12 所示。按向上或向下方向键来选取某项，按 Tab 或空格键使得选中的属性（或方法）出现在代码语句中。

⑤ 单击代码窗口的关闭按钮返回窗体。

（2）"清除"按钮的 Click 事件，如图 2-13 所示。

① 进入代码窗口。

② 单击对象下拉列表，选择名称为 Command2 的控件。

③ 单击过程下拉列表框，选择 Click 事件。

④ 在光标插入点的位置，按一下 Tab 键，使该行缩进。

⑤ 输入注释语句：'清除屏幕和文本框信息。

⑥ 回车后输入以下语句：

```
Text1.Text =""
Form1.Cls
```

图 2-12 "自动列出成员"功能

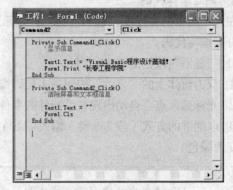

图 2-13 代码设置

第 1 条语句将文本框的 Text 属性赋值为空，第 2 条语句使用 Cls 方法清除用 Print 方法在窗体上显示的文字或图形。

⑦ 单击工程资源管理器的"查看对象"图标，返回窗体。

（3）"退出"按钮的 Click 事件，如图 2-14 所示。

① 进入代码窗口。

② 单击对象下拉列表，选择名称为 Command3 的控件。

③ 单击过程下拉列表框，选择 Click 事件。

④ 在插入点的位置，按一下 Tab 键，使该行缩进。

⑤ 输入注释语句：'退出程序。

⑥ 回车后输入以下语句。

```
End
```

⑦ 单击工程资源管理器的"查看对象"图标，返回窗体。

图 2-14 代码设置

5. 保存应用程序

通常，在上机编程的过程中要随时保存程序文件。

Visual Basic 在保存工程文件之前，应先分别保存窗体文件和标准模块文件（如果有的话）。在这个简单的程序中，需要保存两种类型的文件，即窗体文件和工程文件。步骤如下。

（1）建立用于保存应用程序的文件夹。建议在第一次保存应用程序之前，先建立一个新的文件夹（如本例中建立 D:\vb），然后把需要保存的所有文件保存于此。

（2）保存窗体文件。

① 单击"文件"菜单的"保存 Form1"命令，出现如图 2-15 所示的窗口。

② 在"保存在（I）:"的位置选择路径：D:\vb。

③ 在"文件名（N）"文本框中，输入"f-first"。

④ 回车或单击"保存"按钮。

（3）保存工程文件。

① 单击"文件"菜单的"保存工程"命令，出现如图 2-16 所示的窗口。

② 在"保存在（I）:"的位置选择路径：D:\vb（通常默认）。

③ 在"文件名（N）"文本框中，输入"p-first"。

④ 回车或单击"保存"按钮。

图 2-15　文件保存对话框

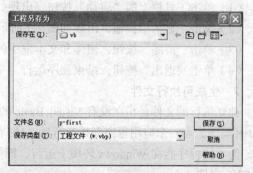

图 2-16　工程保存对话框

 　　　如果当前编辑的应用程序是第一次保存，即使用户首先选择"保存工程"，系统也会先弹出窗体文件保存对话框，保存之后再显示工程文件保存对话框。

（4）移走当前应用程序。如果用户想在不退出 VB 环境的情况下结束对当前应用程序的任何操作，可将当前工程从 VB 环境中移走，步骤如下。

① 单击"文件"菜单中的"移除工程"，出现如图 2-17 所示窗口。

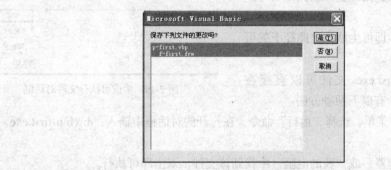

图 2-17　移除工程对话框

② 若移走当前工程前需要保存文件，单击"是"，否则单击"否"；取消移出当前程序单击"取消"。

6．运行应用程序

运行程序有 3 种方法。

（1）按工具栏上的"启动"按钮，如图 2-18 所示。

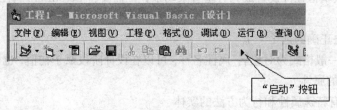

图 2-18　"启动"图标按钮

（2）直接按键盘的<F5>键。

（3）单击"运行"菜单的"启动"命令。

本例程序运行的步骤如下。

（1）单击工具栏上的"启动"按钮，出现如图 2-6 所示的窗口。

（2）单击"显示"按钮，出现如图 2-7 所示的窗口。

（3）单击"清除"按钮，窗体和文本框中的文字消失。

（4）单击"退出"按钮，结束程序运行。

7. 生成可执行文件

独立运行的文件是指在没有 Visual Basic 的环境下也能够直接在 Windows 下运行的文件。在 VB 环境下，当一个应用程序开始运行后，VB 的解释程序就对其逐行解释，逐行执行。

为了使程序能在 Windows 环境下运行，即作为 Windows 的应用程序，必须建立可执行文件，即.EXE 文件。

操作步骤如下。

（1）单击"文件"菜单中的"生成 p-first.exe"命令，显示"生成工程"对话框，如图 2-19 所示。

（2）在对话框中，"保存在"下拉列表框中指出可执行的文件的保存路径，默认与工程文件在同一路径下。"文件名"文本框中是可执行文件的名字，默认与工程文件同名，其扩展名是.exe；如果不想使用默认文件名，则应输入新文件名（扩展名不变）。

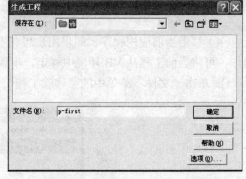

图 2-19　生成可执行文件对话框

（3）单击"确定"即可生成指定路径下的可执行文件。

上面生成的 p-first.exe 文件可以直接在 Windows 环境下运行，有以下两种方法。

（1）单击"开始"菜单，选择"运行"命令。在打开的对话框中输入：d:\vb\p-first.exe，然后回车。

（2）在"资源管理器"或"我的电脑"中找到该文件，双击即可执行。

习　题

一、选择题

1. 如果将文本框控件设置成只有垂直滚动条，则需要将 ScrollBars 属性设置为（　）。

[A] 0　　　　　　　[B] 1　　　　　　　[C] 2　　　　　　　[D] 3

2. 下列说法正确的是（　）。

[A] 属性的一般格式为对象名_属性名称，可以在设计阶段赋予初值，也可以在运行阶段通过代码来更改对象的属性

[B] 对象是有特殊属性和行为方法的实体

[C] 属性是对象的特性，所有的对象都有相同的属性

[D] 属性值的设置只可以在属性窗口中设置

3. 下列说法正确的是（　　）。

[A] 对象的可见性可设为 True 或 False

[B] 标题的属性值不可设为任何文本

[C] 属性窗口中属性只能按字母顺序排列

[D] 某些属性的值可以跳过不设置，自动设为空值

4. 单击窗体上的关闭按钮时，触发的事件是（　　）。

[A] Form_Initialize（　）　　[B] Form_Load（　）　　[C] Form_Unload（　）　　[D] Form_Click（　）

5. 新建一个窗体，其 Borderstyle 属性设置为 Fixed Single，但运行时却没有最大化和最小化按钮，可能的原因是（　　）。

[A] BorderStyle 的值设为 Fixed.Single，此项设置值的作用即禁止最大化和最小化按钮

[B] 窗体的 MaxButton 和 MinButton 值设为 False

[C] 正常情况下新建的窗体都没有最大化和最小化按钮

[D] 该窗体可用鼠标拖动边框的方法改变窗体的大小

6. 下列说法错误的是（　　）。

[A] Caption 不是只读属性，运行时对象的名称可以通过代码改变

[B] 设置 Height 或 Width 的数值单位为 twip，1twip＝1/10point

[C] Icon 属性用来设置用户窗体的图标

[D] 用来激活属性窗口的快捷键是 F4 键

7. 下列说法不正确的是（　　）。

[A] 对象的操作由对象的属性、事件和方法来描述

[B] Visual Basic 是面向对象的程序设计，Visual Basic 中只有窗体和控件两种对象

[C] 属性是对象的特征，不同的对象有不同的属性

[D] 对象事件在代码窗口中体现过程

8. 在 PasswordChar 属性中设置#，但运行时仍显示文本内容，原因是（　　）。

[A] 文本框的 Locked 属性设置为 False

[B] 文本框的 Locked 属性设置为 True

[C] 文本框的 Multiline 属性设置为 Fasle

[D] 文本框的 Multiline 属性设置为 True

9. 在 Visual Basic 中，要将一个窗体加载到内存进行预处理但不显示，应使用的语句是（　　）。

[A] Load　　　　　　　[B] Show　　　　　　　[C] Hide　　　　　　　[D] Unload

10. 如果设置窗体的 ControlBox 属性值为 False，则（　　）。

[A] ControlBox 仍起作用

[B] 运行时还可以看到窗口左上角显示的控制框，可以单击该控制框进行窗体的移动和关闭等操作

[C] 窗口边框上的最大化和最小化按钮失效

[D] 窗口边框上的最大化和最小化按钮消失

二、填空题

1. 标签控件能够显示文本信息，文本内容只能用＿＿＿＿＿＿属性来设置。

2. 如果要将文本框作为密码框使用时，应设置的属性为＿＿＿＿＿＿。

3. Visual Basic 程序设计采用的编程机制是＿＿＿＿＿＿＿。

4. 窗体文件的扩展名是_____。

5. 默认情况下，窗体的事件是_____事件。

6. 默认情况下，命令按钮的事件是_____事件。

7. 默认情况下，文本框的事件是_____事件。

8. 在设计阶段，当双击窗体上的某个控件时，打开的窗口是_____。

9. 要将名为 MyForm 的窗体显示出来，正确的使用方法是_____。

10. 在运行程序时，在文本框中输入新的内容，或在程序代码中改变 Text 的属性值，相应会触发到_____事件。

三、编程题

求圆柱的体积，运行界面如图 2-20 所示。在两个文本框中分别输入圆柱的半径和高，单击"计算"按钮求出圆柱的体积，并用标签输出；单击"退出"按钮结束程序运行。请写出界面设计、属性设计及"计算"和"退出"命令按钮的单击鼠标左键事件代码。

图 2-20 "圆柱的体积"运行界面

第 3 章
Visual Basic 程序设计基础

Visual Basic 应用程序包括两部分内容，即界面和程序代码。其中程序代码的基本组成单位是语句，而语句是由不同的"基本元素"组成的，包括数据类型、常量、变量、内部函数、运算符和表达式等。本章主要介绍构成 Visual Basic 应用程序的基本元素、编码规则及其基本语句、函数和方法。

3.1　命名规则和语法规则

3.1.1　命名规则

给变量命名时应遵循以下规则。

（1）由字母、数字或下画线组成；必须以字母开头，最后一个字符可以是类型说明符，长度小于等于 255 个字符。

（2）变量名不能用 VB 中的保留字，也不能用带有类型说明符的保留字。

（3）VB 中不区分变量名的大小写，如 ACDSee、ACDSEE、acdsee 都认为指的是同一个变量名。为了区分常量和变量，一般变量名的首字母大写，其余用小写字母表示；而常量名全部用大写字母表示。

（4）为了增加程序的可读性，可在变量名前加一个缩写的前缀来表明该变量的数据类型。

例：intStuID、dblNumber、strM_string、dtmD_Today 是合法的变量名。而以下均为非法变量名：

```
21cn          '使用数字开头
A-Z           '使用了非法字符 "-"
SQL Server    '不允许出现空格
Const         'VB 的保留字
Abs           '与 VB 的标准函数名相同
```

3.1.2　语句与语法规则

Visual Basic 中的语句由 Visual Basic 关键字、对象属性、运算符、函数以及能够生成 Visual Basic 编辑器可识别指令的符号组成。每个语句以回车键结束，一个语句行的最大长度不能超过 1 023 个字符。

一个语句可以很简单，例如：

```
Cls
```

也可以很复杂，例如：

Print   "计算结果为："; (a / (b + c) / (d + e / Sqr(f)))

在书写语句时，必须遵循一定的规则，这种规则称为语法规则。如果设置了"自动语法检测"（"工具"菜单的"选项"命令），如图 3-1 所示，则在输入语句的过程中，Visual Basic 将自动对输入的内容进行语法检查，如果发现有语法错误，则弹出一个信息对话框。

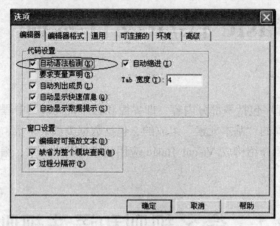

图 3-1   "自动语法检测"功能

常用的语法规则如下。

（1）命令词的首字母要大写。

（2）运算符的前后要加空格。

（3）在输入语句时，命令词、函数等可以不区分大小写。

（4）在一般情况下，输入程序是要求一行一句；但 Visual Basic 允许使用复合语句行，即把几个语句放在一行中，几个语句之间用冒号（:）隔开。

（5）当语句较长时，为了便于阅读，可以通过续行符把一个语句分别放在几行中。Visual Basic 中使用的续行符是一个空格紧跟一个下画线（ _）。如果一个语句行的末尾是下画线，则下一行与该行属于同一个语句行。

（6）续行符只能出现在行尾，并且下画线与它前面的字符之间至少要有一个空格。

3.2   数据类型

数据是程序的必要组成部分，也是程序处理的对象。Visual Basic 提供了系统定义的数据类型，即基本数据类型，并允许用户根据需要定义自己的数据类型。本节将对这两种数据类型分别加以介绍。

3.2.1   基本数据类型

基本数据类型也称简单数据类型或标准数据类型，是由系统定义的。Visual Basic 6.0 提供的基本数据类型主要有字符串型数据和数值型数据，此外还提供了字节、货币、对象、日期、布尔和变体数据类型，如表 3-1 所示。

表 3-1　　　　　　　　　　　　　　　　VB 标准数据类型

数据类型	关键字	类型符	前缀	占字节数	范围
整数型 长整数型	Integer Long	% &	int lng	2 4	−32768 ～ 32767 −2147483648～2147483647
单精度型	Single	!	sng	4	正数: 1.401298E-45 ～ 3.402823E38 负数: −3.402823E38 ～ −1.401298E-45
双精度型	Double	#	dbl	8	正数: 4.94065645841247D-324 ～ 1.79769313486232D308 负数: −1.79769313486232D308 ～ −4.94065645841247D-324
布尔型	Boolean	无	bln	2	True、False
字节型	Byte	无	byt	1	0 ～ 255
字符串型	String	$	str	字符串长决定	0 ～ 65535
货币型	Currency	@	cur	8	−922337203685477.5808 ～ 922337203685477.5807
日期型	Date	无	dtm	8	100 年 1 月 1 日 ～ 9999 年 12 月 31 日
对象型	Object	无	obj	4	任何对象引用
变体型	Variant	无	vnt	根据需要分配	

1. 字符串

字符串（String）　一个字符序列，由 ASCII 字符组成。在 Visual Basic 中，字符串是放在双引号内的若干个字符。表示方法为："字符"。

例如："Hello"、"长春工程学院"、"Visual Basic 程序设计"。

（1）""表示空字符串，即不含任何字符的字符串，长度为 0；而" "表示有一个空格的字符串。

（2）如果字符串中包含一个双引号，则这个双引号必须用两个连续的双引号表示，例：字符串"567"cde"的正确表示方式是"567""cde"，而不能仅写成"567"cde"。

VB 中的字符串分为两种，即变长字符串和定长字符串。在程序执行的过程中，定长字符串的长度是固定不变的。在定义变量时，如果数据类型是定长字符串，则一般格式为：

```
String * 常数
```

例如：Dim stuID As String * 4

这里，把变量 stuID 定义为长度是 4 个字符的定长字符串。如果实际赋值给该变量的字符串长度小于 4 个字符，则不足的部分用空格补充；反之，如果超出 4 个字符，则超出的部分被忽略。

2. 数值

VB 的数值型数据分为整型和浮点型两类。其中，整型分为整数类型和长整数类型；浮点型分为单精度浮点型和双精度浮点型。

（1）整型：不带小数点和指数符号的数，在机器内部以二进制补码形式表示。

① 整数（Integer）　以 2 字节（16 位）的二进制码表示和参加运算，其取值范围是−32 768～32 767。当变量的值超出整型值的合法范围时将产生溢出错误。

在 VB 中整数的表示形式为 ±n[%]，n 是 0～9 的数字，%是整型的类型符，可省略。

例如：7、−26、+52、90%均是合法的整数表示方法，而 39.0、53.91 则是非法的整数表示方法。

② 长整数（Long） 以带符号的 4 字节（32 位）二进制数存储，其取值范围为–2 147 483 648～ 2 147 483 647。

在 VB 中长整数的表示形式为 ±n&，n 是 0～9 的数字，& 是长整数型的类型符。

（2）浮点型：也称实数，是带有小数部分的数值。它由 3 部分组成：符号、指数及尾数。浮点型表示数的范围大，但有误差，且运算速度慢。

① 单精度（Single）。以 4 字节（32 位）存储，其中符号占 1 位，指数占 8 位，其余 23 位表示尾数。单精度可以精确到 7 位十进制数，其负数的取值范围为 $-3.402823E + 38$～$-1.401298E - 45$，正数的取值范围为 $1.401298E - 45$～$3.402823E + 38$。

单精度浮点数一般的表示形式为：

$\pm n.n$、$\pm n!$、$\pm nE \pm m$、$\pm n.nE \pm m$

即分别为小数形式、整数加单精度类型符（!）、指数形式。

例如：123.4567、123.4567!、$1.234567E + 2$（$=1.234567 \times 10^2$）表示的单精度浮点数是同一个值。另外，-56.78、$-0.5678E-2$ 也均是合法的单精度表示方法。

② 双精度（Double）。以 8 字节（64 位）存储，其中符号占 1 位，指数占 11 位，其余 52 位用来表示尾数。双精度可以精确到十进制的 15 或 16 位，其负数的取值范围为 $-1.79769313486232D+308$～$-4.94065645841247D-324$，正数的取值范围为正数：$4.94065645841247D-324$～$1.79769313486232D+308$。

双精度浮点数一般的表示形式为：

$\pm n.n\#$、$\pm n\#$、$\pm nD \pm m$、$\pm nD \pm m\#$、$\pm n.nD \pm m$、$\pm n.nD \pm m\#$

即分别为小数形式、整数加双精度类型符（#）、指数形式。

例如：123.4567#、$1.234567D + 2$、$1.234567D+2\#$ 都表示为同值的双精度浮点数。另外，5 #、$-56.78\#$、$-0.5678D-2$ 也均是合法的双精度表示方法。

3. 字节

字节（Byte）：以 1 字节的无符号二进制数存储，其取值范围为 0～255。

4. 货币

货币（Currency）：以 8 个字节（64 位）存储，精确到小数点后 4 位，在小数点后的数字将被舍去。其取值范围为–922337203685477.5808～922337203685477.5807。

浮点数中的小数点是"浮动"的，即小数点可以出现在任何位置，而货币型数据的小数点是固定的，因此称为定点数据类型。

5. 布尔

布尔（Boolean）：占 2 字节，用于逻辑判断，它只有 True 和 False 两个取值。

当布尔型数据转换成整数型数据时，True 转换为-1，False 转换为 0；而当其他类型数据转换成 Boolean 型数据时，非 0 转换为 True，0 转换为 False。

6. 日期

日期（Date）：表示的日期范围从公元 100 年 1 月 1 日～9999 年 12 月 31 日，而时间范围从 0:00:00～23:59:59。日期型同双精度型一样占用 8 字节，因为在内部，日期值是以浮点值的形式存放的。

日期的表示方法有如下两种。

（1）用数字符号（#）括起来。

例如：# July 31，1981 #、# 31/07/1981 #、# 1981-07-31 08:59:00 AM # 等都是合法的日期

型数据。

（2）以数字序列表示，整数部分存放日期信息，小数部分存放时间信息。

例如：0.5 相当于中午 12 点，0.75 相当于下午 6 点。

7. 对象

对象（Object）：占 4 字节，VB 使用此类型存放引用对象。

8. 变体

变体（Variant）：占 16 字节，是一种可变的数据类型。对于还没有定义数据类型的变量，它的默认数据类型就是变体型。它可以表示任何值，包括数值、字符串、日期等。

3.2.2　自定义数据类型

VB 提供了 Type 语句让用户自定义数据类型，语句定义的格式及使用方法与 C\C++中的结构体很相似。

自定义数据类型的格式如下：

```
Type <自定义数据类型名>
    <元素名 1> As <数据类型 1>
    <元素名 2> As <数据类型 2>
    …
    <元素名 n> As <数据类型 n>
End Type
```

（1）类型名、元素名都是用户自定义的标识符，数据类型[1…n]一般情况下是基本数据类型，也可是用户已定义的自定义类型。

（2）自定义数据类型必须在标准模块中定义，默认权限为 Public，即在整个应用程序中都可以使用这种自定义的数据类型。

3.3　常量与变量

在 Visual Basic 中，需要将存放数据的内存单元命名，然后通过内存单元名来访问其中的数据。常量在程序执行期间，其值是不发生变化的，而变量的值是可变的。

3.3.1　常量

常量是在程序运行中其值保持不变的量，VB 中的常量分为 3 种：文字常量、符号常量和系统常量。

1. 文字常量

VB 有 4 种文字常量：字符串常量、数值常量、布尔常量和日期常量。

（1）字符串常量。由字符组成，可以是除了双引号或回车符之外的任何 ASCII 字符。

例如："计算机程序设计基础"，"SQL Server2000"

（2）数值常量。共有 4 种表示方式：整数型、长整数型、货币型和浮点型。

在 VB 中除了可以表示十进制常数外，还可以表示八进制和十六进制。

八进制常数的表示方法：数值前加&O。例如：&O36。

十六进制常数的表示方法：数值前加&H。例如：&H36。

（3）布尔常量。也称逻辑常量，只有两个值，即 True 和 False。

（4）日期常量。只要用两个"#"将可以被认作日期和时间的字符串括起来，都可以作为日期常量。

例如：#1949-10-1#，#2007-7-1 9:20:37 AM#

2. 符号常量

为了便于程序的阅读和修改，对于程序中经常使用的常数值，通常采取用户自定义符号的形式。一般格式为：

```
[Public][Private]Const 符号常量名 [As 类型]= 表达式
```

其中：

（1）"符号常量名"是一个名字，符合变量的命名规则，一般首字母用大写表示，可加类型说明符。

（2）"As 类型"用来指定常量的数据类型，如果省略，则数据类型由"表达式"决定。

（3）"表达式"是由文字常量、算术运算符以及逻辑运算符组成。

（4）一行中可以定义多个符号常量，但各常量之间要用逗号隔开。

（5）如果符号常量只在过程或某个窗体模块中使用，则在定义时可以加上关键字 Private（可省略）；如果要在多个模块中使用，则必须在标准模块中定义，并且要加上关键字 Public。

（6）常量一旦声明，在其后的程序代码中只能引用，而不能改变常量值。

例如：Const MAX As Integer =100，MIN = MAX-99

Private Const D_TODAY As Date = #2007-7-1#

Const PI# = 3.1415926535

3. 系统常量

除了用户通过声明创建的符号常量外，VB 系统还提供了应用程序和控件的系统常量，在"对象浏览器"中的 Visual Basic（VB）、Visual Basic for Applications（VBA）等对象库中列举了 VB 的常量。其他应用程序，如 Microsoft Excel 和 Microsoft Project，也提供了常量列表。在每个 ActiveX 控件的对象库中也定义了常量。

为了避免混淆，在引用不同对象的常量时可使用 2 个小写字母作为前缀。

vb：代表 VB 和 VBA 中的常量。

xl：代表 Excel 中的常量。

db：代表 Data Access Object 库中的常量。

3.3.2 变量

变量是在程序运行过程中其值可以发生变化的量。使用变量前，一般必须先声明变量名及其类型。在 VB 中，可以用以下两种方式来声明一个变量。

（1）类型说明符。放在变量名的尾部，可以标识不同的变量类型。

（2）显示定义变量时指定其类型。格式如下：

```
Declare 变量名 As 类型
```

这里的 Declare 可以是 Dim、Static、Public、Redim。

① Dim：用于在标准模块、窗体模块或过程中定义变量。

例如：Dim Varl As Integer   '把 Varl 定义为整型变量

Dim Total As Double   '把 Total 定义为双精度变量

用 Dim 可以定义定长字符串变量，也可以定义变长字符串变量。定义变长字符串变量的格式如下：

Dim 变量名 As 变量类型 * 数值

例如：Dim Number As String   '定义定长字符串 Number

Dim Name As String 8   '定义变长字符串，长度为 8 字节

在一个定义语句里可以同时定义多个变量。

例如：Dim Var1 As String，Var2 As Long   '把 Var1 和 Var2 分别定义成字符串和长'整数变量。

② Static：用于在过程中定义静态变量及数组变量。

例如：Static Varl As Integer

Static Total As Double

与 Dim 不同，如果用 Static 定义一个变量，则每次引用该变量时，其值会继续保留。而当引用 Dim 定义的变量时，变量值会被重新设置（数值变量重新设置为 0，字符串变量被设置为空）。通常把由 Dim 定义的变量称为自动变量，而把由 Static 定义的变量称为静态变量。

例如：

```
Sub Test()
Static Total As Integer
Total = Total+1
...
End Sub
```

这里，每调用一次 Test 过程，静态变量 Total 就累加 1。而如果将 Static 换成 Dim：

```
Sub Test()
Dim Total As Integer
Total = Total+1
...
End Sub
```

则每次调用 Test 过程，Total 这个自动变量都被设置为 0。

③ Public：用来在标准模块中定义全局变量或数组。

例如：Public Total As Integer

④ Redim：主要用于定义数组，将在以后的章节介绍。

在定义变量时，应注意以下几点。

（1）如果一个变量未被显式定义，末尾也没有类型说明符，则被隐含地定义为变体类型（Variant）变量。

（2）在实际应用中，应根据需要设置变量的类型。能用整型变量时就不要使用浮点型或货币型变量；如果所要求的精度不高，则应使用单精度变量。这样不仅节省内存空间，而且可以提高处理速度。

（3）用类型说明符定义的变量，在使用时可以省略类型说明符。例如，用 Dim aStr $ 定义了一个字符串变量 aStr $，则引用这个变量时既可以写成 aStr $，也可以写成 aStr。

3.3.3 变量的作用域

变量的作用域指的是变量的有效范围，即变量的"可见性"。定义了一个变量后，为了能正确地使用变量的值，应当明确可以在程序的什么地方访问该变量。

如前所述，VB 应用程序由 3 种模块组成，即窗体模块（Form）、标准模块（Module）和类模块（Class）。本书不介绍类模块，因此应用程序通常由窗体模块和标准模块组成。窗体模块包括事件过程（Event Procedure）、通用过程（General Procedure）和声明部分（Declaration）；而标准模块由通用过程和声明部分组成，如图 3-2 所示。

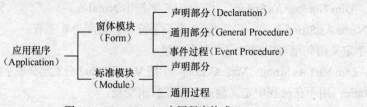

图 3-2　Visual Basic 应用程序构成

根据定义位置和所使用的定义变量语句的不同，Visual Basic 中的变量可以分为 3 类，即局部（Local）变量、模块（Module）变量和全局（Public）变量，其中模块变量包括窗体模块变量和标准模块变量。各种变量位于不同的层次。

1. 局部变量

在过程（事件过程或通用过程）内定义的变量叫做局部变量，其作用域是它所在的过程。局部变量通常用来存放中间结果或临时变量。某一过程的执行只对该过程内的变量产生作用，对其他过程中相同名字的局部变量没有任何影响。因此，在不同的过程中可以定义相同名字的局部变量，它们之间没有任何关系。

局部变量在过程内用 Dim、Static 定义。

例如：

```
Sub Test()
Dim Number As Integer
Static Name As String
…
End Sub
```

这里，在过程 Test 中，定义了两个局部变量，分别是整数型变量 Number 和字符串型变量 Name。

2. 模块变量（窗体变量和标准模块变量）

（1）窗体变量可用于该窗体内的所有过程。从第 2 章的例子中可以看出，一个窗体可以包含若干个过程（事件过程或通用过程），这些过程连同窗体一起存入窗体文件（.frm）中。当同一窗体内的不同过程使用相同的变量时，就必须定义窗体变量。

在使用窗体变量前，必须先声明。其方法是：在程序代码窗口的"对象"框中选择"通用"，并在"过程"框中选择"声明"，然后就可以在程序代码窗口中声明窗体变量。

（2）标准模块变量的声明和使用与窗体变量类似。标准模块是只含有程序代码的应用程序文件，其扩展名为.bas。为了建立一个新的标准模块，应执行"工程"菜单中的"添加模块"命令，在"添加模块"对话框中选择"新建"选项卡，单击"模块"图标，然后单击"打开"按钮，即可打开标准模块代码窗口，可以在这个窗口中输入标准模块代码。

在默认情况下，模块级变量对该模块中的所有过程都是可见的，但对其他模块中的代码不可见。模块级变量在模块的声明部分用 Private 或 Dim 声明。

例如：

```
Private Total As Long
或 Dim Total As Long
```

在声明模块级变量时，Private 和 Dim 没有什么区别，但 Private 更好些，因为可以把它和声明全局变量的 Public 区别开来，使代码更容易理解。

3. 全局变量

全局变量也称全程变量，其作用域最大，可以在工程的每个模块、每个过程中使用。和模块级变量类似，全局变量也在标准模块的声明部分中声明。所不同的是，全局变量必须用 Public 或 Global 语句声明，不能用 Dim 语句声明，更不能用 Private 语句声明；同时，全局变量只能在标准模块中声明，不能在过程或窗体模块中声明。

3 种变量的作用域如表 3-2 所示。

表 3-2　　　　　　　　　　　　　变量的作用域

名　　称	作　用　域	声　明　位　置	使 用 语 句
局部变量	过程	过程中	Dim 或 Static
模块变量	窗体模块或标准模块	模块的声明部分	Dim 或 Private
全局变量	整个应用程序	标准模块的声明部分	Public 或 Global

3.3.4　默认声明

没有用 Dim 或 Static 声明而直接使用的局部变量或者在声明时没有指明其类型的变量，VB 会自动把它的类型设为变体数据类型，也称为隐式声明变量。

尽管默认声明很方便，但有可能带来麻烦，使程序出现无法预料的结果，而且较难查出错误。因此，为了安全起见，最好能显式地声明程序中使用的所有变量。

VB 提供了强制用户对变量进行显式声明的措施。其操作过程如下：单击"工具"菜单中的"选项"命令，在打开的"选项"对话框中，选择"编辑器"选项卡，选中"要求变量声明"的复选框，如图 3-3 所示。

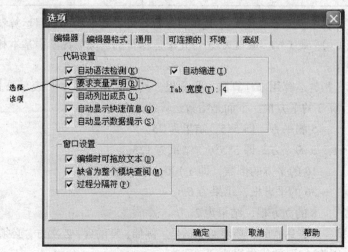

图 3-3　强制变量声明

这样设置之后，如果运行含有默认声明变量的程序，VB 会自动提示"变量未定义"。

3.4 运算符和表达式

运算符是在代码中对各种数据进行运算的符号。例如，有进行加、减、乘、除算术运算的运算符，有进行与、或、非、异或逻辑运算的运算符。

表达式是由运算符和运算对象及圆括号组成的一个序列，它是由常量、变量、函数等用运算符连接而成的式子。表达式是构成程序代码的最基本要素。

同其他程序设计语言一样，VB 也提供了多种运算符，它们同操作数一起组合成各种表达式，完成程序中所需的大量操作。VB 中的运算符可分为算术运算符、关系运算符、逻辑运算符以及字符串运算符。

3.4.1 算术运算符

算术运算符是用来进行数学计算的运算符。Visual Basic 提供了 9 个算术运算符，表 3-3 所示为按优先级列出的这些算术运算符。

表 3-3　　　　　　　　　　　　　　　　Visual Basic 算术运算符

运　算	运　算　符	表达式例子
指数	^	X ^ Y
取负	-	-X
乘法	*	X * Y
浮点除法	/	X / Y
整数除法	\	X \ Y
取模	Mod	X Mod Y
加法	+	X + Y
减法	-	X - Y
连接	&	x$ & y$

在 9 个算术运算符中，除了取负（-）是单目运算符外，其他均为双目运算符（需要两个运算量）。加（+）、减（-）、乘（*）、取负（-）等几个运算符的含义与数学中基本相同，下面介绍其他几个运算符的操作。

（1）指数运算。指数运算用来计算乘方和方根，其运算符为^，2^8 表示 2 的 8 次方，而 2^（1/2）或 2^0.5 是计算 2 的平方根。下面是指数运算的几个例子：

① 5^2　　　　　5 的平方，即 5*5，结果为 25。

② 5^3　　　　　5 的立方，即 5*5*5，结果为 125。

③ 10^-2　　　　10 的平方的倒数，即 1/100，结果为 0.01。

④ 36^0.5　　　　36 的平方根，结果为 6。

⑤ 8^（1/3）　　　8 的立方根，结果为 2。

注意，当指数是一个表达式时，必须加上括号。例如，X 的 Y+ Z 次方，必须写作 X^（Y+Z），不能写成 X^Y+Z，因为 "^" 的优先级比 "+" 高。

（2）浮点数除法与整数除法。浮点数除法运算符（/）执行标准除法操作，其结果为浮点数。例如，表达式 3 / 2 的结果为 1.5，与数学中的除法一样。整数除法运算符（\）执行整除运算，结果为整型值，因此，表达式 3 \ 2 的值为 1。

整除的操作数一般为整型值。当操作数带有小数时，首先被四舍五入为整型数或长整型数，然后进行整除运算。操作数必须在−2147483648.5 ～ 2147483647.5 范围内，其运算结果被截断为整型数（Integer）或长整数（Long），不进行舍入处理。例如：

a = 10\6

b = 28.43\3.41

运算结果为 a = 1，b = 8。

（3）取模运算。取模运算符 Mod 用来求余数，其结果为第一个操作数整除第二个操作数所得的余数。例如，如果用 9 整除 4，则余数为 3，因此 9 Mod 4 的结果为 1。同理，表达式 23 Mod 4 结果为 3。再如表达式 25.78 Mod 6.69，首先通过四舍五入把 25.78 和 6.69 分别变为 26 和 7，26 被 7 整除，商为 3，余数为 5，因此上面表达式的值为 5。

（4）算术运算符的优先级。表 3-3 所示为按优先顺序列出的算术运算符。其中乘和浮点数除是同级运算符，加和减是同级运算符。当一个表达式中含有多种算术运算符时，必须严格按上述顺序求值。此外，如果表达式中含有括号，则先计算括号内表达式的值；有多层括号时，先计算内层括号。表 3-4 所示为一些表达式的求值结果。

表 3–4　　　　　　　　　　　表达式求值结果

表　达　式	结　　果	说　　明
4+2*6	16	乘法优先级高
（4+2）*7	42	先计算括号内的表达式
1+（（3+4）*2）*3	43	先计算内层括号中的表达式
13/5*2	5.2	优先级相同，从左到右计算
13\5*2	1	乘法优先级高，截断为整数
27^1/3	9	指数优先级高
27^（1/3）	3	先计算括号内的表达式

3.4.2　关系运算符

关系运算符也称比较运算符，用来对两个表达式的值进行比较，比较的结果是一个逻辑值，即真（True）或假（False）。Visual Basic 提供了 8 种关系运算符，如表 3-5 所示。

表 3–5　　　　　　　　　　　关系运算符

运　算　符	测　试　关　系	表达式例子
=	相等	X = Y
<>或><	不相等	X<>Y 或 X><Y
<	小于	X<Y
>	大于	X>Y
<=	小于或等于	X<＝Y
>＝	大于或等于	X>＝Y
Like	比较样式	
Is	比较对象变量	

用关系运算符连接两个算术表达式所组成的式子叫做关系表达式。关系表达式的结果是一个布尔类型的值，即 True 和 False。Visual Basic 把任何非 0 值都认为是"真"，但一般以-1 表示真，以 0 表示假。

关系运算符既可以进行数值的比较，也可以进行字符串的比较。数值比较通常是对两个算术表达式的比较。例如：X + Y <（T-1）/2。

这里，如果 X+Y 的值小于（T-1）/2 的值，则上述表达式的值为 True，否则为 False。

在应用程序中，关系运算的结果通常用作判断。

例如：X = 100

```
if X < > 200 Then Print "Not equal" Else Print "equal"
```

这里，由于 X 不等于 200，关系运算结果为真，执行 Then 后面的操作，输出"Not equal"。

（1）当对单精度数或双精度数使用比较运算符时，必须特别小心，运算可能会给出非常接近但不相等的结果。例：1.0/3.0 * 3.0 = 1.0

这里，在数学上显然是一个恒等式，但在计算机上执行时可能会给出假值（0）。因此应避免对两个浮点数做"相等"或"不相等"的判别。上式可改写为：

Abs（1.0/3.0 * 3.0）-1.0 < 1E-5 　　'Abs 是绝对值函数

这里，只要它们的差小于一个很小的数（这里是 10 的-5 次方），就认为 1.0/3.0 * 3.0 与 1.0 相等。

（2）数学中判断 X 是否在区间［a，b］时，习惯上写成 a≤x≤b，但在 Visual Basic 中不能写成

a <= x <= b

而应写成

a <= x And x <= b

"And"是下面将要介绍的逻辑运算符"与"。上述表达式的含义是：如果 a< = x 的值为真，且 x< = b 值亦为真，则整个表达式的值为真，否则为假。

（3）同一个程序在.exe 文件中运行和在 Visual Basic 环境下解释执行可能会得到不同的结果。在.exe 文件中可以产生更有效的代码，这些代码可能会改变单精度数和双精度数的比较方式。

（4）字符串数据按其 ASCII 码值进行比较。在比较两个字符串时，首先比较两个字符串的第一个字符，其中 ASCII 码值较大的字符所在的字符串大。如果第 1 个字符相同，则比较第 2 个，以次类推。

（5）Like 运算符用来比较字符串表达式和 SQL 表达式中的样式，主要用于数据库查询。Is 运算符用来比较两个对象的引用变量，主要用于对象操作。

3.4.3　逻辑运算符

逻辑运算也称布尔运算。用逻辑运算符连接两个或多个关系式，组成一个逻辑表达式。Visual Basic 的逻辑运算符有以下 6 种。

（1）Not（非）。由真变假或由假变真，进行"取反"运算。

例如：8 < 5　　　结果为 False，而

Not（8 < 5）　　　结果为 True。

（2）And（与）。对两个关系表达式的值进行比较。只有两个表达式的值均为 True，结果才为

True，否则为 False。

例如：（5＜8）And（6＜5）　结果为 False。

（3）Or（或）。对两个关系表达式的值进行比较，只要其中某一个表达式的值为 True，结果就为 True；只有两个表达式的值均为 False 时，结果才为 False。

例如：（5＜8）Or（6＜5）　结果为 True。

（4）Xor（异或）。如果两个表达式同时为 True 或同时为 False，则结果为 False，否则为 True。

例如：（5＜8）Xor（6＜5）　结果为 True。

（5）Eqv（等价）。如果两个表达式同时为 True 或同时为 False，则结果为 True，否则为 False。

例如：（5＜8）Eqv（6＜5=　结果为 False。

（6）Imp（蕴涵）。当第 1 个表达式为 True，且第 2 个表达式为 False 时，结果为 False，其余情况都为 True。

例如：（5＜8）Imp（6＜5）　结果为 False。

表 3-6 所示为 6 种逻辑运算的"真值"。

表 3-6　　　　　　　　　　　　　　逻辑运算真值表

X	Y	Not X	X And Y	X Or Y	X Xor Y	X Eqv Y	X Imp Y
-1	-1	0	-1	-1	0	-1	-1
-1	0	0	0	-1	-1	0	0
0	-1	-1	0	-1	-1	0	-1
0	0	-1	0	0	0	-1	-1

3.4.4　字符串运算符

Visual Basic 提供了两个字符串运算符："&"和"＋"。它们用于将两个字符串连接起来。因为符号"&"同时还是长整型数据类型的类型符，所以在使用"&"时要格外注意，"&"在用作运算符时，操作数与运算符"&"之间应加一个空格，否则会出错。

运算符"＋"也可以用作字符串连接符，它可以把两个字符串连在一起，生成一个较长的字符串。注意"＋"运算两边的操作数都应为字符串，否则可能出错。而"&"运算符不论两边的操作数是字符串还是其他数据类型，进行连接时系统先将操作数转换为字符串，然后再连接。例如：

```
Print "abc"+"de"      '打印结果是 abcde
Print "abc"+ 1        '数据类型不匹配，错误
Print "abc"& 1        '打印结果是 abc1
Print 1 + 2           '加法运算，打印结果是 3
Print 1 & 2           '字符串连接运算，打印结果是 1
```

3.4.5　表达式

表达式是关键字、运算符、变量、字符串常数、数字或对象的组合。表达式可用来执行运算、操作字符或测试数据。表达式通过运算返回一个结果，运算结果的类型由数据和运算符共同决定。

1. 表达式的书写规则

（1）乘号不能省略。

例如：x 乘以 y 应写成 x * y，而 xy 的写法是非法的。

（2）括号必须成对出现，均使用圆括号；圆括号可以多层嵌套，但要配对。

例如：((x+y) ＊7-9)/45 是合法的写法，而)(x+y) ＊7、[(x+y) ＊7-9]/45 的写法是非法的。

（3）表达式从左到右在同一基准上书写，无高低、大小的区分。

在算术运算中，如果操作数具有不同的数据精度，则 VB 规定运算结果的数据类型采用精度高的数据类型，即优先顺序为：Integer ＜ Long ＜ Single ＜ Double ＜ Currency；但当 Long 型数据与 Single 型数据运算时，结果为 Double 型数据。

2. 表达式的执行顺序

一个表达式可能含有多种运算，计算机按一定的顺序对表达式求值。一般顺序如下。

（1）函数运算。

（2）算术运算，其次序按照表 3-3 执行。

（3）关系运算（=，＞，＜，＜＞，＜＝，＞＝）。

（4）逻辑运算（Not，And，Or，Xor，Eqv，Imp）。

3.5 常用函数

VB 提供了大量的内部函数（或称标准函数）供用户使用。内部函数按其功能可分为数学函数、转换函数、字符串函数、日期和时间函数和格式输出函数。

3.5.1 数学函数

数学函数用于各种常见的数学运算，常见的数学函数如表 3-7 所示。

表 3-7 数学函数

函 数	功 能	举 例	结 果
Sin（x）	返回 x 的正弦值	Sin（0）	0
Cos（x）	返回 x 的余弦值	Cos（0）	1
Tan（x）	返回 x 的正切值	Tan（0）	0
Atn（x）	返回 x 的反正切值	Atn（0）	0
Abs（x）	返回 x 的绝对值	Abs（-2.5）	2.5
Sgn（x）	返回 x 的符号，即： 当 x 为负数时，返回-1 当 x 为 0 时，返回 0 当 x 为正数时，返回 1	Sgn（-5） Sgn（0） Sgn（5）	-1 0 1
Sqr（x）	返回 x 的平方根	Sqr（16）	4
Exp（x）	求 e 的 x 次方，即 e^x	Exp（2）	7.389
Rnd[（x）]	产生随机数	Rnd	0 ～ 1 之间的数
Int（x）	返回不大于给定数的最大整数	Int（2.5）	2
Fix（x）	返回数的整数部分	Fix（-4.3）	-4

（1）使用三角函数时，自变量要用弧度做单位。

（2）平方根 Sqr（x），要求 x≥0。

（3）取整函数 Int（x）是求出不大于 x 的最大整数。

如：Int（2.5）= 2，Int（-2.5）= -3

3.5.2　转换函数

转换函数用于类型或者形式的转换，常用的转换函数如表 3-8 所示。

表 3-8　　　　　　　　　　　转换函数

函　数	功　能	举　例	结　果
Hex（x）	把十进制数转换为十六进制数	Hex（100）	"64"
Oct（x）	把十进制数转换为八进制数	Oct（100）	"144"
Asc（x）	返回 x 中第一个字符的 ASCII 码	Asc（"ABC"）	65
Chr（x）	把 x 的值转换为 ASCII 字符	Chr（65）	"A"
Str（x）	把 x 的值转换为字符串	Str（12.34）	"12.34"
Val（x）	把字符串 x 转换为数值	Val（"12.34"）	12.34
Cbool（x）	转换为逻辑型数据	Cbool（1）	True
Cdate（x）	转换为日期型数据	Cdate（"May 1，2010"）	2010-5-1

3.5.3　字符串函数

字符串函数用于字符串处理，常用的字符串函数如表 3-9 所示。

表 3-9　　　　　　　　　　　字符串函数

函　数	功　能	举　例	结　果
LTrim(S)	去掉 S 左边的空格	LTrim("　ABC")	"ABC"
RTrim(S)	去掉 S 右边的空格	RTrim("ABC　")	"ABC"
Trim(S)	去掉 S 两边的空格	Trim("　ABC　")	"ABC"
Left(S，n)	取 S 左部的 n 个字符	Left("ABCDEF"，3)	"ABC"
Right(S，n)	取 S 右部的 n 个字符	Right("ABCDEF"，3)	"DEF"
Mid(S，ρ，n)	从 ρ 开始取 S 的 n 个字符	Mid("ABCDEF"，3，2)	"CD"
Len(S)	测试字符串的长度（字符）	Len("VB 程序设计")	6
Instr(n，S1，S2)	返回字符串 S1 中第 n 个位置开始查找字符串 S2 出现的起始位置	Instr(1，"ABCDEF"，"CD")	3
Space(n)	返回由指定数目空格字符组成的字符串	Space(3)	"　　　"
String(n，S)	返回字符串 S 中的第一个字符重复指定次数的字符串	String(3，"ABC")	"AAA"
Lcase(S)	返回以小写字母组成的字符串	Lcase("ABC")	"abc"
Ucase(S)	返回以大写字母组成的字符串	Lcase("abc")	"ABC"

3.5.4 日期和时间函数

日期和时间函数用于显示日期和时间，常用的日期和时间函数如表 3-10 所示。

表 3–10　　　　　　　　　　　　日期和时间函数

函　　数	功　　能	举　　例	结　　果
Now	返回系统日期/时间	Now	2007-7-2 0：20：12
Day()	返回当前的日期	Day（Now）	2
WeekDay()	返回当前的星期	WeekDay（Now）	1
Month()	返回当前的月份	Month（Now）	7
Year()	返回当前的年份	Year（Now）	2007
Hour()	返回当前小时	Hour（Now）	0
Minute()	返回当前分钟	Minute（Now）	20
Second()	返回当前秒	Second（Now）	12
Timer	返回从午夜零点开始已过的秒数	Timer	132
Time	返回当前时间	Time	0：20：12

3.5.5 格式输出函数

格式输出函数用于控制输出数据的格式，定义格式为：

Format(<表达式>，<格式字符串>)

其中，<表达式>指要格式化的数值、日期或字符串表达式。

<格式字符串>指定表达式的值的输出格式，格式字符串要加双引号。格式字符有 3 类：数值格式、日期格式和字符型格式，分别如表 3-11、表 3-12 和表 3-13 所示。

表 3–11　　　　　　　　　　　常用的数值型格式说明

字　　符	功　　能	举　　例	结　　果
0	数字占位符，显示一位数字或是零。如果表达式在格式字符串中 0 的位置上有一位数字存在，那么就显示该位数字，否则就显示零	Format（123.45，"0000.000"）	0123.450
#	数字占位符，显示一位数字或什么都不显示。如果表达式在格式字符串中 0 的位置上有数字存在，那么就显示该位数字，否则该位置什么也不显示	Format（123.45，"####.###"）	123.45
.	小数点占位符，显示小数点，可以"#"和"0"一起使用		
,	千分位符号占位符	Format（1234.5，"#,###.##"）	1,234.5
%	百分比符号占位符。系统先将表达式的值乘以 100，然后将"%"插入到格式字符串中出现的位置上	Format（0.123，"###.#%"）	12.3%

表 3–12　　　　　　　　　　　　　常用的时间日期格式说明字符

字　符	功　能	举　例	结　果
dddddd	显示完整的日期（包括年、月、日）	Format（Date，"dddddd"）	2010 年 5 月 1 日
mmmm	以月的英文全名来显示月（January-December）	Format（Date，"mmmm"）	May
yyyy	用 4 位数字显示年	Format（Date，"yyyy"）	2010
hh	以有前导零的数字来显示小时（00-23）		
mm	以有前导零的数字来显示分（00-59）		
ss	以有前导零的数字来显示秒（00-59）	Format（Time，"hh:mm:ss"）	16:44:05
ttttt	显示完整的时间（包括时、分、秒）	Format（Time，"ttttt"）	12:50:08
AM/PM am/pm	以 AM/PM（或者 am/pm）表示中午前和中午后的时间	Format（Time，"tttttAM/PM"）	18:30:12PM

表 3–13　　　　　　　　　　　　　常用的字符型格式说明字符

字　符	功　能	举　例	结　果
@	字符占位符，显示字符或是空白	Format（"abc"，"@@@@@"）	"　　abc"
&	字符占位符，显示字符或什么都不显示	Format（"abc"，"&&&&&"）	"abc"
<	强制小写	Format（"ABC"，"<@@@@@"）	"　　abc"
>	强制大写	Format（"abc"，">@@@@@"）	"　　ABC"
!	强制由左而右填充字符占位符，默认是由右而左填充字符占位符	Format（"abc"，"!@@@@@"）	"abc　　"

习　题

一、选择题

1. 在代码编辑器中，续行符是用来换行书写同一个语句的符号，用以表示续行符的是（　　）。

[A] 一个空格加一个下画线"_"　　　　　　　　[B] 一个下画线"_"

[C] 一个造字符"_"　　　　　　　　　　　　[D] 一个空格加一个连字符"-"

2. 以下关于 Visual Basic 数据类型的说法，不恰当的是（　　）。

[A] Visual Basic 6.0 提供的数据类型主要有字符串型和数值型，此外还有字节、货币、对象、日期、布尔和变体数据类型等

[B] 目前 Decimal 数据类型只能在变体类型中使用

[C] 用户不能定义自己的数据类型

[D] 布尔型数据只能取两种值，用两个字节存储

3. 以下各项，可以作为 Visual Basic 变量名的是（　　）。

[A] Book　　　　　　[B] 2_Seek　　　　　　[C] 123.58　　　　　　[D] Book-1

4. 表达式（3/2+1）*（5/2+2）的值是（　　）。

[A] 11.25　　　　　　[B] 3　　　　　　[C] 6.125　　　　　　[D] 4

5. 可以在常量的后面加上类型说明符以显示常量的类型，可以表示整型常量的是（　　）。

[A] %　　　　　　　[B] #　　　　　　　[C] !　　　　　　　[D] $

6. 在 Visual Basic 中，下列两个变量名相同的是（　　）。

[A] Japan 和 Ja_pan　　　　　　[B] English 和 ENGLish

[C] English 和 Engl　　　　　　[D] China 和 Chin

7. 关于货币型数据的说明，正确的是（　　）。

[A] 货币型数据有时可以表示成整型数据

[B] 货币型数据与浮点型数据完全一样

[C] 货币型数据是由数字和小数点组成的字符串

[D] 货币型数据是小数点位置固定的实型数

8. 下列几项中，属于合法的日期型常量的是（　　）。

[A] "10/10/02"　　　[B] 10/10/02　　　[C] {10/10/02}　　　[D] #10/10/02#

二、填空题

1. 表达式（7\2+1）*（8\2+2）的值为_____。

2. 如果一个变量未经定义就直接使用，则该变量的类型为_____。

3. 表达式 x = Sqr（a^2-5）+sqr（b^2-5）的类型是_____。

4. 以下语句的输出结果是_____。

a = Sqr（26）

Print Format$ （a，"$####.###"）

5. 变量 L 的值为-8，则-L^2 的值为_____。

6. 3BX 和 A5cd 都是_____（合法/不合法）的变量名，X.m5 和 Dim 都是_____（合法/不合法）的变量名。

7. 常量 5.246E-12、4.75D+15、 234、"234"、56789、True 、#23/05/2003#的数据类型分别是_____、_____、_____、_____、_____、_____。

8. 表达式"AB">"CD" Or "x"< "y" And 9 > 3*2 的值是_____。

第4章
Visual Basic 程序控制结构

VB 程序控制结构有 3 种，它们是顺序结构、选择结构和循环结构。这 3 种基本结构具有单入口、单出口的特点，各种不同的程序结构就是由若干基本结构构成的。本章将介绍与 3 种基本结构有关的语句和方法。

4.1　顺序结构程序设计

4.1.1　算法

1. 算法的主要特征

算法（Algorithm）是对特定问题求解步骤的一种描述，它是指令的有限序列，其中每一条指令表示一个或多个操作。一个算法一般具有如下 5 个特征。

（1）有穷性：一个算法必须总是（对任何合法的输入值）在执行有穷步之后结束，且每一步都在有穷时间内完成。

（2）确定性：算法中每一条指令必须有确切的含义，不允许有模棱两可的解释，人们理解时不会产生二义性。并且在任何条件下，算法只有唯一的一条执行路径，即对于相同的输入只能得出相同的输出。

（3）有效性：一个算法能有效地完成指定的任务，就要求算法中描述的操作都可以通过已经实现的基本运算执行有限次来实现。

（4）输入：一个算法有零个或多个输入，这些输入取自于某个特定对象的集合。

（5）输出：一个算法有一个或多个输出，这些输出是同输入有着某些特定关系的量。

2. 算法的表示

定义：把算法用文字或图形方式表示出来，就是算法的描述。

算法框图：作为算法的表达工具，在算法设计阶段人们一般采用图示的方法。图示法简单、直观，特别有利于初学者。

（1）传统流程图中的基本符号

| 起止点 | 输入/输出 | 处理 | 判断 | 流线 |

（2）3 种基本结构的表示

① 顺序结构：顺序结构表示一系列顺序执行的运算和处理，如图 4-1 所示。

② 选择结构：选择结构通常是根据一个条件是否成立来选择下一步应该执行哪一种处理，如图 4-2 所示。

③ 循环结构：循环结构根据条件是否成立来判断是否重复执行某语句，通常有两种结构形式，一种是"先判断后做"，另一种是"先做后判断"，"先判断后做"称为当型循环，如图 4-3（a）所示，"先做后判断"称为直到型循环，如图 4-3（b）所示。

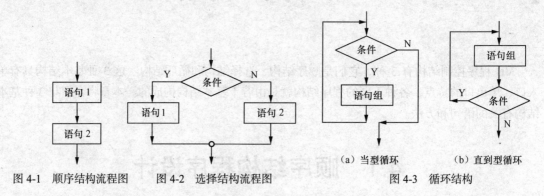

图 4-1　顺序结构流程图　　　图 4-2　选择结构流程图　　　图 4-3　循环结构

4.1.2　顺序结构中的常用语句

1. 赋值语句 Let

格式：[Let] 变量名 ＝ 常量|变量|表达式|对象的属性

VB 编程语言中用" ＝ "作为赋值运算符，简称赋值号。

功能：将赋值号右边表达式的值赋给赋值号左边的变量。

其中赋值号左边的变量可以是用户自定义的变量，也可以是对象的属性；赋值号右边的表达式可以是常量、表达式、文本框等控件中获取的值，也可以是由 InputBox 函数提供的值。

例如：Let X = X + 6 '变量 X 加上 6 以后赋给左边的变量 X

Text1.Text = "欢迎使用 Visual Basic 6.0" '将字符串赋给文本框 1

（1）Visual Basic 的语句通常按"一行一句"的规则书写，但也允许多个语句放在一行中。在这种情况下，各语句之间必须用冒号隔开。

例如：a = 3：b = 2：c = 1

（2）赋值号两边的数据类型必须保持一致或兼容。

（3）赋值语句先计算右边表达式的值，再将结果赋给左边的变量。

（4）赋值号与数学中"等号"在概念上有所区别，数学中等号为判断左右两值是否相等。

（5）赋值符号"="左边一定只能是变量名或对象的属性引用，不能是常量、符号常量、表达式。

例如：下面的赋值语句都是错误的：

```
5 = X              错误 ' 左边是常量
Abs(X) = 20        错误 ' 左边是函数调用，即是表达式
A+B = C+D          错误 ' 左边是表达式
```

2. 注释语句 Rem

格式：Rem 注释内容　　　'注释内容

功能：为了提高程序的可读性，在程序的必要位置加上注释是有用的。注释语句就起此作用，以方便自己或他人理解语句的含义。注释语句可单独占一行，也可以放在语句的后面；注意注释语句是非执行语句。

（1）<注释内容> 指要包括的任何注释文本。在 Rem 关键字和注释内容之间要加一个空格。

可以用一个英文单引号 "'" 来代替 Rem 关键字。

（2）如果在其他语句行后面使用 Rem 关键字，必需用冒号（：）与语句隔开。若用英文单引号 "'"，则在其他语句行后面不必加冒号（：）。

例如：Const PI = 3.1415925　　　' 符号常量 PI

　　　S = PI*r*r　　　　　　　　　' 计算圆的面积

3. 卸载语句 Unload

格式：Unload 对象名

功能：卸载某个对象。

例如：Unload me　'卸载当前窗体

4. 响铃语句 Beep

格式：Beep 声音频率，声音持续时间

功能：通过计算机喇叭发出声音。

5. 暂停语句 Stop

功能：Stop 语句用于暂停程序的执行，它的作用类似于执行 Run 菜单中的 Break 命令。当执行 Stop 语句时，将自动打开"立即"窗口。该语句不清除内存，也不关闭任何文件。Stop 语句的主要作用是把解释程序设置为中断（Break）模式，以便对程序进行检查和调试。一旦 VB 应用程序通过编译并能运行，则不再需要解释程序的辅助，也不需要进入中断模式。因此，程序调试结束后，生成可执行文件之前，应删去代码中的所有 Stop 语句。

6. 结束程序执行语句 End

功能：结束程序的执行。

例如：退出菜单、窗口关闭、结束程序的运行。

4.1.3　顺序结构中的数据输出

1. Print 方法

格式：[对象名.]Print［<表达式表>］[{，|；}]

功能：Print 方法是很多 VB 对象所具备的方法，包括窗体、图片框或打印机等。使用 Print 方法可以在上述对象上显示字符串和表达式的值。

（1）[对象名.] 可以是窗体名、图片框名，也可是立即窗口 "Debug"。若省略对象，则表示在当前窗体上输出。

例如：Picture1. Print "Visual Basic 6.0"

则把字符串"Visual Basic 6.0"在图片框中显示出来。

例如：Print "Visual Basic 6.0"

直接把字符串"Visual Basic 6.0"在当前窗体上显示出来。

若要使后面执行 Print 时还在本行输出，可以在末尾加";"或","。

（2）<表达式表>为要输出的常量、变量、函数或表达式。各输出项之间用分隔符（空格、分号或逗号）隔开。若各输出项之间以分号或空格作分隔符，则按紧凑格式输出数据。若各输出项之间以逗号作分隔符，则按标准格式（以 14 个字符位置为单位把一个输出行分为若干个区段）输出数据。

【例4-1】 在当前窗体上显示数据如图 4-4 所示。

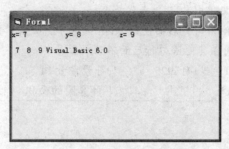

图 4-4 使用不同分隔符显示数据

其窗体的单击事件过程如下：

```
Private Sub Form_Click()
    x = 7: y = 8: z = 9
    Print "x = "; x, "y = "; y, "z = "; z
    Print
    Print x; y; z; "Visual Basic 6.0"
End Sub
```

2. 与 Print 方法有关的函数

（1）Tab 函数。

格式：Tab(n)

功能：可选的参数 n 是在显示或打印列表中的下一个表达式之前移动的列数。若省略此参数，则 Tab 将插入点移动到下一个打印区的起点。

【例4-2】 设有某班级的部分学生名单如表 4-1 所示。

表 4-1   例 4.2 数据表

姓　　名	年　　龄	籍　　贯	班　　级
张一	19	北京	机械-1
王二	20	北京	机械-2

编程显示上面表格中的数据。程序如下：

```
Private Sub Form_Click()
    FontName = "楷体_GB2312"    ' 显示输出何种字体
    FontSize = 22    ' 显示输出字体大小
    Print "姓名"; Tab(8); "年龄"; Tab(16); "籍贯";
    Print Tab(24); "班级"
    Print
```

```
    Print "张一"; Tab(8); 19; Tab(16); "北京"; Tab(24); "机械-1"
    Print "王二"; Tab(8); 20; Tab(16); "北京"; Tab(24); "机械-2"
End Sub
```

程序运行后，单击窗体内任一位置，将显示如图 4-5 所示的运行结果。

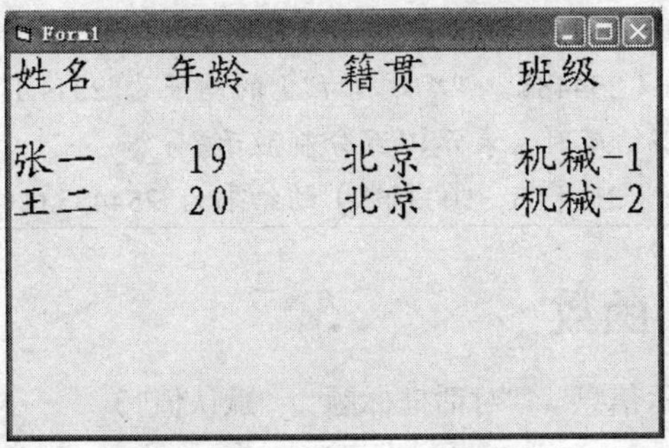

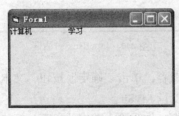

图 4-5　程序的运行结果

（2）Spc 函数。

格式：Spc(n) 或 Space(n)

功能：跳过 n 个空格后再输出下一个输出项。

例如：

```
Private Sub Form_Click()
Print "计算机"; Spc(10); "学习"
End Sub
```

首先在窗体上输出"计算机"，然后跳过 10 个空格，再输出"学习"。

程序运行后，单击窗体内任一位置，将显示如图 4-6 所示的运行结果。

图 4-6　程序的运行结果

（3）输出 Format 函数。

Format(表达式[，格式：串])

说明

① Format 函数根据格式串来显示表达式的文本。

② 格式化数据时，Format 参数中可以出现"#"、"0"等字符串来表示某种指定格式，每一个字符都可以代表转换后的一位字符，当数据超过指定位数时，0 表示用 0 补齐，而#表示不进行其他操作，两种都进行四舍五入。

例如：

Format(12222.34455, "##.###")的结果为"12222.345"。

Format(12222.34455, "00.000")的结果为"12222.345"。

Format(2.3, "##.###")的结果为"2.3"。

Format(2.3, "00.000")的结果为"02.300"。

所以一般情况下，整数部分用#表示，小数的位数可以用 0 表示，即规定某个数据保留的位数。

如：Format（2.3，"##.000"）的结果为"2.300"

③ 在 Format 参数中，还可以出现其他的符号，如","、":"或其他数据等，这些符号原样输出，在处理时，数据从右向左匹配。

例如：Format（254485，"##:1:##"）的结果为"2544:1:85"

④ 当参数以%结尾时，表示以百分制显示。

例如：Format（2544.85，"00.0%"）的结果为"254485.0%"

4.1.4 InputBox 函数

格式：InputBox（"提示信息"，"对话框标题"，"默认值"）

（1）<提示信息>：字符串表达式。在对话框内显示提示信息，提示用户输入的数据的范围、作用等。

（2）<对话框标题>：字符串表达式，可选项。运行时该参数显示在对话框的标题栏中。如果省略，则在标题栏中显示当前的应用程序名。

（3）<默认值>：字符串表达式，可选项。显示在文本框中，在没有其他输入时作为缺省值。如果省略，则文本框为空。

例如：MyStr = InputBox（"提示信息"，"对话框标题"，"10"），效果如图 4-7 所示。

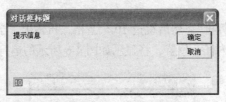

图 4-7 InputBox 对话框

在文本框中可以修改默认值内容，单击"确定"按钮，文本框中的文本赋给变量 MyStr；单击"取消"按钮，空字符串赋给变量 MyStr。

InputBox 函数产生一个对话框，作为输入数据的界面，等待用户输入正文或按下按钮，并返回所输入的内容。

4.1.5 MsgBox 函数

格式：MsgBox（<提示信息>[，<按钮类型>][，<对话框标题>]）

功能：对话框中显示消息，等待用户单击按钮，返回一个整数告诉用户单击了哪个按钮。

（1）<提示信息>：字符串表达式，用于指定显示在对话框中的信息。

（2）<按钮类型>：数值型数据，是可选项，用来指定对话框中出现的按钮和图标的种类及数量。在函数中可以用按钮值，也可以用系统定义符号常量。

（3）<对话框标题>：字符串表达式，是可选项，它显示在对话框的标题栏中，如果省略，则在标题栏中显示应用程序名。"按钮类型"的设置值及含义如表 4-2 所示，MsgBox 函数的返回值如表 4-3 所示。

表 4-2　　　　　　　　　　　　　　MsgBox "按钮类型" 的设置值

分　类	按　钮　值	系统定义符号常量	含　义
按钮类型	0	vbOKOnly	只显示 "确定" 按钮
	1	vbOKCancel	显示 "确定"、"取消" 按钮
	2	vbAbortRetryIgnore	显示 "终止"、"重试"、"忽略" 按钮
	3	vbYesNoCancel	显示 "是"、"否"、"取消" 按钮
	4	vbYesNo	显示 "是"、"否" 按钮
	5	vbRetryCancel	显示 "重试"、"取消" 按钮
图标类型	16	vbCritical	显示停止图标 x
	32	vbQuestion	显示询问图标 ?
	48	vbExclamation	显示警告图标 ！
	64	vbInformation	显示信息图标 i
默认按钮	0	vbDefaultButton1	第一个按钮是默认按钮
	256	vbDefaultButton2	第二个按钮是默认按钮
	512	vbDefaultButton3	第三个按钮是默认按钮

表 4-3　　　　　　　　　　　　　　MsgBox 函数的返回值

系统符号常量	返　回　值	按　键
vbOK	1	确定
vbCancel	2	取消
vbAbort	3	终止
vbRetry	4	重试
vbIgnore	5	忽略
vbYes	6	是
vbNo	7	否

若不需要返回值，则可以使用 MsgBox 语句。

格式：（**MsgBox** <提示信息> [，<按钮类型>][，<对话框标题>]）

例：

```
Private Sub Command1_Click( )
    a= MsgBox("提示信息")
End Sub
```

效果如图 4-8 所示。

图 4-8　MsgBox 函数

```
Private Sub Command1_Click( )
    a= MsgBox("提示信息" & Chr(13) &"换行显示")
End Sub
```

效果如图 4-9 所示。

图 4-9　MsgBox 函数

```
Private Sub Command1_Click( )
    a= MsgBox("提示信息" , ,"标题")
End Sub
```

效果如图 4-10 所示。

图 4-10　MsgBox 函数

```
Private Sub Command1_Click( )
    a= MsgBox("提示信息" ,1,"标题")
End Sub
```

效果如图 4-11 所示。

图 4-11　MsgBox 函数

```
Private Sub Command1_Click( )
    a= MsgBox("提示信息" , 1+16, "标题")
End Sub
```

效果如图 4-12 所示。

图 4-12　MsgBox 函数

```
Private Sub Command1_Click( )
    a= MsgBox("提示信息" , 2+32+0, "标题")
End Sub
```

效果如图 4-13 所示。

图 4-13 MsgBox 函数

4.2 选择结构程序设计

4.2.1 if 语句和 iif 函数

1. if 语句

（1）单行结构 if 语句

格式：If 条件 Then 语句组 1 [Else 语句组 2]

功能：如果条件表达式为真（true），则执行语句组 1，否则执行语句组 2，如图 4-14（b）所示。[Else 语句组 2]可以省略，此时，只有语句组 1，如图 4-14（a）所示。

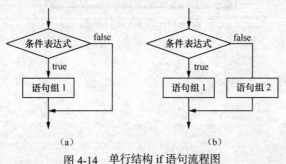

图 4-14 单行结构 if 语句流程图

① 条件：真、假值，可以是关系表达式、逻辑表达式、数值表达式或字符串表达式（0 为 False，非 0 为 True）。

② 构成单行 If 语句的各部分必须书写在同一行上。

③ 语句组中允许有多条语句，但各语句之间要用"："分开。如下面的 If 语句：

If x > y Then max = x :min = y Else max = y :min = x

其中 Then 子句中语句组 1 包含两条赋值语句，Else 子句中语句组 2 也包含两条赋值语句。

① 单行语句需要换行，必须在换行处使用续行符号：空格连下画线。

② 单行结构条件语句可以嵌套，也就是说，在语句组 1 或语句组 2 中可以包含另外一个单行结构条件语句。

【例 4-3】 编程实现：输入一个整数，判断它是奇数还是偶数，并输出相应的提示信息。

步骤：①在窗体上建立两个文本框，一个用来接收数据，另一个用来输出结果；再建立一个命令按钮，以执行程序（其中 command1 的 caption 属性值设置为"确定"）。

②将程序写入 command1 事件中。

③运行窗体，在文本框中输入数据，单击命令按钮。

程序如下：

```
Private Sub Command1_Click()
    Dim n As Integer, str As String
    n = val(text1.text)         '从界面上的文本框 1 获得变量 n 的值
    If n Mod 2 = 0 Then str = "偶数" Else str = "奇数"
    Text2.text = str           '把 str 的内容显示在界面上的文本框 2 上
End Sub
```

运行结果如图 4-15 所示。

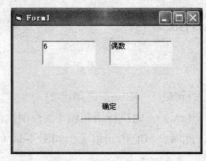

图 4-15   例 4.3 运行界面

（2）块结构 if 语句

格式一：

```
If  <条件>  Then
<语句组>
End If
```

格式二：

```
If  <条件 1>  Then
<语句组 1>
Else
<语句组 2>
End If
```

格式一和格式二的程序流程图分别为图 4-14（a）和图 4-14（b）所示。

【例 4-4】   编写一个程序，实现当用户输入的用户名和口令都正确时显示"欢迎登录"的消息对话框，当用户名或口令有错误时显示消息对话框报告错误。

分析：本题需要两个文本框分别保存用户输入的用户名和口令，一个"登录"按钮，一个"退出"按钮具体属性设置如表 4-4 所示。当输入的用户名和口令与预先设置的相符时显示"合法用户"，当不相符时显示"非法用户"，所以应当采用 If…Then…Else 结构来实现。

表 4-4   属性值

对 象 名 称	属 性 名 称	属 性 值
Command1	Caption	登录
Command2	Caption	退出
Label1	Caption	用户名

续表

对 象 名 称	属 性 名 称	属 性 值
Label2	Caption	口令
Text1	Text	置空
Text2	Text	置空

编写代码:

```
Private Sub Command1_Click()
  Dim user As String
  Dim psw As String
  user = Text1.Text
  psw = Text2.Text
  If user ="SY" And psw = "123" Then
    MsgBox ("欢迎您登录本系统! ")
  Else
    MsgBox ("您的用户名或口令有误, 请重新输入! ")
  End If
End Sub
```

程序运行效果如图 4-16 和图 4-17 所示。

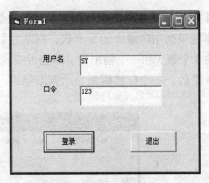

图 4-16 例 4.4 运行结果（1）   图 4-17 例 4.4 运行结果（2）

（3）if 语句嵌套

所谓 If 嵌套是指在 If 的 Then 或者 Else 语句块中还可以嵌套 If 结构, 以达到多分支的目的, 流程图如图 4-18 所示。

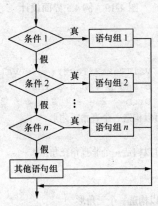

图 4-18 if 语句嵌套流程图

格式:

```
If  <条件1>  Then
          [<语句组1>]
      [ElseIf  <条件2>  Then
          [<语句组2>]]
      …
      [ElseIf  <条件n> Then
          [<语句组n>]]
      [Else
          [<其他语句组>]]
EndIf
```

① 块 If 结构必须以 If 开头,以 End If 结束。

② 块 If 语句的执行顺序是:系统首先判断"条件 1",若为 True,则执行完"语句组 1"后,该块 If 语句结束,系统继续执行 End If 语句后面的内容;若为 False,则再判断"条件 2",若"条件 2"为 True,则执行"语句组 2"后,该块 If 语句也结束了;若"条件 2"为 False,则继续判断后面的"条件 n",若块 If 语句中列出的所有条件都为 False,则执行 Else 子句的"其他语句组"。

【例 4-5】 编写一个程序,让用户输入 3 个数并判断这 3 个数能否组成一个直角三角形。

分析:本题根据用户输入的 3 个数,判断它们能否组成一个直角三角形。程序中有 3 个输入量(即输入的 3 个数)和一个输出量(即能否组成一个直角三角形),故可以用 3 个文本框来接受用户输入的 3 个数,一个标签框来显示判断结果。界面设计如图 4-19 所示。

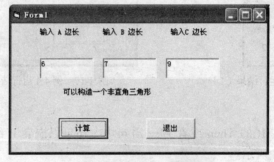

图 4-19　例 4.5 界面设计

```
Private Sub Command1_Click()
  Dim a, b, c As Single
  a = Val(Text1.Text) : b = Val(Text2.Text) : c = Val(Text3.Text)
  If a + b > c And a + c > b And b + c > a Then
  If a ^ 2 = b ^ 2 + c ^ 2 Or b ^ 2 = a ^ 2 + c ^ 2 Or c ^ 2 = a ^ 2 + b ^ 2 Then
      Label4.Caption = "可以构造一个直角三角形 "
    Else
      Label4.Caption = "可以构造一个非直角三角形"
    End If
  Else
    Label4.Caption = "不可以构造一个三角形 "
  End If
```

```
End Sub
```

2. iif 函数

格式：IIf（条件,语句 1,语句 2）

功能：函数先判断"条件"的值，若为"True"，则函数返回"语句 1"的值；若为"False"，则函数返回"语句 2"的值。

该函数有 3 个参数，根据条件表达式的值，返回可供选择的两部分中的一个。

【例 4-6】 输入 x，计算 y 的值。程序运行界面如图 4-20 所示。

$$y = \begin{cases} 2x+1 & (x \neq 0) \\ x & (x = 0) \end{cases}$$

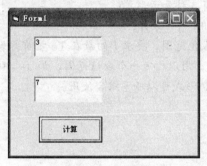

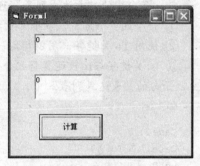

（a）例 4.6 运行界面（1）　　　（b）例 4.6 运行界面（2）

图 4-20

分析：当 $x <> 0$ 为 True，则函数返回"$2*x+1$"的值，相当于 Text2.Text $= 2*x+1$；若为 False，则函数返回"x"的值，相当于 Text2.Text $= x$。图 4-20（a）、（b）分别是 $x = 3$ 和 0 时的运行结果。

Command1 的单击事件代码如下：

```
Private Sub Command1_Click()
    Dim x As Single, y As Single
    x = Val(Text1.Text)
    Text2.Text = IIf(x <> 0, 2 * x + 1, x)
End Sub
```

4.2.2　Select　Case 语句

1. 格式

```
Select Case 表达式
    Case 表达式列表 1
    语句块 1
    Case 表达式列表 2
    语句块 2
```

```
     ......
     Case 表达式列表 n
     语句块 n
     Case Else
     语句块
End Select
```

2. 功能

如果表达式的值与某个表达式列表的值相匹配，则执行该表达式列表后的相应语句块。

（1）表达式：可以是一个数值表达式或字符串表达式，通常使用一个数值类型或字符串类型的变量。

（2）Case 表达式列表：是 Case 子句，如果表达式与某个 Case 子句的表达式列表相匹配，则执行该 Case 子句中的语句块。

Case 子句中的"表达式列表"可以有 3 种表示形式：

① 一个或多个常量，多个常量之间用","分开；

② 使用 To 关键字，用以指定一个数值范围，要求小的数在 To 之前，如 1To10；

③ Is 关键字与比较运算符配合使用，用以指定一个数值范围，如 Is >10；在每个 Case 子句的"表达式列表"中，以上 3 种形式可以任意组合使用。

如：

```
Case 3, 5
Case  7 To 9
Case  Is < 6
```

（3）Case Else：当表达式的值与前面所有的 Case 子句的值列表都不匹配时执行语句块 n。

（4）End Select：为多分支结构语句的结束标志。

（5）多分支结构语句要求必须以 Select Case 开头，中间可有任意个 Case 子句，Case Else 子句只能有一个或者没有，最后必须以 End Select 结束。

【例 4-7】　输入某学生成绩（百分制），若 100≥成绩≥90，输出优秀；若 90＞成绩≥80，输出良好；若 80＞成绩≥70，输出中等，若 70＞成绩≥60，输出及格；若 60＞成绩≥0，输出不及格；若是其他数则输出 error 信息。

分析：这是一个分段比较的程序，由于是多段成绩，可以使用多分支语句，如果使用 IF 语句嵌套，结构较为复杂；因此用 Select Case 语句为好。

首先定义一个 Single 类型的变量 x，从应用程序窗体界面的文本框 Text1 输入数字，利用 Val（Text1.text）函数获得该数值后，赋值给变量 x，然后用块 Select Case 语句对 x 进行判断，利用窗体界面文本框 Text2 显示相应的信息。

Visual Basic 应用程序设计步骤如下。

（1）建立应用程序用户界面。

Form1 窗体界面由 4 个控件组成，分别是一个标签（Label1）、两个文本框（Text1、Text2）和一个命令按钮（Command1）。

（2）设置界面中各对象的属性，如表 4-5 所示。

表 4-5　　　　　　　　　　　　　　　例 4.8 对象属性设置

对 象 名 称	属 性 名 称	属 性 值
Form1	Caption	"学生成绩级别"
Label1	Caption	"输入成绩:"
Text1	Text	置空
Text2	Text	置空
Command1	Caption	"判断级别"

在 Form1 窗体中，双击窗体界面中命令按钮 Command1 对象，进入 Form1 代码窗口，编写 Command1 的单击（Click）事件代码，该事件代码如下：

```
Private Sub Command1_Click()
Dim score As Single
score = Val(Text1.Text)
If score > 100 Or score < 0 Then Text2.Text = "error": End
Select Case score \ 10
  Case 9, 10
    Text2.Text = "优秀"
  Case 8
    Text2.Text = "良好"
  Case 7
    Text2.Text = "中等"
  Case 6
    Text2.Text = "及格"
  Case 0 To 5
    Text2.Text = "不及格"
End Select
End Sub
```

程序运行界面如图 4-21 所示。

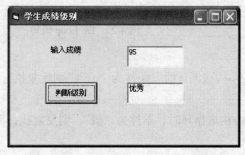

图 4-21　例 4.8 运行界面

4.3 循环结构程序设计

4.3.1 Do loop 语句

1. 当型循环

格式：Do { While|Until } <条件>

        语句块

     [Exit Do]

        语句块

   Loop

程序流程如图 4-22（b）所示。

2. 直到型循环

格式：Do

       语句块

     [Exit Do]

       语句块

Loop { While|Until } <条件>

程序流程如图 4-22（a）所示。

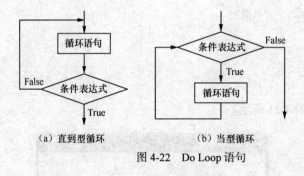

（a）直到型循环　　　　　　（b）当型循环

图 4-22　Do Loop 语句

功能：

（1）当使用 While<条件>构成循环时，条件为"真"，则反复执行循环体，条件为"假"，则退出循环。

（2）当使用 Until <条件>构成循环时，条件为"假"，则反复执行循环体，直到条件成立，即为"真"时，则退出循环。

    （1）当型循环"先"判断条件，直到型循环"后"判断条件。

    （2）当型循环结构中，循环体有可能一次也不执行。直到型循环结构中，循环体至少执行一次。

【例 4-8】 编写程序，求两个正整数的最大公约数。

分析：（1）如果有 $m > n$，则 m 可表示成 $x \times n + r$（其中 x 为 m/n 的商，r 为 m/n 的余数）。如果余数 r 为 0，表示 m 能整除 n，则 n 就是最大公约数。

（2）如果 *r* 不为 0，则最大公约数与 *n* 和 *r* 有关，因为 *r* 为 *m*/*n* 的余数，则 *n*>*r*，所以 *n* 与 *r* 的最大公约数就是 *m* 与 *n* 的最大公约数。令 *m* = *n*，*n* = *r*，再返回（1）。

程序源代码如下：

```
Private Sub cmdStart_Click()
    Dim A%, B%, R%
    A = Val(txtA.Text)
    B = Val(txtB.Text)
    Do
        R = A Mod B
        If R = 0 Then Exit Do
        A = B
        B = R
    Loop
    lblResult.Caption = "A、B 两数的最大公约数是：" & B
End Sub
```

4.3.2　While　Wend 语句

格式：

```
While <条件>
    <循环块>
Wend
```

While 循环结构的执行顺序是：首先判断条件表达式，如果条件表达式的值为 True 就执行循环体，如果条件表达式的值为 False 就不执行循环体，循环结构结束，应用程序继续往后执行 Wend 后面的语句。

【例 4-9】　编写程序，求自然数前 *N* 项和小于 1000 的最大的 *N* 值。

分析：假设程序中我们用 *N* 表示自然数，*S* 表示前 *N* 个自然数的和，当 *S* 小于 1000 时，*S* 应该继续与下一个自然数求累加和。当 *S* 不再小于 1000 时，重复过程就不再继续，但是这时的 *N* 是自然数前 *N* 项和中第一个大于 1000 的数值，而题目要求的是小于 1000 的最大的 *N*，因此所求的结果应该是 *N*-1。

程序代码如下：

```
Private Sub cmdStart_Click()
    Dim S%, N%
    N = 0
    S = 0
    While S < 1000
        N = N + 1
        S = S + N
    Wend
    lblResult1.Caption = "自然数前 N 项和小于 1000 的最大的 N 值：" & N - 1
    lblResult2.Caption = "自然数前 " & N - 1 & " 项的和：" & S - N
End Sub
```

4.3.3　For…Next 语句

格式：

```
For 循环变量 = 初值 To 终值 Step 步长
    语句组 1
```

　　[Exit For]
　　　语句组 2
　Next 循环变量

程序执行流程图如图 4-23 所示。

执行 For…Next 循环的步骤如下。

（1）首先：循环变量＝初值。

（2）若步长为正数，比较<循环变量>的值是否大于<终值>，若是，则退出循环，否则继续循环。若<步长>为负数，则测试<循环变量>是否小于<终值>，若是，则退出循环，否则继续循环。

（3）执行一遍循环体。

（4）令循环变量＝循环变量＋增量，然后再转到第（2）步。

（5）执行循环体部分，其中在一定条件下，用 exit for 退出循环。

（6）<循环变量>、<初值>、<终值>和<步长>都是数值型的。

（7）循环次数＝int（（终值－初值）/步长+1）。

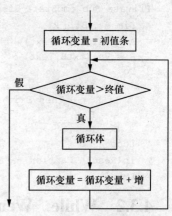

图 4-23　　For…Next 语句流程图

【例 4-10】　求 $s = 1+3+5+7+9+\cdots+99$ 之和。

分析：可以设一个变量 i 从 1 开始按 1、3、5、7、9 规律变化，另外可以用一个变量 sum 做累加器；用程序表示为 sum = sum+i。

程序代码如下：

```
Private Sub Form_Click()
    Dim sum As Integer, i As Integer
    sum = 0
    For i = 1 To 100 Step 2
        sum = sum + i
    Next i
    Print sum
End Sub
```

【例 4-11】　求 $S = 1! + 2! + 3! + 4! + \ldots + N!$。

分析：由上面例题可以看出，本题为阶乘的累加和。怎样来求阶乘呢？因为阶乘是连续乘积，如 5! ＝5*4*3*2*1，因此，可以用累乘实现阶乘的算法，如 $k = k*I$，注意 k 的初值为 1。

程序代码如下：

```
Private Sub Command1_Click()
    Dim S As Long, K As Long
    Dim i As Integer, N As Integer
    N = Val(InputBox("请输入 N = ", , 6))
    S = 0: K = 1            ' 初始化
    For i = 1 To N
    K = K * i
    S = S + K
    Next
    Print "s = "; S
End Sub
```

运行时在窗体空白处单击鼠标左键，执行 form_click( )事件。

运行的结果如图 4-24 和图 4-25 所示。

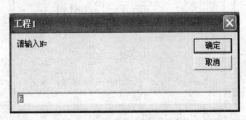

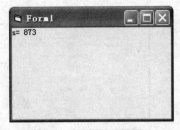

图 4-24　例 4.12 运行界面（1）　　　　　图 4-25　例 4.12 运行界面（2）

【例 4-12】　任意输入一个正整数，判断它是否为素数（Prime）。

分析：众所周知，一个素数当且仅当只能被 1 和它自己整除，即如果一个自然数 *n* 不被 2～*n*-1 中的任一数整除，则 *n* 是素数。进一步，如果一个自然数 *n* 不被 2～Sqr（*n*）中的任一数整除，则 *n* 是素数。程序中用 2，3，…，Int(Sqr(n))分别整除 *n*，若其中有一个数能整除 *n*，则 *n* 就不是素数，也没有必要再去判断它是否能被余下的数整除了，即此时可以退出循环；如果没有一个数能整除 *n*，则 *n* 就是素数了。

程序如下：

```
Private Sub Form_Click()
    N% = Val(InputBox("Please input a number: ", "输入正整数"))
    For I% = 2 To Int(Sqr(N%))
        If N% Mod I% = 0 Then Exit For
    Next I%
    If I% > Int(Sqr(N%)) Then
        Print "The number "; N%; "is a prime."
    Else
        Print "The number "; N%; "is not a prime."
    End If
End Sub
```

说明

　　程序中 Int（Sqr（n））用来设置循环终值。从程序代码中看到，For/Next 循环有两个出口，正常退出和 Exit For 退出。无论哪一种退出，退出循环后都执行 Next 的下一条语句，此时我们又如何判定它是否为素数呢？根据上面的分析，只有当没有一个 I%能整除 N%时，N%才是素数，于是也只有正常退出循环时 N%才是素数。当正常退出循环时由 For/Next 语句的执行过程可知，此时 I% > Int（Sqr（N%）），即 N%是素数。

4.3.4　循环嵌套语句

如果循环体中又包含循环结构，则构成了多重循环，多重循环也称为循环嵌套。由于能构成循环结构的语句有多种，它们之间可以互相嵌套，所以多重循环的形式多种多样。

1．多重循环

格式：4 种常用格式分别为如图 4-26 所示，除此之外还可以有其他格式。

```
(1) For  I=…          (2)    For  I=…
        …                           …
        For J=…             Do While/Until …
        …                           …
        Next J              Loop
        …                           …
    Next I                  Next I
```

```
(3)    Do While….       (4) Do While/Until….
        …                          …..
        For J=…             Do While/Until …
        …                          …
        Next J              Loop
        …                          …
    Loop                    Loop
```

图 4-26　循环嵌套语句格式

（1）每一种循环语句中的开始部分与结束部分应配对使用。

（2）多层循环的循环体可以一层套一层，但不能互相交叉。

【例4-13】　打印九九乘法口诀表，程序如下：

```
Private Sub Form_Click()
   For i% = 1 To 9
     For j% = i% To 9
        Print LTrim(Str(i%)) + "*" + LTrim(Str(j%)) + " = "; i% * j%;
     Next j%
     Print              ' 结束一行打印
   Next i%
End Sub
```

【例4-14】　打印如图 4-27 所示的图形。

图 4-27　金字塔

本程序用到了控制输出位置的函数 Spc（n），其作用是在打印输出项前插入 n 个空格。本例在打印每一行前用 Spc（n）决定这行中第一个 "*" 的位置，以后的 "*" 紧跟着输出，即 Print 后用 "；"。程序代码如下：

```
Private Sub Form_Click()
    For i% = 1 To 7
        Print Spc(7 - i%);
        For j% = 1 To 2 * i% - 1
            Print "*";
        Next j%
        Print
    Next i%
End Sub
```

【例 4-15】 打印 3～100 的所有素数（又称质数）。

本例有两个问题要解决。一是如何选取 3～100 之间的数作为候选素数（程序中用 nMayprime% 表示），以进一步确定它是否为素数，这样的候选素数自然是 3、5、…、99；二是判断该候选素数 nMayprime% 是否为素数，若是则打印该候选素数并继续判断下一个候选素数，否则不打印，再判断下一个候选素数。

```
Private Sub Form_Click()
    For nMayprime% = 3 To 100 Step 2
        nLimit% = Int(Sqr(nMayprime%))
        nCounter% =2
    Do While nCounter% <= nLimit%
        If nMayprime% MOD nCounter% = 0 Then
            Exit Do
        Else
            nCounter% = nCounter% + 1
        End If
    Loop
        If nCounter% > nLimit% Then Print nMayprime%
    Next nMayprime%
End sub
```

2. 从循环中退出

有时在程序中利用循环查找某个数据，当数据找到后，不需要等到循环结束就可以跳出循环以节省时间。

使用 Exit 语句可以直接退出 For 循环和 Do 循环。Exit 语句的语法很简单：

Exit　For'可以退出 For 循环

Exit　Do'退出 Do 循环

Exit 语句总是出现在 If 语句或 Select Case 语句内部，而 If 语句或 Select Case 语句则嵌套在循环内。

4.3.5　其他控制语句

1. Goto 语句

GoTo 语句为无条件转移语句。

格式：

GoTo 标号 ｜ 行号

（1）标号：是以英文字母开头的标识符，此标识符可以出现在 GoTo 语句之前或之后，但要以 ":" 结尾，并且与 GoTo 语句在同一个过程中存在。如：

```
Start:
...
GoTo Start
```

（2）行号：是一个整型数字，位于语句行的最前面。行号可以出现在 GoTo 语句之前或之后，必须与 GoTo 语句在同一个过程中存在。如：

```
GoTo 1000
...
1000 ...
```

GoTo 语句能改变程序的执行顺序，它可以跳过某一段程序转到标号或行号处继续执行。把标号或行号置前，GoTo 语句与 If 语句配合使用可实现有条件地重复执行某程序段，从而构成 GoTo 型循环。

2. End 语句

格式：End

功能：结束一个程序的运行。

在 Visual Basic 中还有多种形式的 End 语句，用于结束一个程序块或过程。

其形式有：End If、End Select、End Type、End With、End Sub、End Function 等，它们与对应的语句配对使用。

习　　题

一、选择题

1. 用 InputBox 函数设计的对话框，其功能是（　　）。

[A] 只能接收用户输入的数据，但不会返回任何信息

[B] 能接收用户输入的数据，并能返回用户输入的信息

[C] 既能用于接收用户输入的信息，又能用于输出信息

[D] 专门用于输出信息

2. 阅读下面的程序段：

```
For a = 1 To 2
  For b = 1 To a
    For c = b To 2
      I = I + 1
    Next
  Next
Next
Print I
```

执行上面的三重循环后，I 的值为（　　）。

[A] 4　　　　　　　[B] 5　　　　　　　[C] 6　　　　　　　[D] 9

3. 在窗体上有个命令按钮，然后编写如下事件过程：

```
m = InputBox("enter the first integer")
n = InputBox("enter the second integer")
Print n + m
```

程序运行后，单击命令按钮，先后在两个输入框中分别输入 "1" 和 "5"，则输出结果为（　　）。

[A] 1　　　　　　[B] 51　　　　　　[C] 6　　　　　　[D] 15

4. 设有下面的循环：

```
i = 1
Do
  i = i + 3
  Print i
Loop Until I > _____
```

程序运行后要执行 3 次循环体，则条件中 I 的最小值为（　　）。

[A] 6　　　　　　[B] 7　　　　　　[C] 8　　　　　　[D] 9

5. 运行下列程序段后，显示的结果为（　　）。

```
J1 = 63
J2 = 36
If J1 < J2 Then
  Print J2
Else
  Print J1
End If
```

[A] 63　　　　　　[B] 36　　　　　　[C] 55　　　　　　[D] 2332

6. 下列程序段的执行结果为（　　）。

```
a = 95
If a > 60 Then degree = 1
If a > 70 Then degree = 2
If a > 80 Then degree = 3
If a > 90 Then degree = 4
Print "degree = "; degree
```

[A] degree = 1　　　[B] degree = 2　　　[C] degree = 3　　　[D] degree = 4

7. 下列程序段，运行后输出的内容是（　　）。

```
a = 2
c = 1
AAA:
c = c + a
If c < 10 Then
  Print c
  GoTo AAA
Else
  Print "10 以内的奇数显示完毕"
End If
```

[A] 3　　　　　　[B] 7　　　　　　[C] 9　　　　　　　[D] 10 以内的奇数显示完毕

8. 下列程序段的执行结果为（　　）。

```
a = 5
```

```
For k = 1 To 0
   a = a * k
Next k
Print k; a
```

[A] -1 6   [B] -1 16   [C] 1 5   [D] 11 21

9. 下面程序段执行结果为（   ）。

```
x = Int(Rnd()+3)
Select Case x
       Case 5
              Print "excellent"
       Case 4
              Print "good"
       Case 3
              Print "pass"
       Case Else
              Print"fail"
End Select
```

[A] excellent   [B] good   [C] pass   [D] fail

10. 有如下事件过程：

```
Private Sub Command1_Click()
   b = 10
   Do Until b = -1
     a = InputBox("请输入 a 的值")
     a = Val(a)
     b = InputBox("请输入 b 的值")
     b = Val(b)
     a = a * b
   Loop
   Print a
End Sub
```

程序运行后，依次输入数值 30，20，10，-1，输出结果为（   ）。

[A] 6000   [B] -10   [C] 200   [D] -6000

11. 下列程序段的执行结果为（   ）。

```
I = 1: x = 5
Do
  I = I + 1
  x = x + 2
Loop Until I > = 7
Print "I = "; I
Print "x = "; x
```

[A] I = 4   [B] I = 7   [C] I = 6   [D] I = 7
    x = 5   x = 15   x = 8   x = 17

12. MsgBox 函数的返回值的类型为（   ）。

[A] 数值型   [B] 变体类型   [C] 字符串型   [D] 日期型

13. 以下能够正确计算 n!的程序是（   ）。

[A] Private Sub Command1_Click()   [B] Private Sub Command1_Click()

```
    n = 5: x = 1                    n = 5: x = 1: I = 1
    Do                              Do
      x = x * I                       x = x * I
      I = I + 1                       I = I + 1
    Loop While I < n                Loop While I < n
    Print x                         Print x
  End Sub                         End Sub
```

[C] Private Sub Command1_Click()　　　[D] Private Sub Command1_Click()

```
    n = 5: x = 1: I = 1             n = 5: x = 1: I = 1
    Do                              Do
    x = x * I                       x = x * I
    I = I + 1                       I = I + 1
    Loop While I < = n              Loop While I > n
    Print x                         Print x
    End Sub                         End Sub
```

14. 下列程序段执行结果为（　　）。

```
m = 5: n = -6
If Not m > 0 Then m = n - 3 Else n = m + 3
Print m - n; n - m
```

[A] −3 3　　　　　　[B] 5 −9　　　　　　[C] 3 −3　　　　　　[D] −6 5

15. 执行下面的程序后，输出的结果是（　　）。

```
p = 1
For j = 1 To 4
    p = p-1: q = 0
    For k = 1 To 4
      p = p + 1: q = q + 1
    Next k
Next j
Print p; q
```

[A] 1 4　　　　　　[B] 13 4　　　　　　[C] 12 8　　　　　　[D] 20 6

16. 下列各种形式的循环中，输出 "*" 的个数最少的循环是（　　）。

[A]　　　　　　　　　　　　　　　　　　　　[B]

```
a = 5: b = 8                    a = 5: b = 8
Do                              Do
  Print "*"                       Print "*"
  a = a+1                         a = a+1
Loop While a                    Loop Until a
```

[C]　　　　　　　　　　　　　　　　　　　　[D]

```
a = 5: b = 8                    a = 5: b = 8
Do Until a-b                    Do Until a > b
    Print "*"                       Print "*"
    b = b+1                         a = a + 1
Loop                            Loop
```

17. 执行下列程序段后，输出的结果是（　　）。

```
For k1 = 0 To 4
  y = 20
  For k2 = 0 To 3
    y = 10
```

```
        For k3 = 0 To 2
            y = y + 10
        Next k3
    Next k2
  Next k1
  Print y
```

[A] 90   [B] 60   [C] 40   [D] 10

18. 下列语句中，不能实现循环 100 次的是（   ）。

[A] N = 0
```
    Do
      N = N+1
    Loop Until N> = 100
```

[B] N = 0
```
    Do
      N = N+1
    Loop While n<100
```

[C] N = 0
```
    N = N+1
    Do
    Loop Until N<100
```

[D] N = 0
```
    Do While n<100
      N = N+1
    Loop
```

二、填空题

1. 执行下面的程序段，x 的值为_____。

```
Private Sub Command1_Click()
    For i = 1 To 9
      a = a + i
    Next i
    x = Val(i)
    MsgBox x
End Sub
```

2. 有下面一个程序段，从文本框中输入数据，如果该数据满足条件，除以 4 余 1，除以 5 余 2 则输出，否则，将焦点定位在文本框中，并清除文本框的内容。

```
Private  Sub  Command1_Click()
    x = Val(Text1.Text)
    If _____Then
      Print x
    Else
      Text1.Text = ""
      _____
    End If
End Sub
```

3. 在 KeyPress 事件过程中，KeyAscii 是指所按键的_____值。

4. 下列程序计算 Sn 的值。Sn = a+aa+aaa+...+aaa...a，其中最后一项为 n 个。例如：a = 5，$n = 4$ 时，则 Sn = 5+55+555+5555。请在空白处填入适当的内容，将程序补充完整。

```
Private Sub Command1_Click()
    Dim a As Integer, n As Integer, Cout As Integer
    Dim Sn As Long, Tn As Long
    Cout = 1
    Sn = 0
    Tn = 0
    a = InputBox("请输入 a 的值：")
    _____
```

```
      Do
        Tn = Tn * 10 + a
        Sn = Sn+Tn
        Cout = Cout+1
        _____
      Print a, n, Sn
    End Sub
```

5. 给定年份，下列程序用来判断该年是否是闰年，请填空。

```
Sub YN
    Dim X AS Integer
    X = InputBox("请输入年号")
    If (X Mod 4 = 0 ____ X Mod 100 <> 0) ____ (X Mod 400 = 0)Then
      Print "是闰年"
    Else
      Print "不是闰年，是普通年份"
    End If
End Sub
```

6. 我国古代数学家张丘建在其著名的《算经》中提出了百鸡问题：每只公鸡 5 元，每只母鸡 3 元，三只雏鸡 1 元；如何用 100 元买 100 只鸡，即公鸡、母鸡、雏鸡各多少只。请在空白处填入适当的内容，将程序补充完整。

```
Private Sub Command1_Click()
    Dim Cock As Integer
    Dim Hen As Integer
    Dim Chick As Integer
    Print "公鸡数", "母鸡数", "雏鸡数"
    For Cock = 0 To 20
      For Hen = 0 To 33
        For Chick = 0 To 100
          If _____ Then
              Print Cock, Hen, Chick
          End If
        Next Chick
      Next Hen
    Next Cock
End Sub
```

7. 在窗体上画一个命令按钮，然后编写如下事件过程：

```
Private Sub Command1_Click()
    x = 0
    Do Until x = -1
      a = InputBox("请输入第一个数字 a 的值")
      a = Val(a)
      b = InputBox("请输入第二个数字 b 的值")
      b = Val(b)
      x = InputBox("请输入第三个数字 x 的值")
      x = Val(x)
      a = a + b + x
    Loop
    Print a
End Sub
```

在程序运行后，单击命令按钮，在对话框中分别输入 5，4，8，5，8，-1，输出结果为：

8. 以下程序的功能是从键盘输入若干个学生的考试成绩，统计并输出最高分和最低分，当输入负数时结束输入，输出结果。请补充完整下列程序段。

```
Private Sub Command1_Click()
    Dim x As Single, amax As Single, amin As Single
    x = InputBox("Enter a score")
    amax = x
    amin = x
    Do While _____
        If x > amax Then
            amax = x
        End If
        If _____ Then
            amin = x
        End If
        x = InputBox("enter a score")
    Loop
    Print "max = "; amax, "min = "; amin
End Sub
```

9. 下列程序的输出结果为_____。

```
num = 2
While num< = 3
    num = num+1
    Print num;
Wend
```

10. 下面的程序运行结果是_____

```
a = 1: b = 1
Do
    a = a^2
    b = b + 1
Loop Until b > 5
Print "k = "; a; "b = "; b + a
```

[A] k = 7 b = 14   [B] k = 6 b = 6   [C] k = 4 b = 8   [D] k = 1 b = 7

三、编程题

1. 设计一个计算矩形周长的程序：用文本框输入矩形的边长，按"确定"按钮计算出矩形的周长，并用标签输出。要求在第一个文本框输入边长按"回车"键后，光标自动定位在第二个文本框 Text2 中；在第二个文本框输入边长按"回车"键后，光标自动定位在"计算"按钮上；单击"计算"按钮后，光标自动定位在"清空"按钮上；单击"清空"按钮后，清空两个文本框，光标自动定位在第一个文本框按钮上，如图 4-28 所示。

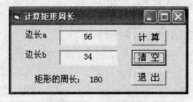

图 4-28　计算矩形周长

2. 设计一个用户名和口令验证程序，如图 4-29 所示；当用户输入错误的用户名或口令，并按"确定"按钮后，出现消息框，如图 4-30 所示；单击消息框的"确定"按钮后，又返回到用户名和口令输入窗口，并清空两个文本框；当用户输入正确的用户名和口令，并按"确定"按钮后，出现另外一个窗体，说明已成功地进入系统，如图 4-31 所示。

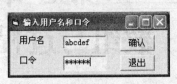
图 4-29　用户名和口令验证程序

图 4-30　输入错误信息

图 4-31　输入正确信息

3. 计算银行存款利息：假设银行存款利率如下：

一年以下	1.8%	一年定期	2.5%
二年定期	2.7%	三年定期	2.9%
四年定期	3.2%	五年定期	3.6%

五年以上按五年利率计算。

设计一个计算银行到期存款利息的程序，输入存款金额和存款期限，求到期利息。要求用 If 多分支选择语句完成代码设计。运行界面如图 4-32 所示。

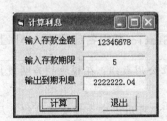
图 4-32　到期利息运行界面

4. 设计一个计算水费的程序，如图 4-33 所示。在文本框中输入用水类型 1～4：生活用水，用水类型是 1，每吨收水费 1 元；农业用水，用水类型是 2，每吨收水费 2 元；工业用水，用水类型是 3，每吨收水费 3 元；娱乐用水，用水类型是 4，每吨收水费 8 元。接下来输入用水量，按"确定"按钮后计算出水费，输出在最后一个文本框中。当输入错误的用水类型并计算后，在最后一个文本框输出"用水类型错误"。单击"清空"按钮，清空 3 个文本框，光标自动定位在第一个文本框按钮上。单击"退出"按钮后，结束程序的运行。要求用 Select Case 多分支选择语句完成代码设计。

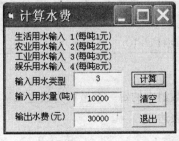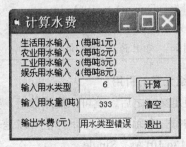
图 4-33　计算水费程序

第5章
数组与过程

5.1 数组

5.1.1 一维数组

1. 一维数组的定义

格式：

Public ｜ Private ｜ Dim ｜ Static 数组名([<下界>to]<上界>)[As <数据类型>]

（1）Public：用于建立公用数组，在模块的声明段用 Public 声明数组，此类数组可在多个模块中被调用。

（2）Private 与 Dim：都可用于建立模块级数组或局部数组。

（3）Static：只能用于建立局部数组，在过程内部使用。

（4）As 数据类型：说明数组元素是什么类型。可以是 Byte、Boolean、Integer、Long、Currency、Single、Double 等。

（5）数组的上下界声明：决定了数组的维数和各维下标值的取值范围。如果定义数组时，有数组的上下界声明部分，则定义了一个静态数组；而默认的数组的上下界声明部分，则定义了一个动态数组。

（6）option base 0 | 1：数组的默认下界是 0，如果想使用下界为 1 开始的数组，可以用 option base 1 语句。

例如：Dim a(1 to 10)As Integer   ' 声明了 a 数组有 10 个元素

1 是下标的下界，10 是下标的上界。

例如：与上面声明等价形式：Dim a%(1 to 10)

2. 一维数组元素的引用

（1）在数组定义完之后，就可以使用数组。数组中的每一个量称为数组元素，使用下标法可以引用数组中的每一个元素，其中下标值可以是表达式。

例：Dim c(1 to 10) As   Single

c(1) = c(2*i+1) + c(2)   ' 设 i 的值为 2，相当于 c(5)+c(2)的值赋给 c(1)

（2）可以使用 LBound 和 UBound 函数获得数组下标的下界和上界。

格式：

LBound（数组名 [, 维数]） UBound（数组名 [, 维数]）

（3）可选参数"维数"用来指定要返回的是第几维的下标的下界或上界，默认时为1。

例如：对于：Dim A（1 To 100, 0 To 3, −3 To 4）

LBound（A, 3）结果为−3, UBound（A, 1）结果为100。

3. 应用举例

【例 5-1】　用冒泡法排序法对 6 个无序的数从小到大排序。

分析：冒泡法排序也叫下沉法排序。其思路是在一列数中从前往后每次将两两相邻的数进行比较，然后将小的数调换到前面，大的放到后面。经过第一轮两两比较后，最大的数就排到最后的位置上。然后再从第一个数至倒数第二个数之间开始新一轮的两两比较、调换，然后第二大的数已排在倒数第二的位置上。然后再开始新一轮的比较，依此类推，直至所有数从小到大排好队。

假设有 6 个数，开始的顺序是 6，9，5，3，8，1，用冒泡法排序的过程如下。

（1）第一轮需经过 5 次比较：

开始值 6，9，5，3，8，1

第一次比较结果：6，9，5，3，8，1

第二次比较结果 6，5，9，3，8，1

第三次比较结果 6，5，3，9，8，1

第四次比较结果 6，5，3，8，9，1

第五次比较结果 6，5，3，8，1，9

经过第一轮最大数 9 沉到底，第二轮 9 不参与比较，在剩余数中继续进行相邻两个数的比较，就会得到如下的结果。

（2）第二轮需经过四次比较结果：

5，3，6，1，8，9

（3）第三轮只需三次比较结果：

3，5，1，6，8，9

（4）第四轮只需二次比较结果：

3，1，5，6，8，9

（5）第五轮只需一次比较结果：

1，3，5，6，8，9

如果有 N 个数排序，则需要 N−1 轮两两比较才可排好序。每一轮比较时，两两相比的次数是不同的。在程序代码编写时，需用双重循环来实现。外循环控制第几轮比较，内循环控制两两比较的次数。第一轮时，有 N 个数进行比较，相邻的两数相比需要 N−1 次，经过交换后，最大的数已排到最后。第二轮时，只需要对前面的 N−1 个数进行比较，相邻的两数相比只需 N−2 次，经过交换后，第二大的数已排到倒数第二的位置。依此类推，到第 N−1 轮时，只剩下最前面的两个数，比较交换后，N 个数的顺序已排列完毕。

Visual Basic 应用程序设计步骤如下。

（1）建立应用程序用户界面。

在 Form1 窗体界面中建立两个标签（Label1、Label2）和两个文本框（Text1、Text2）。

（2）设置界面中各对象的属性如表 5-1 所示。

表 5–1　　　　　　　　　　　　　　　例 5.1 对象属性值设置

对 象 名 称	属 性 名 称	设 置 值
Form1	Caption	"冒泡排序法"
Label1	Caption	"6 个数是:"
Label2	Caption	"排序结果是:"
Text1	Text	置空
Text2	Text	置空

（3）编写程序代码：

```
Option Base 1
Private Sub Form_Load()
    Const N = 6                      ' 常数 N  确定数组的大小
    Dim a(N) As Integer
    Dim i, j, p, Temp As Integer
    Show
    Randomize
    For i = 1 To N                   ' For 循环 i 从 1 变化到 N
        a(i) = Int(100 * Rnd) + 1    ' 产生 N 个 1~100 间的随机数
    Next I                           ' 在 Text1 中输出原始数据
    For i = 1 To N
        Text1.Text = Text1.Text & a(i) & ","    ' 输出 a  数组所有元素
    Next i
    ' 冒泡法排序部分
    For i = 1 To N - 1
        For j = 1 To N - i
            If a(j) > a(j + 1) Then  ' 交换
                Temp = a(j)
                a(j) = a(j + 1)
                a(j + 1) = Temp
            End If
        Next j
    Next i
    ' 输出排序的结果
    For i = 1 To N
        Text2.Text = Text2.Text & a(i) & ","    ' 输出 a 数组所有元素
    Next i
End Sub
```

（4）运行程序结果如图 5-1 所示。

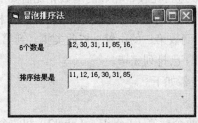

图 5-1　例 5.1 运行结果

单击工具栏上的 ▶ 按钮运行该程序，运行结果如图 5-1 所示。

上述程序代码中使用了两重 For 循环实现冒泡法排序，外循环控制变量 i 从 1 变化到 $N-1$，控制共有 5 轮比较。内循环控制变量 j 的初值为 1，终值为 $N-i$，内循环的循环体是 $a(j)$ 和 $a(j+1)$ 进行比较、交换。所以当 i 值为 1 时，内循环有 $N-1$ 次两数相比。当 i 值为 2 时，内循环有 $N-2$ 次两数相比，依此类推。

5.1.2　二维数组及多维数组

1. 二维数组的定义

格式：Dim 数组名（[<下界>] to <上界>，[<下界> to]<上界>）　[As <数据类型>]

其中的参数与一维数组完全相同。

例如：Dim a（2,3）　As　Single

二维数组在内存的存放顺序是"先行后列"。例如数组 a 的各元素在内存中的存放顺序是：

$a(0,0) \rightarrow a(0,1) \rightarrow a(0,2) \rightarrow a(0,3) \rightarrow a(1,0) \rightarrow a(1,1) \rightarrow a(1,2)$
$\rightarrow a(1,3) \rightarrow a(2,0) \rightarrow (2,1) \rightarrow a(2,2) \rightarrow a(2,3)$

2. 二维数组的引用

格式：数组名（下标 1, 下标 2）

例如：a（1,2）= 10

　　　a（i+2,j）= a（2,3）*2

在程序中常常通过二重循环来操作使用二维数组元素。

3. 二维数组的基本操作

例如：Const N = 4，　M = 5，　L = 6

Dim a（1 to N,1 to M）As Integer，　i%，　j%，　k%

例如：给二维数组 a 输入数据的程序段如下：

```
For i = 1 to 4
   For j = 1 to 5
      A(i,j) = Val(InputBox("a("& I &"," & j & ") = ?"))
   Next j
Next i
```

【例 5-2】　求最大元素及其所在的行和列。

分析：用变量 max 存放最大值，row，col 存放最大值所在行列号。

```
Max = a(1, 1): row = 1: Col = 1
For i = 1 To N
   For j = 1 To M
      If a(i, j) > a(row, Col) Then
          Max = a(i, j)
          row = i
          Col = j
      End If
   Next j
Next i
Print "最大元素是"; Max
Print "在第" & row & "行,"; "第" & Col & "列"
```

【例5-3】 求方阵的转置。

方法一程序代码如下：

```
For i = 2 To M
    For j = 1 To I-1
        Temp = a(i,j)
        a(i, j) = a(j, i)
        a(j, i) = Temp
    Next j
Next i
```

设 A 是 M*N 的矩阵，要重新定义一个 N*M 的二级数组 B，将 A 转置得到 B。

方法二程序代码如下：

```
For i = 1 To M
    For j = 1 To N
        b(j,i) = a(i,j)
    Next j
Next i
```

4. 数组元素的输入

在定义数组时，数组元素的输入方式有多种，既可以用 InputBox 函数，也可以用赋值语句，或者通过使用文本框等控件实现。这里我们用 InputBox 函数或赋值语句来实现数组元素的输入。

（1）用 InputBox 函数。

用 InputBox 函数可以实现数据的输入。应用程序中，如果数组元素的值由用户通过交互提交时，可以利用 For 循环或 Do While 等循环语句，在循环体中调用 InputBox 函数来实现数据的输入。在循环结构中，每循环一次调用一次 InputBox 函数，可以实现一个数组元素的输入，那么依据数组元素的个数决定循环的次数，可实现所有数组元素的输入。

例如：利用 InputBox 函数输入 3 人姓名，可编写如下事件过程：

```
Option Base 1        ' 规定数组默认下界值为 1
Private Sub Form_Load()
Dim sName(3) As String    '  sName 为变长字符串类型数组
Dim i As Integer
    For i = 1 To 3      '   i 变化 3 次
        sName(i) = InputBox("输入姓名：") ' 输入的姓名存放到 sName(i)中
    Next i
…… ' 输出部分
End Sub
```

（2）用赋值语句输入。

如果数组初始数据已知或要对指定的部分数组元素赋值时，可以使用赋值语句来实现数组元素的输入。

如上面代码中的 For 循环可以改为 3 条赋值语句：

sName(1) = "王丽" sName(2) = "赵丹" sName(3) = "李好"

对于二维数组元素的输入也常用赋值语句与 For 循环一起配合实现。

例如对矩阵 a（5,5）的上三角置 1，主对角线置 2，下三角置 3，如图 5-2 所示。

$$\begin{pmatrix} 2 & 1 & 1 & 1 & 1 \\ 3 & 2 & 1 & 1 & 1 \\ 3 & 3 & 2 & 1 & 1 \\ 3 & 3 & 3 & 2 & 1 \\ 3 & 3 & 3 & 3 & 2 \end{pmatrix}$$

图 5-2　二维数组数据输入

设置二维矩阵的上、下三角及主对角线元素值。

代码如下：

```
Option Base 1
Private Sub Form_Load() Show
    Dim a(5, 5) As Integer
    Dim i, j As Integer
    ' 先置上三角元素为 1
    For i = 1 To 5                    ' i  控制行标的变化
        For j = i + 1 To 5           ' j  控制列标的变化
            a(i, j) = 1              ' 上三角的每个元素其列标值都比行标值大
        Next j
    Next i
    ' 再置下三角元素为 3
    For i = 2 To 5                    ' 下三角只需从第二行开始设置
        For j = 1 To i - 1           ' 下三角的每个元素其列标值都比行标值小
            a(i, j) = 3
        Next j
    Next I
    ' 最后置主对角线元素为 2
    For i = 1 To 5                    ' 主对角线元素的列标值与行标值相同,用一个变量控制即可
        a(i, i) = 2
    Next I                           ' 输出部分
End Sub
```

从上例中可以看出，对多维数组元素赋值时，一般是有几维数组，就需要有几重嵌套循环，每一重循环的循环控制变量都控制多维数组元素某个下标的变化。

一个应用程序处理完所需处理或计算的任务后，一定要有输出部分，让用户看到运算后或处理事件后的结果。对数组的操作也一样，数组输入后或经过计算后结果如何，只有在输出结果后，我们才可以看到计算或赋值是否正确。

5.1.3　动态数组

动态数组：在声明时未给出数组的大小。在程序执行时分配存储空间。

1.动态数组的建立及使用

建立动态数组包括声明和大小说明两步。

（1）在使用 Dim、Private 或 Public 语句声明括号内为空的数组。

格式：Dim│Private|Public　数组名() As 数据类型

例：Dim　a() As Integer

（2）在过程中用 ReDim 语句指明该数组的大小。

格式：ReDim [Preserve] 数组名（下标 1[，下标 2…]）

Preserve 参数：保留数组中原来的数据。

例：Redim　A(10)

Redim　Preserve　A(20)

说明：

（1）ReDim 语句是一个可执行语句，只能出现在过程中，并且可以多次使用，用来改变数组的维数和大小。

（2）定长数组声明中的下标只能是常量，而动态数组 ReDim 语句中的下标是常量，也可以是有了确定值的变量。

例：

```
Private Sub Form_Click()
    Dim N As Integer
    N = Val(InputBox("输入 N = ? "))
    Dim a(N)  As Integer
End sub
```

【例5-4】　多次使用 ReDim 语句。

在窗体层声明如下数组：

Option Base 1 ' 规定数组默认下界值为 1

Dim sName() As String　　　　　'sName 为变长字符串类型数组

然后编写如下事件过程：

```
Private Sub Form_Click()
    ReDim sName(2) '第一次重定义含 2 个元素
    sName(1) = "赵阳"
    sName(2) = "张明"
    Print sName(1); sName(2)
    ReDim  Preserve  sName(3)     ' 第二次重定义含 3 个元素,使用 Preserve 选项
    sName(3) = "李好"
    Print sName(1); sName(2); sName(3)
    ReDim  sName(4) ' 第三次重定义含 4 个元素,不使用 Preserve 选项
    sName(4) = "王华"
    Print sName(1); sName(2); sName(3); ame(4)
End Sub
```

上述程序的运行结果如图 5-3 所示，在第二次重定义中，使用了 Preserve 选项，因此在第二行可以看到原有的数据元素内容不变。由于在第三次重定义 sName 数组时没有使用 Preserve 选项，sName 数组原先已有的数据都丢失，只有 sName(4)数组元素有赋值语句，所以第三行的输出结果只有 sName(4)数组元素有内容。

图 5-3　多次使用 ReDim 语句

【例5-5】　由键盘输入 n 值后，自动产生 n 个 20 以内的随机数，然后输出这些数。

分析：由于程序在运行前，不能确定产生多少个随机数，因此需要一个动态数组 a，在窗体

界面中，通过一个文本框输入一个数值 n，用 n 值决定动态数组 a 的大小。

Visual Basic 应用程序设计步骤如下。

（1）建立应用程序用户界面。

在 Form1 窗体界面中建立两个标签（Label1、Label2）和一个文本框（Text1）。

（2）设置界面中各对象的属性如表 5-2 所示。

表 5-2　　　　　　　　　　　　　　　对象属性设置

对 象 名 称	属 性 名 称	设 置 值
Form1	Caption	"产生 n 个随机数"
Label1	Caption	"输入 n 值"
Label2	Caption	置空
Text1	Text	置空

（3）编写程序代码：

编写代码过程如下。

① 从"视图"菜单栏选择"代码窗口"，在"代码窗口"中的对象下拉列表框中选择"（通用）"，在事件程序下拉列表框中选择"（声明）"，输入下面两行代码：

```
Option Base 1          '规定数组默认下界值为1
Dim a() As Integer     '在标准模块中定义 a 为动态数组
```

② 在运行时，当文本框中输入数字后，用鼠标点击文本框时，产生 Text1_Click 事件。 产生随机数的程序代码可以写到 Text1_Click 事件中。在"代码窗口"中的对象下拉列表框中选择"Text1"，在事件程序下拉列表框中选择"Click"，输入下面的代码：

```
Private Sub Text1_Click() Dim i, n As Integer
  n = Text1.Text
  ReDim a(n) As Integer        '重定义动态数组 a 含有 n 个元素
  For i = 1 To n               ' For 循环 i 从 1 变化到 n
    a(i) = Int(20 * Rnd )      ' 每产生一个随机数就存放到数组元素 a(i)中
    Label2.Caption = Label2.Caption & a(i) & ","    ' 把 a(i)追加到 Label2 上显示
  Next i
End Sub
```

③ 在运行时，当文本框中的数字改变时，为了看到不同的运行结果，需要重置标签 Label2 的显示信息，所以要编写 Text1_Change()事件代码。在"代码窗口"中的对象下拉列表框中选择"Text1"，在事件程序下拉列表框中选择"Change"，输入下面的代码：

```
Private Sub Text1_Change()
    Label2.Caption = "随机数是: " ' 重置 Label2 的 Caption 值
End Sub
```

④ 运行程序。

按 F5 功能键或单击工具栏上的 ▶ 按钮运行该程序。比如在 Text1 文本框内输入一个数字 6 后，用鼠标单击该文本框，可看到 Label2 位置处显示产生的 6 个随机数序列。运行结果如图 5-4 所示。

动态数组在程序运行的任何时间内都可改变数组大小，它使用灵活、

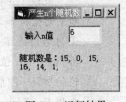

图 5-4　运行结果

方便，有助于高效率地管理内存。动态数组在运行时才分配存储空间，不用时也可以用 Erase 语句释放存储空间，需要时再用 ReDim 语句再次分配存储空间。这样就避免了静态数组在一开始时定义的数组大小固定，运行时会浪费存储空间，不够用时又无法再增加的弊端。

5.1.4　For Each … Next 语句

For Each … Next 语句与 For … Next 语句类似，都是实现循环结构的语句。但 For Each … Next 语句是专用于数组和对象集合的。

格式：

```
For Each  成员  In    数组
    循环体
    [ ExitFor ]
    …
Next 成员
```

（1）成员：为一个 Variant 变量，是为循环提供的，在 For Each …Next 语句中代表数组中的每个元素，数组中有几个元素，此成员就重复使用几次，循环体就执行几遍。

（2）在此之前经过定义的数组，用在此处时仅仅是一个数组名，没有括号和上下界。

（3）For Each … Next 语句可以对数组元素进行读取、查询、输出等操作。

例如：

```
Dim Test(1 To 20)
…
For Each t  In  Test
   Print t ;
Next     t
```

此段 For Each … Next 代码中因为数组 Test 有 20 个元素，循环体（Print 语句）将执行 20 次，即要输出 20 次，但每次 t 的值都不同，t 每次代表 Test 数组中的一个元素。所以这段代码的功能就是输出 Test 数组的所有元素。

（4）Exit For：退出 For Each … Next 循环。在循环体中可以有任意多个 Exit For 子句。但 Exit For 子句通常都与 If 语句配合使用。

例如：

```
Dim Test(1 To 20)
…
For Each  t   In  Test
   Ift<0 Then Exit For
      Print t
      Sum =sum+t
Next  t
```

此段 For Each … Next 语句中，循环体有两个 If 语句和两个 Exit For 子句，首先判断 t 的值，如果 Test 数组中的某一个元素值小于 0（即 t<0 为 True），就执行 Exit For 子句退出循环；否则继续往下执行。输出 t 的值，再把 t 的值累加到变量 Sum 中。然后再判断 Sum 值：如果 Sum 大于 100，也要执行 Exit For 子句退出循环；否则继续下一轮的循环，即取数组的下一个元素再进行一轮判断。通常在对数组的元素赋过初值以后，再用 For Each … Next 语句，对所有数组元素进行再进一步的计算或处理。

【例 5-6】 统计成绩高于 80 分的学生人数。

分析：假设有 *N* 个学生，学生成绩已知，则定义一个数组变量 Score，用 Array 函数，给数组元素赋初值。在 For Each … Next 循环体内用行 If 语句检查每一个元素的值，如果大于 80 就进行统计（设 Count 为统计人数的变量）。

Visual Basic 应用程序设计步骤如下。

（1）建立应用程序用户界面。

（2）建立 Form1 窗体界面。

（3）设置界面中各对象的属性：设置 Form1 的 Caption 为"统计成绩大于 80 分的人数"。

（4）编写程序：

```
Option Base 1
Private Sub Form_Load()
    Show
    Const N = 10
    Dim Count As Integer    'Count 变量用于统计人数
    Dim one, Score    'one 和 Score 都是 Variant 类型
    Score = Array(67, 78, 45, 90, 85, 63, 93, 82, 48, 88)    '数组初始化
    Count = 0
    For Each one In Score
        If one > 80 Then Count = Count + 1 '若有成绩>80 的数,Count 值增 1
    Next one    '输出部分
    Print "成绩分别是: "
    For Each one In Score
        Print one;  '输出每个元素
    Next one
    Print    '输出换行
    Print "成绩>80 的人数有"; Count; "个"
End Sub
```

运行结果如图 5-5 所示。

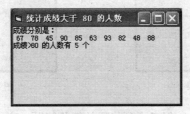

图 5-5 运行结果

5.1.5 控件数组

1. 控件数组的概念

控件数组是由一组相同类型的控件组成。它们共用一个控件名，绝大部分属性也相同，但有一个属性不同，即 Index 属性的值不同。当建立控件数组时，系统给每个元素赋一个唯一的索引号（Index），通过属性窗口的 Index 属性，可以知道该控件的下标是多少，第 1 个元素下标是 0。例如，CmdNum(8)表示名为 CmdNum 的控件数组的第 9 个元素。

控件数组最大的特点是：控件数组各元素共享同样的事件过程，所以适用于若干个控件执行

的操作相似的场合。例如，控件数组 CmdNum 有 10 个命令按钮，则不管单击哪个命令按钮，就会调用同一个单击事件过程。为了区分是控件数组中的哪个元素触发了事件，在程序运行时，通过系统传送给过程的索引值（即下标值）来确定。

2. 控件数组的建立

控件数组的建立有两种方法。

（1）在设计时建立

建立的步骤如下。

① 窗体上画出某控件，可进行控件名的属性设置，这是建立的第一个元素。

② 选中该控件，进行"复制"和"粘贴"操作，系统会提示对话框（假设先画了一个"Command1"命令按钮）。单击【是】按钮后，就建立了一个控件数组元素，进行若干次"粘贴"操作，即可建立所需个数的控件数组元素。

（2）运行时添加控件数组元素

建立的步骤如下。

① 先在窗体上画出某控件，设置该控件的 Index 值为 0，表示该控件为数组；也可进行控件名的属性设置，这是建立的第一个元素。

② 在程序代码中通过 Load 语句添加其余的若干个元素，也可以通过 Unload 语句删除某个添加的元素。

③ 对每个新添加的控件数组元素通过设置 Left 和 Top 属性，确定其在窗体上的位置，并将 Visible 属性设置为 True。

【例 5-7】 按图 5-6 设计窗体，其中单选按钮（共 5 个）构成控件数组，要求当单击某个单选按钮时，能够改变文本框中文字的大小。属性值设置如表 5-3 所示。

图 5-6 和图 5-7 是不同字号时程序运行的情况。

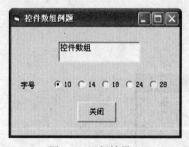

图 5-6　运行结果

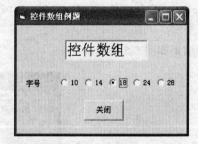

图 5-7　运行结果

分析：本题可以有多种解法，但考虑到代码的简化问题，宜选用控件数组解决问题，在窗体中设计控件数组 Option1，其中包含 5 个单选按钮对象，可以设为控件数组。

程序代码如下：

```
Private Sub Command1_Click()
   Unload Me
End Sub

Private Sub Form_Load()    '窗体加载时,选定第一个单选按钮
   Option1(0).Value = True    '设定文本框中的字号
   Text1.FontSize = Option1(0).Caption
End Sub
```

```
Private Sub Option1_Click(Index As Integer)
    Text1.FontSize = Option1(Index).Caption
End Sub
```

表 5-3 例 5.7 属性值

对 象 名 称	属 性 名 称	属 性 值	说 明
Form1	Caption	控件数组例题	程序名称
Textbox1	Caption	控件数组	显示处理结果
Label1	Caption	字号	提示信息
Option1	Option1（0）.caption	10	Index 值为 0
Option1	Option1（1）.caption	14	Index 值为 1
Option1	Option1（2）.caption	18	Index 值为 2
Option1	Option1（3）.caption	24	Index 值为 3
Option1	Option1（4）.caption	28	Index 值为 4
Command1	Caption	关闭	退出程序

5.2　过程

5.2.1　过程的概念

通用过程告诉应用程序如何完成一项指定的任务。一旦确定了通用过程，就必须由应用程序来调用。

为什么要建立通用过程呢？理由之一就是，几个不同的事件过程也许要执行同样的动作。将公共语句放入过程（通用过程）并由事件过程来调用它，诚为编程上策。这样一来就不必重复代码，也容易维护应用程序。

5.2.2　子程序过程 Sub

1. 子程序过程的定义

格式：

[Private|Public] [Static] Sub ＜过程名＞[＜形参表＞]

　　[＜语句序列＞]

　　[Exit Sub]

　　[＜语句序列＞]

End Sub

（1）[Private|Public]是可选的。它决定了此过程的作用域。默认为 Public（公用的）。

（2）Static 是可选的。它决定了此过程内的变量的生命周期。

（3）过程名与变量名的命名规则相同，长度不得超过 40 个字符。

（4）Exit Sub 语句使执行立即从一个子过程中退出，程序接着从调用该子过程的下一条语句继续执行。

（5）＜形参表＞类似于变量声明，指明从调用过程传送给过程的变量个数和类型，各变量之间用逗号间隔。

（6）<形参表>中出现的参数称为形式参数，简称形参。

（7）在过程内，不能再定义过程，但可以调用其他 Sub 过程或 Function 过程。

2. 子程序过程的建立

Sub 过程的建立操作步骤如下。

（1）执行"工程"菜单中的"添加模块"命令，打开"添加模块"对话框，在该对话框中选择"新建"选项卡，然后双击"模块"图标，打开模块代码窗口。

（2）选择"工具"菜单中的"添加过程"菜单项，打开"添加过程"对话框，如图 5-8 所示。

（3）在"名称"文本框中输入过程名，从"类型"组中选择过程类型，从"范围"组中选择范围。

（4）在"范围"栏内选择过程的适用范围，可以选择"公有的"或"私有的"。

（5）单击"确定"按钮。

举例：利用工具中"添加过程"对话框定义，如图 5-8 所示。

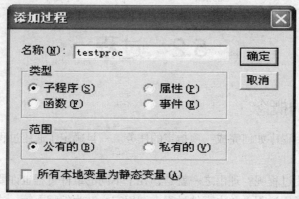

图 5-8　Sub 过程的建立

举例：直接在代码窗口定义，打开模块代码窗口，然后直接键入过程的名字即可。

键入"Sub TestProc"，按回车键后就会自动显示：

Sub TestProc()

End Sub

3. 子程序过程的调用

调用引起过程的执行。也就是说，要执行一个过程，必须调用该过程。

每次调用子过程都会执行 Sub 与 End Sub 之间的语句序列。调用子过程有多种技巧，它们与过程的类型、位置以及在应用程序中的使用方法有关。调用子过程有如下两种方法。

（1）使用 Call 语句：Call <过程名>（[<实参表>]）

（2）直接使用过程名：<过程名> [<实参表>]

说明

（1）<实参表>是实际参数列表，参数与参数之间要用逗号间隔。

（2）当用 Call 语句调用子过程时，其过程名后必须加括号。若有参数，则参数必须放在括号之内。

（3）若省略 Call 关键字，则过程名后不能加括号。若有参数，则参数直接跟在过程名之后，参数与过程名之间用空格间隔，参数与参数之间用逗号间隔。

【例 5-8】　编写交换两个数的子过程，并调用该过程交换 a 和 b，c 和 d 两组变量的值。

分析：首先要编写一个交换两个数的过程。交换 a 和 b 的值时，调用该过程一次，交换 c 和 d 的值时再调用该过程一次。

编一个交换两个整型变量值的子过程。

```
Private Sub Swap( X As Integer, Y As Integer)
    Dim temp As Integer
    Temp = X : X = Y : Y = Temp
End Sub
```

编写事件过程来调用通用过程。

```
Private Sub Cmdchange1_Click()
    Dim a As Integer, b As Integer
    a = 4: b = 5
    Print "交换前a,b的值为: "
    Print "a = "; a, "b = "; b
    Call swap(a, b) Print "交换后a,b的值为: "
    Print "a = "; a, "b = "; b
End Sub

Private Sub Cmdchange2_Click()
    Dim c As Integer, d As Integer
    c = 2: d = 3
    Print "交换前c,d的值为: "
    Print "c = "; c, "d = "; d
    Swap c, d Print "交换后c,d的值为: "
    Print "c = "; c, "d = "; d
End Sub
```

程序运行结果如图 5-9 所示。

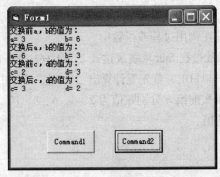

图 5-9　程序运行

5.2.3　函数过程 Function

1. 函数过程的定义

函数过程的定义与子过程的定义很相似。不同的是，函数过程可以返回一个值。

Function 函数的语法格式如下：

```
[Private|Public] [Static] Function <函数名>[<形参表>][As<类型>]
        [<语句序列>]
```

```
    [<函数名> = <表达式>]
  [Exit Function]
    [<语句序列>]
End Function
```

说明

（1）Function 过程以 Function 开头，以 End Function 结束，在两者之间是描述过程操作的语句块。

（2）<函数名>即函数过程的名字。

（3）As<类型>指定函数过程返回值的类型，可以是 Integer、Long、Single、Double、Currency、String 或 Boolean。若无"As<类型>"，默认的数据类型为 Variant。

（4）<表达式>的值是函数返回的结果，在语法中通过赋值语句将其赋给<函数名>。

（5）在过程体中，可以使用一个或多个 Exit Function 语句退出函数。

（6）函数过程语法中其他部分的含义与子过程相同。

【例 5-9】 编写计算任意整数 n 的阶乘的函数过程 fact。

Function 过程示例

```
Function fact ( n As Integer) As Long
  Dim p As Long, I As integer
  p = 1
  For I = 1 to n
    p = p*I
  Next I
  Fact = p
End function
```

2. 函数过程的调用

Function 函数的调用比较简单，因为它可以像使用 VB 内部函数一样来调用 Function 函数。函数过程的调用有如下两种方法。

（1）把它看作一个数据，即直接放在赋值号右端。

（2）可直接作为参数出现在调用过程或函数中。

【例 5-10】 利用阶乘函数过程 fact 求解表达式 2!＋4!+6!＋8!+10!的值。

分析：要计算 2!＋4!+6!+8!+10!，首先要计算出 2!、4!、6!、8!、10!。可以用函数过程 fact 来计算 $n!$，每次调用求阶乘函数前给 n 分别赋值为 2、4、6、8、10，调用 5 次，把每次调用的结果累加起来就能求得表达式的值。

```
Private Sub cmdjs_Click()
  Dim sum As Long
  Dim t As Long
  Dim i As Integer
  sum = 0
  For i = 2 To 10 Step 2
    Sum = Sum+fact(i)        '调用函数过程 fact
  Next i
  Lbloutput.Caption = sum
End Sub
```

5.2.4　过程之间参数的传递

1. 形参和实参

在调用过程时，一般主调过程与被调过程之间有数据传递，即将主调过程的实参传递给被调过程的形参，完成实参与形参的结合，然后执行被调过程体。

形参相当于过程中的过程级变量，参数传递相当于给变量赋值。过程结束后，程序返回到调用它的过程中继续执行。

实际参数是指在调用 Sub 或 Function 过程时，传送给 Sub 或 Function 过程的常量、变量、表达式或数组名。其作用是将它们的数据（数值或地址）传送给 Sub 或 Function 过程与其对应的形参变量。

假设有过程定义为：

Sub example(x1 As Double , x2 As Integer, x3() As Double , x4 As String)

……

Sub

调用该过程的程序段可以是：

Dim d , a （10 ）As Double

Call example(d , 28,　a() , "hello")这样就可完成实参与形参的结合，形参与实参的对应关系如图 5-10 所示。按照一一对应方式，第一个形参 x1 接受第一个实参 d（变量）的值，第二个形参 x2 接受第二个实参 28（常量），第三个形参 x3 接受第三个实参 a（数组），第四个形参 x4 接受第四个实参"hello"（常量）

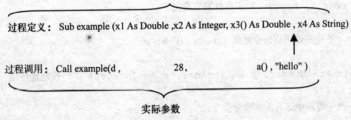

过程定义：　Sub example (x1 As Double ,x2 As Integer, x3() As Double , x4 As String)

过程调用：　Call example(d ,　　28,　　　　a() , "hello")

实际参数

图 5-10　形参与实参对应关系

2. 值传递和地址传递

（1）按值传递（ByVal）

如果在声明过程时，形参使用关键字 ByVal 声明，则规定了在调用此过程时，该参数将按值传递。调用该过程时，传递给该形参的只是调用语句中实参的值，即把调用语句中实参的值复制给子过程中的形参。若在子过程中改变了形参的值，不会影响到实参的值。当子过程结束并返回调用它的过程后，实参的值还是调用前的值。

【例 5-11】　运行一个程序，理解按值传递参数的含义。

```
Private Sub Form_Click()
    Dim a As Integer, b As Integer, c As Integer
    a = 5: b = 3: c = 9
    Cls
    Print
    Print "主程序调用前的变量值a,b,c: "; a; b; c
    Call proc(a,b,c)        ' 实参量不变
```

```
    Print
    Print "主程序调用后的变量值a,b,c: "; a; b; c
End Sub
Sub proc(ByVal a As Integer, ByVal b As Integer, _  ByVal c As Integer)
    Print
    Print "子程序中运算前的变量值a,b,c:"; a; b; c
    a = 6: b = 8: c = a * b
    Print
    Print "子程序中运算后的变量值a,b,c:"; a; b; c
End Sub
```

运行结果如图 5-11 所示。

（2）按地址传递（ByRef）

在调用一个过程时，如果是用传址方式进行参数传递，则会将实参的内存地址传递给形参，即让形参和实参使用相同的内存单元。因此，在被调用的过程中对形参的任何操作都变成了对相应实参的操作，实参的值就会随形参的改变而改变。

传址是默认的参数传递方式。

【例 5-12】 运行一个程序，理解按址传递参数的含义。

```
Private Sub Form_Click()
    Dim a As Integer, b As Integer, c As Integer
    a = 5: b = 3: c = 9
    Cls
    Print
    Print "主程序调用前的变量值a,b,c: "; a; b; c
    Call proc(a, b, c)   ' 实参量发生变化
    Print
    Print "主程序调用后的变量值a,b,c: "; a; b; c
End Sub
Sub proc(a As Integer, b As Integer, c As Integer)    ' 按地址传递
    Print
    Print "子程序中运算前的变量值a,b,c: "; a; b; c
    a = 6: b = 8: c = a * b
    Print
    Print "子程序中运算后的变量值a,b,c: "; a; b; c
End Sub
```

运行结果如图 5-12 所示。

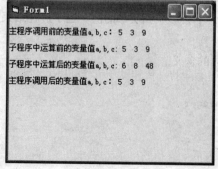

图 5-11　例 5.11 运行结果

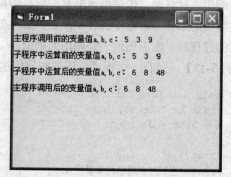

图 5-12　例 5.12 运行界面

3. 数组参数的传递

在使用通用过程时，可以将数组或数组元素作为参数进行传递。在传送数组时，除遵守参数传送的一般规则外，还应注意以下两点。

（1）传递整个数组时，应将数组名分别放入实参表和形参表中，并略去数组的上下界，但括号不能省。

如：Call test(arr())

（2）如果不需要把整个数组传送给过程，而是传递数组中的某一元素，则需要在数组名后面的括号中写上指定元素的下标。

如：Call test(arr(1))

【例 5-13】　编写 ArrayReverse 子程序将数组反向。

```
Private Sub arr2(a() As Integer)
   Dim i As Integer, l As Integer, u As Integer, temp As Integer
   l = LBound(a)      '给出数组的最小下标值
   u = UBound(a)      '给出数组的最大下标值
   For i = 1 To (u - l + 1) \ 2
     temp = a(i)
     a(i) = a(u - i + 1)
     a(u - i + 1) = temp
   Next i
End Sub
```

编写数组反向通用过程代码如下：从数组头尾开始把对应的元素互换。

```
Private Sub Form_Click()
Dim arr1(1 To 10) As Integer
   Dim i As Integer
   For i = 1 To 10          '给数组赋值
   arr1(i) = i
Next i
Print "显示原数组:"
For i = 1 To 10
   Print arr1(i);
Next i
arr2 arr1()      '调用数组反向函数
Print
Print
Print "显示逆序数组:"
For i = 1 To 10
   Print arr1(i);
   Next i
End Sub
```

运行结果如图 5-13 所示。

4. 对象型参数的传递

和传统的程序设计语言不同，VB 除了可以将变量作为参数外，还允许将对象（窗体和控件）作为通用过程的参数。在有些情况下，这可以简化程序设计，提高效率。用对象作为参数与用其他数据类型作为参

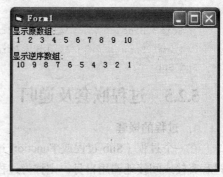

图 5-13　例 5.13 运行界面

数的过程一样，其格式如下：

```
Sub <过程名>[<形参表>]
    [<语句序列>]
    [Exit Sub]
    [<语句序列>]
End Sub
```

其中"形参表"中形参的类型通常为 Control 或 Form。注意，在调用含有对象的过程时，对象只能通过传地址方式传送。因此在定义过程时，不能在其参数前加关键字 Byval。

【例 5-14】 设计一个包含 3 个窗体的程序，这些窗体按照窗体号依次循环显示，直到关闭窗体为止。

分析：3 个窗体在大小、位置上都相同，因此可以设计一个子过程，用以初始化各窗体的属性，包括 Left、Top、Width 和 Height。这个子过程的代码是：

```
Sub FormSet(FormNum As Form)
    FormNum.Left = 2000
    FormNum.Top = 3000
    FormNum.Width = 5000
    FormNum.Height = 3000
End Sub
```

对 Form1 编写如下的事件过程：

```
Private Sub Form_Load ( )
    FormSet Form1
    FormSet Form2
    FormSet Form3
End Sub
```

对 3 个窗体分别编写如下的事件过程：

```
Private Sub Form_Click ( )
    Form1.Hide        '隐藏窗体 Form1
    Form2.Show        '显示窗体 Form2
End Sub

Private Sub Form_Click ( )
    Form2.Hide        '隐藏窗体 Form2
    Form3.Show        '显示窗体 Form3
End Sub

Private Sub Form_Click ( )
    Form3.Hide        '隐藏窗体 Form3
    Form1.Show        '显示窗体 Form1
End Sub
```

5.2.5 过程嵌套及递归

1. 过程的嵌套

在一个过程（Sub 过程或 Function 过程）中调用另外一个过程，这称为过程的嵌套调用，而过程直接或间接地调用自身，则称为过程的递归调用。

VB 在定义过程时，不能嵌套定义过程，但可以嵌套地调用过程，即被主程序调用的过程还可以调用另外的过程，这种程序结构称为过程的嵌套，如图 5-14 所示。

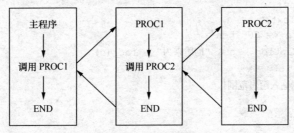

图 5-14 过程的嵌套调用

【例 5-15】 $C_n^m = \dfrac{N!}{M!(N-M)!}$

输入参数 n 和 m，求组合数的值。

分析：把求阶乘与求组合数公式分别定义为 Function 过程。求组合数用一个过程 Comb 来实现，而求 $n!$ 的工作则由过程 Fact 来实现。在 Comb 过程中需要多次调用 Fact 过程，这就是过程的嵌套调用。

```
Private Function Fact(x) As Long
  Dim p As Long, i As Integer
  p = 1
  For i = 1 To x
    p = p * i
  Next
  Fact = p
End Function

Private Function Comb(n, m)
  Comb = Fact(n) / (Fact(m) * Fact(n - m))
End Function

Private Sub Cmdjs_Click()
  Dim m As Integer, n As Integer
  m = Val(Txtm.Text)
  n = Val(Txtn.Text)
  If m > n Then
    MsgBox "参数输入时必须符合 n≥m! "
    Exit Sub
  End If
  Lblouput.Caption = Comb(n, m)
End Sub
```

2. 过程的递归

过程的递归调用是指一个过程直接或间接地调用自身。当一个问题可以基于更小规模的同类问题求解，而最小规模的问题可以直接求解，则这个问题可以用过程的递归调用解决。例如，阶乘、级数运算、幂指数运算都是可以借助过程的递归调用求解。

【例 5-16】 利用递归调用，计算 $n!$。

分析：0 的阶乘规定为 1，正整数都有其阶乘，定义为 $n \times (n-1) \times (n-2) \times \ldots \times 2 \times 1$。因此，正整数 n 的阶乘可用下式定义。

$$N! = \begin{cases} 1 & N = 0,\ 1 \\ N \times (N-1)! & N >= 2 \end{cases}$$

```
Private Sub Command1_Click()
    Dim n As Integer
    n = Val(Txtn.Text)
    If n > 0 And n <= 20 Then
        Lbloutput.Caption = n & "的阶乘为" & fact(n)
    Else
        MsgBox "数据输入超出范围！"
        Txtn = ""
        Txtn.SetFocus
        Exit Sub
    End If
End Sub

Static Function fact(n As Integer) As Double
' Function 过程 fact 的程序代码
    If n > 0 Then
        fact = n * fact(n-1)
    Else
        act = 1
    End If
End Function
```

5.2.6 变量、过程的作用域

过程可被访问的范围称为过程的作用域。它随所定义语句的不同而不同。按过程的作用范围来划分，过程可分为：模块级过程和全局级过程。

模块级过程：在某个窗体或标准模块中定义的过程前加上 Private 关键字，则该过程只能被包含过程的窗体或标准模块中的过程调用。

全局级：在某个窗体或标准模块中定义的过程前加上 Pulbic 关键字或缺省，则该过程为全局级过程，可以被应用程序的所有窗体或标准模块中的过程调用。

VB 应用程序的结构如图 5-15 所示。

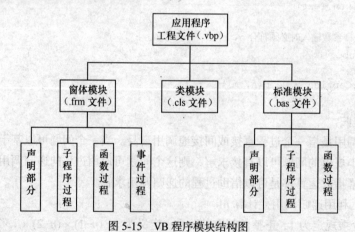

图 5-15 VB 程序模块结构图

1．变量的作用域

（1）局部变量（动态变量）

在一个过程内部使用 Dim 或 Static 关键字声明变量。局部变量是只能在一个函数或过程中访问的变量，其他过程或函数不能访问此变量的数据。

（2）窗体/模块级变量

窗体/模块级变量是指在一个窗体/模块的任何过程之外，即在"通用声明"段中用 Dim 或 Private 语句声明的变量。其作用域是整个窗体和模块。

2．过程的作用域

【例 5-17】 在以下程序定义 3 种级别的同名变量 x，单击命令按钮分析程序运行的结果。

程序代码如下：

标准模块代码如下：

```
Option Explicit
Public x As Integer
```

窗体模块代码如下：

```
Option Explicit
Private x As Integer
Private Sub Command1_Click()
  Dim x As Integer
  x = x + 1
  Text1.Text = x
  Module1.x = Module1.x + 3
  Text3.Text = Module1.x
End Sub

Private Sub Command2_Click()
  x = x + 1
  Text2.Text = x
  Module1.x = Module1.x + 5
  Text3.Text = Module1.x
End Sub
```

习　题

一、选择题

1．以下属于 Visual Basic 中合法的数组元素的是（　　）。

[A] K8 　　　　　　[B] k[8] 　　　　　[C] k（0） 　　　　　　[D] k{8}

2．以下说法不正确的是（　　）。

[A] 使用 ReDim 语句可以改变数组的维数

[B] 使用 ReDim 语句可以改变数组的类型

[C] 使用 ReDim 语句可以改变数组的每一维的大小

[D] 使用 ReDim 语句可以改变对数组中的所有元素进行初始化

3．使用语句 Dim　A（2）　As Integer 声明数组 A 之后，以下说法正确的是（　　）。

[A] A 数组中的所有元素都为 0

[B] A 数组中的所有元素值不确定

[C] A 数组中所有元素值都为 Empty

[D] 执行 Erase A 后，A 数组中所有元素值都不为 0

4. 执行以下语句过程，在窗体上显示的内容是（　　）。

```
Option Base 0
Private Sub Command1_Click( )
   Dim d
   d = Array("a","b","c","d")
   Print d(1);d(3)
End Sub
```

[A] ab   [B] bd   [C] ac   [D] 出错

5. 下列叙述中，正确的是（　　）。

[A] 控件数组的每一个成员的 Caption 属性值都必须相同

[B] 控件数组的每一个成员的 Index 属性值都必须不相同

[C] 控件数组的每一个成员都执行不同的事件过程

[D] 对已经建立的多个类型相同的控件，这些控件不能组成控件数组

6. 定义过程的格式中，Static 关键字的作用是指定过程中的局部变量在内存中的存储方式。若使用了 Static 关键字，则（　　）。

[A] 每次调用此过程，该过程中的局部变量都会被重新初始化

[B] 在本过程中使用到的，在其他过程中定义的变量也为 Statci 型

[C] 每次调用此过程时，该过程中的局部变量的值保持在上一次调用后的值

[D] 定义了该过程中定义的局部变量为"自动"变量

7. 根据变量的作用域，可以将变量分为 3 类，分别为（　　）。

[A] 局部变量、模块变量和全局变量   [B] 局部变量、模块变量和标准变量

[C] 局部变量、模块变量和窗体变量   [D] 局部变量、标准变量和全局变量

8. 设有如下过程：

```
Sub ff(x,y,z)
   x = y+z
End Sub
```

以下所有参数的虚实结合都是传址方式的调用语句是（　　）。

[A] Call ff(5,7,z)   [B] Call ff(x,y,z)   [C] Call ff(3+x,5+y,z)   [D] Call ff(x+y,x-y,z)

9. 单击命令按钮时，下列程序的执行结果为（　　）。

```
Private Sub Command1_Click()
   Dim x As Integer, y As Integer
   x = 12: y = 32
   Call H(x, y)
   Print x; y
End Sub
Public Sub H(ByVal n As Integer, ByVal m As Integer)
   n = n Mod 10
   m = m Mod 10
End Sub
```

[A] 12 32   [B] 2 32   [C] 2 3   [D] 12 3

10. 单击一次命令按钮后，下列程序的执行结果是（　　）。

```
Private Sub Command1_Click()
   s = P(1) + P(2)+ P(3)+ P(4)
   Print s
End Sub
```

```
Public Function P(N As Integer)
   Static Sum
   For i = 1 To N
   Sum = Sum + i
   Next i
   P = Sum
End Function
```

[A] 15   [B] 25   [C] 35   [D] 45

11. 下列程序的执行结果为（　　）。

```
Private Sub Command1_Click()
   Dim s1 As String, s2 As String
   s1 = "abcdef"
   Call K(s1, s2)
   Print s2
End Sub

Private Sub K(ByVal X As String, Y As String)
   Dim T As String
   i = Len(X)
   Do While i > = 1
     T = T+ Mid(X, i, 1)
     i = i-1
   Loop
   Y = T
End Sub
```

[A] fedcba   [B] abcdef   [C] afbecd   [D] defabc

12. 有如下事件过程，单击命令按钮，输出结果为（　　）。

```
Private Sub Command1_Click()
   Dim b%(1 To 4) , j%, t#
   For j = 1 To 4
     b(j) =j
   Next j
   t = Tax(b())
   Print "t = "; t,
End Sub

Function Tax (a() As Integer)
   Dim t#, i%
   t = 1
   For i = 2 To 4
     t = t * a(i)
   Next i
   Tax = t
End Function
```

[A] t = 18   [B] t = 24   [C] t = 30   [D] t = 32

二、编程题

1. 给一维数组赋值，程序运行界面如图 5-16 所示。使用 Array 函数给一维数组 A 赋值，共 6 个数值型数组元素，单击"运行"按钮，输出数组元素的值。

2. 给二维数组赋值，运行界面如图 5-17 所示。通过输入对话框给二维数组 A（2，3）赋值，共 6 个字符型数据，单击"输入"按钮，出现输入对话框，可循环输入数组元素的 6 个值；单击"输出"按钮，输出数组元素的值。

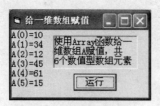

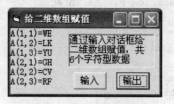

图 5-16　一维数组赋值　　　　　　　　图 5-17　二维数组赋值

3. 查找数组中的元素，运行界面如图 5-18 所示。一维数组 A 共 6 个数值型数据，单击"查找"按钮后，先在窗体上输出数组 A，后出现输入对话框，如图 5-19 所示，用来输入要查的数据，当查到后出现消息框如图 5-20 所示。没查到什么都不显示。

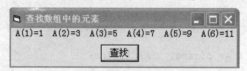

图 5-18　查找数组中元素

图 5-19　输入对话框　　　　　　　　　图 5-20　查找到数组

4. 冒泡排序。运行界面如图 5-21 所示，按"生成 2 位正整数"命令按钮，随机生成 8 个 2 位正整数，输出在第一个文本框中，按"冒泡排序"按钮实现从小到大排序，并输出在第二个文本框中。

5. 控件数组。程序运行界面如图 5-22 所示。设计由 6 个命令按钮组成的控件数组，实现对标签的字体和字号的设置。

图 5-21　冒泡排序　　　　　　　　　　图 5-22　控件数组

6. 各位数互不相同。运行界面如图 5-23 所示，单击"运行"按钮，在窗体上随机输出 8 个 3 位正整数，并找出各位数互不相同的数输出，要求找各位数互不相同的数由函数来完成。

7. 奇数等于 3 个素数之和。程序运行界面如图 5-24 所示，当用鼠标左键单击"验证"命令按钮时，出现输入框函数，如图 5-25 所示，要求输入一个大于 5 的奇数，当输入不符合条件的数据时，就会循环出现输入框，要求重新输入，直到输入符合条件的数据后才继续运行。接下来是验证任意一个大于 5 的奇数等于 3 个素数之和，并将验证结果输出在窗口。

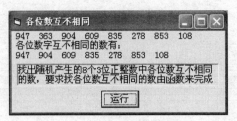

图 5-23　各位数互不相同

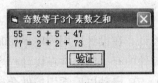

图 5-24　运行界面

图 5-25　输入函数

8. 找 4 位水仙花数。单击"运行"命令按钮时，在窗体上输出所有 4 位数的水仙花数，程序运行界面如图 5-26 所示。要求用函数判断 4 位正整数 m 是否为水仙花数，若是则返回 True，否则返回 False。水仙花数：正整数 m 的各个位数的 m 次方之和正好等于 m。例如：$153 = 1^3 + 5^3 + 3^3$，$9474 = 9^4 + 4^4 + 7^4 + 4^4$。

9. 求最大公约数。输入两个整数 M 和 N，求其最大公约数。要求判断最大公约数由函数实现，并作为函数的返回值，且用递归运算实现，运行界面如图 5-27 所示。

图 5-26　找 4 位水仙花数

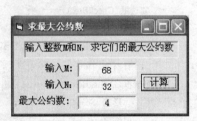

图 5-27　最大公约数

第6章
Visual Basic 常用控件

VB 预先定义了众多的控件（类），对于这些预先定义的控件，在设计应用程序界面时可以直接使用，当然也可以按照语法规则自行设计控件。在众多的控件中有一些控件在设计程序界面时要经常使用，称之为常用控件（有的教材中也称为基本控件）。VB 启动以后常用控件会自动出现在 VB 的控件工具箱中，如图 6-1 所示，它们是标签、命令按钮、文本框、列表框、组合框、单选按钮、复选框、框架、图像框、图片框、滚动条和定时器等。

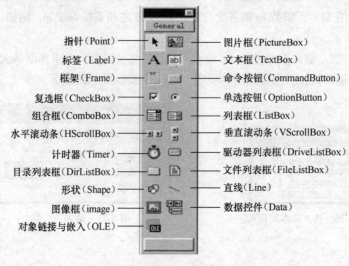

图 6-1　工具箱

6.1　单选控件与复选控件

在 Visual Basic 中，单选与复选按钮控件主要作为选项提供给用户选择。不同的是，在一组选择按钮中，单选控件只能选择一个，其他单选控件自动变为未被选中状态；而在一组复选按钮中，可以选定任意数量的按钮。它们在工具箱的图标如图 6-2 所示。

图 6-2　单选控件与复选控件

6.1.1　单选控件（OptionButton）

1. 单选按钮的属性

单选控件默认名称为 OptionX（X 为阿拉伯数字 1、2、3 等），起名规则为 OptX（X 为用户自定义名字，如 OptRed、OptArial 等）。大多数属性都适用于单选控件，包括 Caption、Enabled、Font（FontBold、FontItalic、FontName 等）、Name、Height 等。

Value 属性是单选按钮最主要的属性。单选控件选中时，Value 值为 True；未被选中时，Value 值为 False。

2. 单选按钮的事件

单选按钮最主要的事件是 Click 事件，当选中时，Value 值变为 True 或者 1，控件也自动变为选中状态，否则 Value 的值为 False。

【例 6-1】　设计如图 6-3 所示的窗口，使文本框中的文本显示相应的字体。

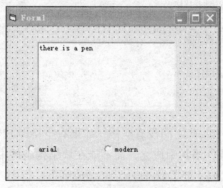

图 6-3　单选钮实例

文本框（TxtContent）显示预设的字样；单选按钮一（OptArial），单击此按钮可以将文本框里显示的字样改变成 Arial 字体；单选按钮二（OptModern），单击此按钮能将文本框里显示的字样改变成 Modern 字体。代码如下：

（1）单选按钮一

```
Private Sub OptArial_Click()
    TxtContent.FontName = "Arial"
End Sub
```

（2）单选按钮二

```
Private Sub OptModern_Click()
    TxtContent.FontName = "Modern"
End Sub
```

6.1.2　复选控件（CheckBox）

1. 复选按钮的属性

复选控件默认名称为 CheckX（X 为 1、2、3 等），起名规则为 ChkX（X 为用户自定义名字，如 ChkName、ChkRed 等）。前面章节中讲到的大多数属性也都适用于复选控件，包括 Caption、Enabled、Font（FontBold、FontItalic、FontName 等）、Name、Height 等，此处也不再赘述。

Value 属性是复选控件最主要的属性，复选控件选中时，Value 值为 1；未被选中，Value 值为 0；禁止对该按钮进行选择，Value 值为 2。

注意　单选控件与复选控件的 Value 值是不同的，而这是初学者最容易混淆的。

2. 复选控件的事件

复选控件最主要的事件是 Click 事件，选中时，Value 值为 1；未被选中时，Value 值为 0；禁止对该按钮进行选择，Value 值为 2。复选按钮的使用跟单选按钮相似，但由于一次可以选择多个复选按钮，所以复选按钮的选择比单选按钮多了一个判断过程。

这个判断过程在 VB 中可以用前面讲过的 If…Then…ElseIf…End If 语句完成。

例如假设输入学生成绩（Score），如果分数小于 60，标签（LblShow）显示"成绩不及格"；如果分数大于 90，标签显示"成绩优秀"；如果分数介于两者之间，标签显示"成绩优良"。

```
If Score < 60 Then
    LblShow.Caption = "成绩不及格"
ElseIf Score > 90 Then
    LblShow.Caption = "成绩优秀"
Else
    LblShow.Caption = "成绩优良"
End If
```

有以下几点需要注意。

（1）在上面的语句块中，ElseIf 之间没有空格，如果有空格即 Else If，块结构则不成立。Else If 这种形式只能在单行结构条件语句中成立，而不能在块结构条件中成立。

（2）执行语句块的程序代码不能紧跟 Then，必须放到下一行中，这是块状结构的规定。

（3）在块结构判断语句中，ElseIf 子句的数量没有限制，可以根据需要加入任意多个 ElseIf 子句。

（4）ElseIf 与 Else 都是可选的，最简单的判断语句块形式如下：

```
If 条件 Then
    要执行的语句块
End If
```

如：

```
If Score < 60 Then
    LblShow.Caption = "成绩不及格"
End If
```

（5）块结构语句必须以 If 开始，以 End If 结束。

【例 6-2】　设计如图 6-4 所示的窗口。

文本框（TxtContent）显示预设的字样，复选按钮一（ChkBold）可以将文本框里面的字变为粗体，复选按钮二（ChkItalic）可以将文本框里面的字变为斜体，复选按钮三（ChkUnderline）可以给文本框里面的文字加上下画线。

复选按钮一 Click 事件代码如下：

```
Private Sub ChkBold_Click()
    If ChkBold.Value = 1 Then
```

图 6-4　复选钮实例

```
    TxtContent.FontBold = True
  Else
    TxtContent.FontBold = False
  End If
End Sub
```

复选按钮二 Click 事件代码如下：

```
Private Sub ChkItalic_Click()
  If ChkItalic.Value = 1 Then
    TxtContent.FontItalic = True
  Else
    TxtContent.FontItalic = False
  End If
End Sub
```

复选按钮三 Click 事件代码如下：

```
Private Sub ChkUnderline_Click()
  If ChkUnderline.Value = 1 Then
    TxtContent.FontUnderline = True
  Else
    TxtContent.FontUnderline = False
  End If
End Sub
```

联想：复选按钮是不是非得经过这种选择判断？能不能如单选按钮那样直接使用呢？（虽然现在看来它们的区别是如此之大）。

还是上面这个例子，假设复选按钮一不经过判断，而直接在点击事件中输入代码：

```
Private Sub ChkBold_Click()
  TxtContent.FontBold = True
End Sub
```

那么会发现，复选按钮一经点击就不能取消字体加粗的效果了；而实际上，复选按钮一的功能是，点击一次即选中时，字体加粗；点击第二次即取消选择，字体不再加粗；以此类推。

6.2　列表框和组合框

6.2.1　列表框控件（ListBox）

Visual Basic 提供了列表框控件（ListBox）以供用户进行多个项目的选择。在工具箱面板上，列表框控件的图标如图 6-5 所示。

图 6-5　列表框控件

默认的列表框控件名为 ListX（X 为阿拉伯数字 1、2、3 等），规则的命名方式为 LstX（X 为用户自定义的名字，如 LstName、LstUser 等）。

1. 列表框控件的主要属性

列表框中可以有多个项目供选择，用户通过单击某一项选择自己所需要的项目，如果项目太多，超出了列表框设计时的长度，则自动增加竖向滚动条，如图 6-6 所示。

除了一些常见的诸如 Font、Height、Left、Width、Enabled、Name 等属性外，列表框还有如下一些特殊的属性。

（1）List（列表）属性

List 是列表框最重要的属性之一，其作用是罗列或设置表项中的内容。可以在界面设置时直接输入内容，如图 6-7 所示。

图 6-6 列表框控件属性

图 6-7 列表框 List 属性

在程序运行时，列表框中所有的选项都可以通过 List(下标值)的形式表示。比如列表框中的第一项，用 List(0)表示，列表框中的第二项，用 List(1)表示，列表框中的第十项，用 List(9)表示，以此类推。

需要注意，列表框中的第一项，是 List(0)，而不是 List(1)。

① List()属性的使用是非常灵活的，比如要从如图 6-7 的列表框（Lst1）中取出第三项内容，可以用下面的代码做到：A$ = Lst1.List（2）。其中，A 是一个变量；$指明了这个变量的类型——字符串型；这句话的意思是：将 Lst1 列表框中第三项（List(2)）取出来然后赋值给字符串变量 A。紧接上面的内容，假设我们用一个标签显示出刚才取出的表项：LblShow.Caption = A$，那么显示的结果正是我们取出的选项。

可见，取出某个列表框中的某一表项并将其赋值给某个变量，代码如下：

字符串变量 = 列表框名称.List(X)，其中，X 是下标。

② 通过 List()改变原有表项：假设我们要将如图 6-7 所示的列表框中第三项内容改为"学习VB"，只需输入下面的代码即可：

```
Lst1.List(2) = "学习 vb"
```

上句话的意思是将"学习 vb"字符串赋值给 Lst1 并作为其第三项的内容。结果如图 6-8 所示。

可见，要修改某个列表框中某一选项格式如下：

列表框名称.List(X) = "欲修改成的内容"

其中，X 是下标。

（2）ListCount 属性

本属性返回列表框表项数量的数值，只能在程序运行时起作用。比如：一个有着 4 种选项的列表框，那么 ListCount 就为 4；一个列表框有 5 个选项，那么 ListCount 就为 5。

图 6-8 列表框

返回一个列表框的表项数量值并将其赋值给某个变量，代码如下：

数值型变量 = 列表框名称.ListCount

比如要返回图 6-8 所示列表框的 ListCount：

X% = Lst1.ListCount，其中，X 是变量，%表示 X 是整数类型的变量。

（3）ListIndex（索引）属性

本属性用来返回或设置控件中当前选择项目的索引号，只能在程序运行时使用。第一个选项的索引号是 0，第二个选项的索引号是 1，第三个选项的索引号是 2，依此类推，ListCount 始终比最大的 ListIndex 值大 1。当列表框没有选择项目时，ListIndex 值为-1。在程序中设置 ListIndex 后，被选中的项目呈反相显示，如图 6-9 所示。

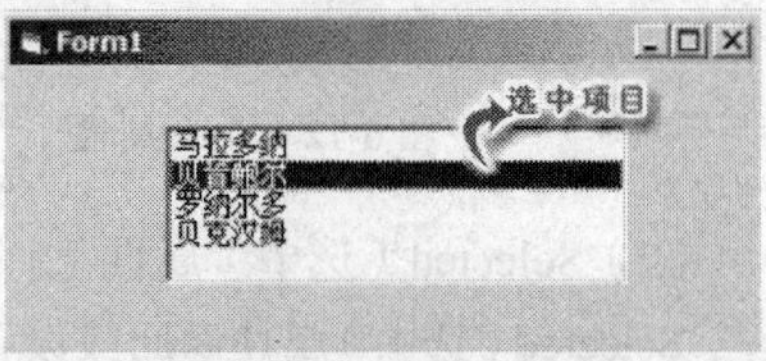

在列表框控件的所有属性中，ListIndex 属性是非常重要的，因为一个列表事先你并不知道用户将要选择哪一条项目，这时，只有根据 ListIndex 返回的数值，才能让程序针对用户的选择做出适当的反应。

图 6-9　ListIndex 属性

返回 ListIndex 的代码如下：

```
X% = 列表框名称.ListIndex
```

联想：根据前面的知识我们知道，要取出第三项内容，代码如下：

```
A$ = Lst1.List(2)
```

假设现在选中的是第三项，但我们事先不知道用户要选择这一项，那么又应该如何访问第三项呢？代码如下：

```
A$ = Lst1.List(Lst1.ListIndex)
```

此时，Lst1.ListIndex 等同于 2。

（4）Columns（列）属性

本属性用来确定列表框的列数，当值为 0 时，所有项目呈单列显示；当值为 1 或者大于 1，项目呈多列显示。Columns 属性只能在界面设置时指定，如图 6-10 所示。

默认状态时，如果项目的总高度大于列表框的高度，那么列表框右边会自动增加一个垂直滚动条，用来上下移动列表框。

（5）MultiSelect（多重选择）属性

MultiSelect 属性决定了选项框中的内容是否可以进行多重选择，只能在界面设置时指定，程序运行时不能予以修改，如图 6-11 所示。

图 6-10　Columns 属性

图 6-11　MultiSelect 属性

MultiSelect 共有 3 个值：0，不允许多项选择，如果选择了一项就不能选择其他项；1，允许多重选择，但功能不如 2，可以用鼠标或空格选择；2，功能最强大的多重选择，可以结合 Shift 键或 Ctrl 键完成多个表项的多重选择。方法是：单击所要选择的范围的第一项，然后按住 Shift 键，再单击选择范围最后一项。

（6）Style（类型）属性

Style（类型）属性决定了列表框的外观，共有两个值，1（Standard），即为标准型，如图 6-12 所示。

2（CheckBox），复选框型，如图 6-13 所示。本属性只能在界面设置时确定。

图 6-12　Style 属性

图 6-13　CheckBox 属性

（7）Selected（选中）属性

Selected（选中）属性返回或设置在列表框控件中某项目是否选中的状态。选中时，值为 True；未被选中，值为 False。代码规则如下：列表框名称.Selected(索引值) = True/False。

索引号其实是项目的下标值，如果是第三项，那么索引值是 2，如果是第十项，那么索引值是 9，依此类推。

【例 6-3】　用 ListBox 控件设计如图 6-14 所示窗体。

列表框（LstName）中是人物的名称，用户选择不同的名字，下面的标签（LblShow）自动显示此人的相关信息。

代码如下：

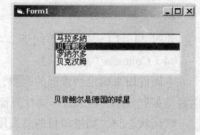

图 6-14　ListBox 控件实例

```
Private Sub LstName_Click()
  If LstName.Selected(0) = True Then
    LblShow.Caption = "马拉多纳是阿根廷的球星"
  ElseIf LstName.Selected(1) = True Then
    LblShow.Caption = "贝肯鲍尔是德国的球星"
  ElseIf LstName.Selected(2) = True Then
    LblShow.Caption = "罗纳尔多是巴西的球星"
  Else
    LblShow.Caption = "贝克汉姆是英国的球星"
  End If
End Sub
```

本程序是根据用户选择的不同，在标签按件中显示不同的信息；另外，用到了前面学到的 If…Then…ElseIf…End If 语法。

（8）SelCount（选中项目数量）

只有当 MultiSelect 属性值为 1 或 2 时，本属性才起作用，用来读取列表框中所选项目的数目，通常与 Selected 一起使用，以处理控件中的所选项目。

2.　列表框控件的主要事件

列表框控件主要接收 Click 与 DblClick。

3.　列表框控件的方法

（1）增加项目：AddItem 方法

用 AddItem 可以为列表框增加项目，代码规则如下：

列表框名称.AddItem 欲增项目 [,索引值]

其中，索引值是可选项，是指欲增项目放到原列表框中的第几项，如放在第三项，那么索引值是 2，放在第五项，索引值则是 4。

假设我们要在如图 6-14 这样的程序中增加项目，则代码为 LstName.AddItem "郝海东"，4。

（2）清除所有：Clear 方法

用 Clear 可以清除列表框中所有的内容，代码如下：

```
列表框名称.Clear
```

（3）删除选项：RemoveItem 方法

此方法可以删除列表框中指定的项目，代码如下：

```
列表框名称 RemoveItem 索引值
```

其中，索引值是必须的，表示欲删除哪一个项目。同样如图 6-14 的程序，假设我们要删除第三个项目，代码如下：

```
LstName.RemoveItem 2
```

联想：对于任意一个列表框，要删除已经选中的项目，代码如下：

```
列表框名称.RemoveItem 列表框名称.ListIndex
```

比如：LstName.RemoveItem LstName.ListIndex

6.2.2　组合框控件（ComboBox）

组合框控件（ComboBox）将文本框控件（TextBox）与列表框控件（ListBox）的特性结合为一体，兼具文本框控件与列表框控件两者的特性。它可以如同列表框一样，让用户选择所需项目；又可以如文本框一样通过输入文本来选择表项。

组合框默认的名称是 ComboX（X 为阿拉伯数字 1、2、3 等），规则的命名方式为 CboX（X 为用户自定义的名字，如 CboName、CboColor 等）。组合框在 VB 工具箱面板中的图标如图 6-15 所示。

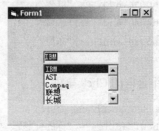

图 6-15　组合框控件

1．组合框控件的主要属性

列表框控件的大部分属性同样适合于组合框，此外，组合框还有一些自己的一些属性。

（1）Style（类型）属性

组合框共有 3 种 Style。当值为 0 时，组合框是"下拉式组合框"（DropDown Combo），与下拉列表框相似，但不同的是，下拉式组合框可以通过输入文本的方法在表项中进行选择，可识别 Dropdown、Click、Change 事件，如图 6-16 所示。

当值为 1 时，组合框称为"简单组合框"（Simple Combo），由可以输入文本的编辑区与一个标准列表框组成，可识别 Change 、DblClick 事件，如图 6-17 所示。

图 6-16　组合框

图 6-17　组合框

当值为 2 时，组合框称为"下拉式列表框"（Dropdown ListBox），它的右边有个箭头，可供"拉下"或"收起"操作。它不能识别 DblClick 及 Change 事件，但可识别 Dropdown、Click 事件，如图 6-18 所示。

综上所述，如果你想让用户能够输入项目，则应将组合框设置成 0 或 1，如果只想让用户对已有项目进行选择，则应将组合框设置成 2。

（2）Text（文本）属性

本属性值返回用户选择的文本或直接在编辑区域输入的文本，可以在界面设置时直接输入，如图 6-19 所示。

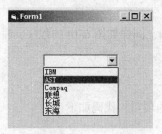
图 6-18　组合框

图 6-19　组合框 text 属性

但要显示多个选项，不能简单地用 Text 属性指定，因为后一选项会覆盖前面的选项，这时，常常要用到窗体的载入事件（Form_Load）。Form_Load 的意思是，在打开窗口的同时，将指定的内容载入。

2. 组合框的事件

根据组合框的类型，它们所响应的事件是不同的。

例如，当组合框的 Style 属性为 2 时，能接收 DblClick 事件，而其他两种组合框能够接收 Click 与 Dropdown 事件；当 Style 属性为 0 或 1 时，文本框可以接收 Change 事件。

3. 组合框的方法

跟列表框一样，组合框也适用 AddItem、Clear、RemoveItem 方法。

【例 6-4】　设计如图 6-20 所示的窗口。

在名为 CboChoose 的下拉组合框中任意选择一种机型，自动会在名为 LblShow 的标签上显示出来。程序代码如下：

窗体装载事件代码：

图 6-20　组合框控件实例

```
Private Sub Form_Load()
    CboChoose.AddItem "IBM"
    CboChoose.AddItem "AST"
    CboChoose.AddItem "Compaq"
    CboChoose.AddItem "联想"
    CboChoose.AddItem "长城"
    CboChoose.AddItem "东海"
End Sub
```

下拉式组合框的 Click 事件：

```
Private Sub CboChoose_Click()
    LblShow.Caption = "你的机型是: " & CboChoose.Text
End Sub
```

6.3　图形框与图像框控件

Visual Basic 为编程人员提供了强大的绘图功能，在本节，我们将学习基本的绘图方法。在 VB 中，主要通过两种办法进行图像绘制：一种是利用控件，如用图形框显示图片；另外一种是通过使用 VB 语言本身的函数和方法，通过在屏幕上绘制点、线和图形来制作。

6.3.1　图形框控件（PictureBox）

1. 图形框控件的主要属性

图形框控件（PictureBox）可以用来显示位图、JPEG、GIF、图标等格式的图片，在工具箱面板中，图形框控件的图标如图 6-21 所示。

（1）Name 属性

命名规则为 PicX，如 PicMove 、PicShow 等。

（2）Picture（图片）属性

图 6-21　图形框控件

用来返回或设置控件中要显示的图片，可以通过属性窗口进行设置。如果要在程序运行过程中载入图片，常常使用 LoadPicture 函数，其语法规则为：

```
对象.Picture = LoadPicture("图形文件的路径与名字")
```

如：PicMove.Picture = LoadPicture（"c:\Picts\pen.bmp"）

（3）AutoSize（自动显示）属性

本属性决定了图形框控件是否自动改变大小以显示图片的全部内容。当值为 True 时，图像可以自动改变大小以显示全部内容；当值为 False 时，则不具备图像的自我调节功能。

2. 图形框控件的主要事件

它可以接收 Click（单击）事件与 DblClick（双击）事件，还可以在图片框中使用 Cls（清屏）、Print 方法。在实际使用过程中，它多是作为一种图形容器出现，所以常常跟其他控件搭配使用，如点击一个按钮，图形框自动装入图片等。

6.3.2　图像框控件（Image）

1. 图像框控件（Image）的主要属性

跟图形框一样，图像框控件也具有诸如 Name、Picture 等属性，以及 Loadpicture 的方法，但在图像自适应问题上有所不同。

PictureBox 用 AutoSize 属性控制图形的尺寸自动适应，而 Image 控件则用 Stretch 属性对图片进行大小调整。

【例 6-5】　设计如图 6-22 所示窗口。实现点击缩小按钮时将图像缩小，点击放大按钮时将图片放大效果。

将 Image 控件的 Stretch 属性设置为 True。

```
Private Sub Command1_Click()
    If Image1.Height < 100 Then'如果图片的高度小于100，则将缩小按钮置为无效
```

```
        Command1.Enabled = False
    Else
        Image1.Height = Image1.Height - 100
'图片的高度减 100
        Image1.Width = Image1.Width - 100
'图片的宽度减 100
        Command2.Enabled = True '放大按钮有效
    End If
End Sub

Private Sub Command2_Click()
    If Image1.Height > 2900 Then
'如果图片的高度大于 1900，则将放大按钮置为无效
        Command2.Enabled = False
    Else
        Image1.Height = Image1.Height + 100
'图片的高度加 100
        Image1.Width = Image1.Width + 100 '图片的宽度加 100
    Command1.Enabled = True '缩小按钮有效
    End If
End Sub
```

图 6-22　Image 控件示例

2. 图像框与图形框控件的区别

（1）图形框是"容器"控件，可以作为父控件，而图像框不能作为父控件，其他控件不能作为图像框的子控件。图形框作为一个"容器"，可以把其他控件放在其内作为它的"子控件"，当图形发生位移时，其内的子控件也会跟着一起移动。

（2）图形框可以通过 Print 方法显示与接收文本，而图像框不能。

（3）图像框比图形框占用内存少，显示速度更快一些，因此，在图形框与图像框都能满足设计需要时，应该优先考虑使用图像框。

6.4　滚动条与计时器

6.4.1　滚动条（HscrollBar 与 VscrollBar）

滚动条常常用来附在某个窗口上帮助观察数据或确定位置，也可以用来作为数据输入的工具。在日常操作中，常常遇到这样的情况：在某些程序中，如 Photoshop，一些具体的数值我们并不清楚，如调色板上的自定义色彩，这时，可以通过滚动条，用尝试的办法找到自己需要的具体数值。在 Visual Basic 中，滚动条分为横向（HscrollBar）与竖向（VscrollBar）两种，命名规则为 HsbX 或 VsbX，如 HsbShow、VsbShow 等。它们在工具箱上的图标如图 6-23 所示。

图 6-23　滚动条

选中滚动条按钮，把鼠标指针放到界面设计区，然后拖动，画出符合自己要求的滚动条，或者直接双击该按钮，自动在界面设计区生成默认大小的滚动条。

1. 滚动条控件的属性

（1）Max（最大值）与 Min（最小值）属性

滚动块处于最右边（横向滚动条）或最下边（竖向滚动条）时返回的值就是最大值；滚动块

处于最左边或最上边，返回的值最小，如图 6-24 所示。

Max 与 Min 属性是创建滚动条控件必须指定的属性，默认状态下，Max 值为 32767，Min 值为 0。本属性既可以在界面设计过程中予以指定，也可以在程序运行中予以改变，如：

```
HsbShow.Min = 3
HsbShow.Max = 30
```

（2）Value（数值）属性

Value 属性返回或设置滚动滑块在当前滚动条中的位置，如图 6-24 所示。Value 值可以在设计时指定，也可以在程序运行中改变，如 HsbShow.Value = 24。

（3）SmallChange（小改变）属性

当用户单击滚动条左右边上的箭头时，滚动条控件 Value 值的改变量就是 SmallChange，如图 6-25 所示。

（4）LargeChange（大改变）属性

单击滚动条中滚动框前面或后面的部位时，引发 Value 值按 LargeChange 设定的数值进行改变，如图 6-26 所示。

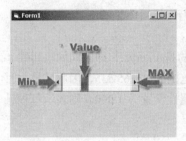 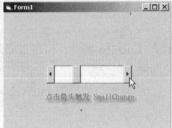 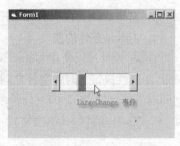

图 6-24　滚动条控件的属性　　　图 6-25　SmallChange 属性　　　图 6-26　LargeChange 属性

2. 滚动条控件的事件

与滚动条控件相关的事件主要是 Scroll 与 Change，当在滚动条内拖动滚动框时会触发 Scroll 事件（但要注意，单击滚动箭头或滚动条时不发生 Scroll 事件），滚动框发生位置改变后则会触发 Change 事件。Scroll 事件用来跟踪滚动条中的动态变化，Change 事件则用来得到滚动条最后的值。

【例 6-6】　设计如图 6-27 窗口，当滚动条（HsbShow）的滚动块发生位移时，下面的显示标签（LblShow）自动显示滚动条当前的值；在拖动滚动框的过程中，显示标签（LblShow）则会显示"拖动中……"字样。

（1）创建界面

其中，HsbShow 的 Min 为 0，Max 为 100，SmallChange 为 5，LargeChange 为 10。

（2）双击滚动条（HsbShow），进入代码编写窗口

图 6-27　滚动条窗口

```
Private Sub HsbShow_Change()
    LblShow.Caption = "滚动条当前值为: " & HsbShow.Value
End Sub
```

（3）滚动条的拖动事件

```
Private Sub HsbShow_Scroll()
    LblShow.Caption = "拖动中……"
End Sub
```

6.4.2 时间（Timer）控件

在 Windows 应用程序中常常要用到时间控制的功能，如在程序界面上显示当前时间，或者每隔多长时间触发一个事件等。而 Visual Basic 中的 Timer（时间）控制器就是专门解决这方面问题的控件。Timer 控制器在工具箱面板上的图标如图 6-28 所示。

选中时钟控制器，将鼠标移到界面设计区，在窗体中拖出一个矩形就可以创建一个 Timer 控件了。跟其他控件不同的是，无论你绘制的矩形有多大，Timer 控件的大小都不会变，如图 6-29 所示。

图 6-28　时间控件

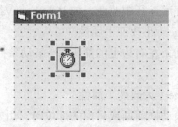

图 6-29　时间控件

另外，Timer 控件只有在程序设计过程中看得见，在程序运行时是看不见的。

1. Timer 控件的属性

Timer 控件可以使用 Name 属性与 Enabled 属性，但最重要的是 Interval，即时间间隔属性。Interval 属性决定了时钟事件之间的间隔，以毫秒为单位，取值范围为 0～65 535，因此其最大时间间隔不能超过 65s，即一分钟多一点的时间。如果把 Interval 属性设置为 1 000，则表示每秒触发一个 Timer 事件。其语法格式：

```
Timer.Interval = X，其中，X 代表具体的时间间隔。
```

2. Timer 控件的 Timer（定时）事件

当一个 Timer 控件经过预定的时间间隔，将激发计时器的 Timer 事件。使用 Timer 事件可以完成许多实用功能，如显示系统时钟、制作动画等。

【例 6-7】　设计如图 6-30 所示窗口。标签能够自动显示当前时间。

（1）创建程序界面，界面如图 6-31 所示。为了便于观看，将 LblShow 的边界类型设为 1。另外，别忘了把 Timer1 的 Interval 属性设置为 1000。

图 6-30　Timer 控件窗口

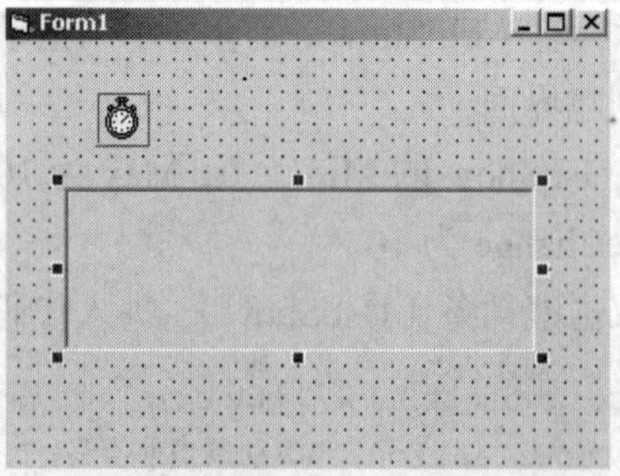

图 6-31　Timer 控件窗口设计

（2）在 Timer1 的 Timer 事件中输入以下代码：

```
Private Sub Timer1_Timer()
    LblShow.FontSize = 30
    LblShow.FontName = "宋体"
```

```
    LblShow.Caption = "当前时间为: " & Time
End Sub
```

　　注意

Time 是 Visual Basic 中的关键词，表示显示系统时间。

6.5　文件操作控件

在一个应用程序中，对文件的处理是一个比较常用的操作，如打开文件、保存文件等。Visual Basic 提供了 3 个控件对磁盘文件夹与文件进行显示与操作，它们分别是：DriveListBox（磁盘列表框）控件、DirListBox（文件夹列表框）控件，以及 FileListBox（文件列表框）控件，如图 6-32 所示。

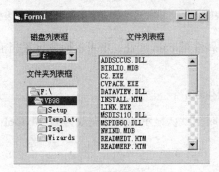

图 6-32　文件控件窗口

6.5.1　磁盘列表框（DriveListBox）控件

在工具箱面板上，DriveListBox 控件的图标如图 6-33 所示。

在窗口中创建的磁盘列表框可以自动显示电脑上或网络上的所有磁盘驱动器，另外，还可以通过语法设置运行时显示的驱动器名称，这就要用到 Drive 属性。磁盘列表框名称.Drive = Drive（如 C:、D:等）。比如，图 6-34 要在窗体启动时把当前磁盘改为 f 盘，程序代码为：

```
Private Sub Form_Load()
    Drive1.Drive = "F:"
End Sub
```

图 6-33　DriveListBox 控件

图 6-34　磁盘列表控件窗口

6.5.2 DirListBox（文件夹列表框）控件

在工具箱面板上，DirListBox 控件的图标如图 6-35 所示。

文件夹列表框控件可以显示与设置文件夹的路径，当用户在窗口中创建 DirListBox 控件时，双击其中的文件夹，不需进行编程就能自动显示下一级的文件夹，如图 6-36 所示。

图 6-35　文件夹列表框　　　　　　　图 6-36　文件夹列表框窗口

文件夹列表框控件的主要属性是 Path 属性，用来返回或设置当前文件夹的路径，只能在程序运行中使用，其语法是：

文件夹列表框名称.Path = 具体的路径

比如，我们要在窗体启动时把默认显示的文件夹改为 D:\Mytool\ ，程序如下：

```
Private Sub Form_Load()
    Dir1.Path = "D:\Mytool\"
End Sub
```

6.5.3 文件列表框（FileListBox）控件

跟前面两个控件一样，本控件能够自动显示符合条件的文件清单，如图 6-37 所示。

文件列表框控件主要有两个属性，即 Path 属性与 FileName 属性，前者代表文件的路径，从显示路径的功能上来说，比后者更简便一些；后者则用来返回或设置所选文件的路径与文件名，其语法是：

图 6-37　文件列表框

文件列表框名称.FileName = 路径

比如，我们要在窗体启动时将 E:\稿件目录下的所有 ZIP 文件列出来，程序可以这样写：

```
Private Sub Form_Load()
    File1.FileName = "E:\稿件\*.zip"
End Sub
```

结果如图 6-38 所示。

6.5.4 3 个控件的连接

在程序中，这 3 个控件是互不关连的，并不是只要在窗体中创建了它们，然后对某个控件（如磁盘列表框）进行操作，其他控件就会自动显示相应的磁盘下的文件，这

图 6-38　文件列表框窗口

需要用程序进行实现。

（1）将磁盘列表框的操作赋值给文件夹列表框的 Path 属性，在磁盘列表框的 Change 事件中输入如下代码：

```
Private Sub Drive1_Change()
   Dir1.Path = Drive1.Drive
End Sub
```

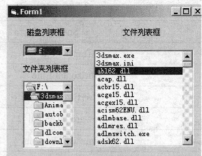

（2）对文件夹列表框控件进行的操作，直接影响文件列表框所显示的内容：

```
Private Sub Dir1_Change()
   File1.Path = Dir1.Path
End Sub
```

图 6-39　3 个控件关联

最后结果如图 6-39 所示。

6.6　直线与形状控件

利用直线与形状控件（如图 6-40 所示），可以使窗体上显示的内容更为丰富，如在窗体上增加简单的线条和实心图形等。利用直线控件，可以建立简单的直线，通过修改其属性，还可以改变直线的粗细、色彩以及线型。通过设置形状的属性，用户可以画出圆、椭圆以及圆角矩形，同时还能设置形状的色彩与填充图案。

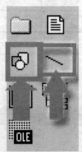

图 6-40　直线与形状控件

除了其他通用属性外，直线与形状控件还具有一些比较独特的属性。

（1）BorderStyle（边框类型），用于直线与形状。不同属性值功能如表 6-1 所示。

表 6-1　　　　　　　　　　　　　　　　BorderStyle 属性值

属　性　值	功　　能
TransParent	透明，边框不可见
Solid	实心边框，最常见
Dash	虚线边框
Dot	点线边框
Dash-Dot	点画线边框
Dash-Dot-Dot	双点画线边框
Inside Solid	内实线边框

（2）FillStyle（填充类型），用于形状。不同属性值功能如表 6-2 所示。

表 6–2　　　　　　　　　　　　　　　　　FillStyle 属性值

属 性 值	功 能
Solid	实心填充
TransParent	透明填充
Horizontal Line	以水平线进行填充
Vertical Line	以垂直线进行填充
Upward Diagonal	向上对角线填充
Downward Diagonal	向下对角线填充
Cross	交叉线填充
Diagonal Cross	对角交叉线填充

（3）Shape（形状），用于形状。不同属性值功能如表 6-3 所示。

表 6–3　　　　　　　　　　　　　　　　　Shape 属性值

属 性 值	功 能
Rectangle	显示为矩形
Square	显示为正方形
Oval	显示为椭圆形
Circle	显示为圆形
Rounded Rectangle	显示为圆角矩形
Rounded Square	圆角正方形

【例 6-8】　编写图形变换程序，在窗体上放置一个按钮，实现每按一次按钮，变换一次图形，并用不同的颜色填充，如图 6-41 所示。

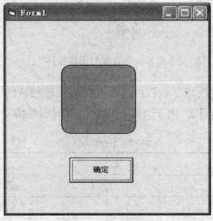

图 6-41　shape 示例

代码如下：

```
Private Sub Command1_Click()
    Static i As Integer
    Randomize
```

```
If i <= 5 Then
    Shape1.FillColor = Int(Rnd * &HFFFFFF) '设置填充随机颜色
    Shape1.Shape = i     '设置形状
    i = i + 1
Else
    i = 0
End If
End Sub
```

6.7 控件布局

设计 VB 应用程序界面时，将对象添加到窗体上仅仅完成了界面设计的基本工作，接下来还必须对各个对象的位置、大小、对象间的间距等进行调整，对窗体上的所有对象进行整体布局，这样才能设计出美观的程序界面。

1. 调整控件对象的位置和大小

调整控件对象的位置和大小最简单的方法是：先用鼠标单击要调整的对象，这时对象周围将出现 8 个蓝色小方块（称为"拖曳柄"），表示该对象处于选中状态，接下来如果要移动对象，只要将鼠标移至该对象上，按住鼠标将对象拖至目标位置，然后松开鼠标即可，如果要调整对象的大小，可将鼠标移到对象相应的"拖曳柄"上，然后按住鼠标进行拖放。

除了使用鼠标进行调整以外，也可以使用键盘上的"Ctrl"键、"Shift"键和方向键对控件对象的位置和大小进行调整。按住"Ctrl"键的同时，按下相应的方向键可以对对象的位置进行调整；按住"Shift"键的同时，按下相应的方向键可以对对象的大小进行调整。

设计界面时经常会遇到需要同时对一组对象的位置和大小进行调整的情况，这就需要在窗体上同时选中多个对象，具体操作方法是：按住"Shift"键的同时，用鼠标逐个单击需要调整的对象。一组对象同时被选中后，接下来的调整方法同单个对象。

设计界面时要求一组对象高度相同或宽度相同或两者都相同的情况也会经常遇到，如果采用逐个处理的方法将既费时又费力，最为简单的方法是使用菜单命令进行整体处理。具体操作步骤是：首先在窗体上同时选中要进行处理的各个对象，然后再执行相关的菜单命令，如图 6-42 所示。

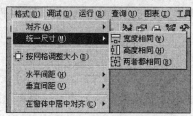

图 6-42 用菜单命令统一对象尺寸

2. 控件对象的对齐

设计界面时经常需要对一组对象进行对齐处理。对齐方式有左对齐、右对齐、中间对齐、顶端对齐等多种方式。遇到这种情况，最为简单的方法是使用菜单命令进行整体处理。具体操作步骤是：首先在窗体上同时选中要进行对齐处理的各个对象，然后再执行相关的菜单命令，如图 6-43 所示。

3. 控件对象的间距调整

不管界面上的对象是横向排列，还是纵向排列，合理调整对象之间的间距，对于界面的美观都是非常必要的。具体操作时，应首先同时选中需要调整的一组对象，然后对于纵向排列的一组对象，可通过执行"格式"菜单中的"垂直间距"子菜单中的相应命令来调整彼此间的间距，如图 6-44 所示。对于横向排列的一组对象，可通过执行"格式"菜单中的"水平间距"子菜单中的相应命令来调整彼此间的间距。

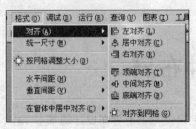 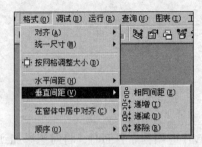

图 6-43　用菜单命令对齐对象　　　　图 6-44　调整对象间的间距

习　　题

一、选择题

1. 以下说法正确的是（　　）。

[A] 默认情况下属性 Visible 的值为 True

[B] 如果设置控件的 Visible 属性值为 False，则该控件消失

[C] Visible 的值可设为 0 或 1

[D] 设置 Visible 属性同设置 Enabled 属性的功能是相同的，都是使控件处于失效状态

2. 下面控件没有 Picture 属性的是（　　）。

[A] 复选框　　　　[B] 单选按钮　　　　[C] 标签　　　　[D] 命令按钮

3. 与 List1.Text 属性值相同的是（　　）。

[A] List1.ListCount　　　　　　　　[B] List1.List（ListCount-1）

[C] List1.ListIndex　　　　　　　　[D] List1.List（List1.ListIndex）

4. 当滚动滑块位于滚动框最左端或最上端时，Value 属性被设置为（　　）。

[A] Max　　　　[B] Min　　　　[C] Max 和 Min 之间　　[D] Max 和 Min 之外

5. 当复选框被选中时，复选框 Value 属性值是（　　）。

[A] 0　　　　　　[B]1　　　　　　[C] 2　　　　　　[D] 3

6. 有 1 个名称为 Combo1 的组合框，含有 5 个项目，要删除第 4 项，正确的语句是（　　）。

[A] Combo1.RemoveItem　Combo1.Text　　　　[B] Combo1.RemoveItem 3

[C] Combo1.RemoveItem　Combo1.ListCount　　[D] Combo1.RemoveItem 4

7. 能够存放组合框的所有项目内容的属性是（　　）。

[A] Caption　　　[B] Text　　　　[C] Lis　　　　　[D] Selected

8. 在 VB 中，组合框是文本框控件和（　　）控件的组合。

[A] 复选框　　　　[B] 单选按钮　　　　[C] 列表框　　　　[D] 命令按钮

9. 如果将列表框设置成每次只能选择其中一项，应将 MultiSelect 属性设置为（　　）。

[A] 0　　　　　　[B] 1　　　　　　[C] 2　　　　　　[D] 3

10. 列表框的 AddItem 方法的作用是（　　）。

[A] 清除列表框中的全部内容　　　　[B] 删除列表框中选定的项目

[C] 在列表框中插入多个列表项　　　[D] 在列表框中插入一个列表项

11. 当组合框的 Style 属性设置（　　）时，组合框称为下拉式列表框？

[A] 0　　　　　　　　[B] 1　　　　　　　　[C] 2　　　　　　　　[D]3

12. 窗体上有 1 个名称为 List1 的列表框，其中已经输入了若干个项目，如图 6-45 所示，还有 2 个文本框，名称分别为 Text1、Text2，1 个名称为 Command1 的命令按钮，并有以下程序：

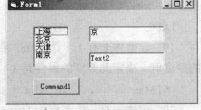

```
Private Sub Command1_Click()
   Dim str As String, s As String, k As Integer
   s = Text1.Text
   str = ""
   For k = List1.ListCount - 1 To 0 Step -1
      If InStr(List1.List(k), s) > 0 Then
         str = str & List1.List(k) & " "
      End If
   Next k
   If str = "" Then
      Text2.Text = "没有匹配的项目"
   Else
      Text2.Text = str
   End If
End Sub
```

图 6-45　列表框习题

程序运行时，在 Text1 中输入"京"，单击命令按钮，则在 Text2 中显示的内容是（　　）。

[A] 京　　　　　　[B] 北京 南京　　　　[C] 南京 北京　　　　[D] 没有匹配的项目

13. 窗体上有一个名称为 Frame1 的框架（如图 6-46 所示），若要把框架上显示的"Frame1"改为汉字"爱好"，下面正确的语句是（　　）。

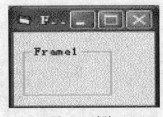

图 6-46　框架

[A] Frame1.Name = "爱好"　　　　　　　　[B] Frame1.Caption = "爱好"

[C] Frame1.Text = "爱好"　　　　　　　　　[D] Frame1.Value = "爱好"

14. 下面控件中，用于将屏幕上的对象分组的是（　　）。

[A] 列表框　　　　[B] 组合框　　　　[C] 文本框　　　　　[D] 框架

15. 当把框架的（　　）属性设置为 False 时，框架标题变灰，框架中所有的对象都被屏蔽。

[A] Enabled　　　　[B] Name　　　　[C] Caption　　　　[D] Visible

16. 要使两个单选按钮属于同一个框架，正确的操作是（　　）。

[A] 先画一个框架，然后在框架中画两个单选按钮

[B] 先画一个框架，在框架外画两个单选按钮，然后把单选按钮拖到框架中

[C] 先画两个单选按钮，再用框架将单选按钮框起来

[D] 以上 3 种方法都正确

17. 设窗体上有一个列表框控件 List1，有若干列表项。以下能表示当前被选中的列表项内容的是（ ）。

[A] List1.List　　　　[B] List1.ListIndex　　　[C] List1.Text　　　　[D] List1.Index

18. 为了使文本框同时具有垂直和水平滚动条，应先把 MultiLine 属性设置为 True，然后再把 ScrollBars 属性设置为（ ）。

[A] 0　　　　　　　[B] 1　　　　　　　[C] 2　　　　　　　[D] 3

19. 设窗体上有 1 个滚动条，要求单击滚动条右端的滚动箭头按钮 ▶ 一次，滚动条移动一定的刻度值，决定此刻度的属性是（ ）。

[A] Max　　　　　[B] Min　　　　　[C] SmallChange　　　[D] LargeChange

20. 窗体上有一个名称为 Hscroll1 的滚动条，程序运行后，当单击滚动条两端的箭头时，立即在窗体上显示滚动条的位置（即刻度值）。下面能够实现上述操作的事件过程是（ ）。

[A] Private Sub Hscroll1_Change()　　　　[B] Private Sub Hscroll1_Change()
　　Print Hscroll1.Value　　　　　　　　　　　Print Hscroll1.SmallChange
　End Sub　　　　　　　　　　　　　　　　End Sub

[C] Private Sub Hscroll1_Scroll()　　　　　[D] Private Sub Hscroll1_Scroll ()
　　Print Hscroll1.Value　　　　　　　　　　　Print Hscroll1.SmallChange
　End Sub　　　　　　　　　　　　　　　　End Sub

21. 计时器控件的 Interval 属性的作用是（ ）。

[A] 设置计时器 Timer 事件的时间间隔　　　[B] 决定是否响应用户生成的事件
[C] 存储程序所需的附加数据　　　　　　　[D] 设置计时器顶端与其容器之间的距离

22. 设窗体上有一个标签 Label1 和一个计时器 Timer1，Timer1 的 Interval 属性被设置为 1000，Enabled 属性被设置为 True。要求程序运行时每秒在标签中显示一次系统当前时间。以下可以实现上述要求的事件过程是（ ）。

[A] Private Sub Timer1_Timer()　　　[B] Private Sub Timer1_Timer()
　　Label1.Caption = True　　　　　　　Label1.Caption = Time
　End Sub　　　　　　　　　　　　　End Sub

[C] Private Sub Timer1_Timer()　　　[D] Private Sub Timer1_Timer()
　　Label1.Interval = 1　　　　　　　　For k = 1 To Timer1.Interval
　End Sub　　　　　　　　　　　　　　　Label1.Caption = Time
　　　　　　　　　　　　　　　　　　　Next k
　　　　　　　　　　　　　　　　　End Sub

23. 通常情况下，垂直滚动条的值递增是（ ）。

[A] 由下向上　　　[B] 由上向下　　　[C] 由左向右　　　[D] 由右向左

24. 当滚动条位于最右端或最下端时，Value 属性被设置为（ ）。

[A] Max　　　　　[B] Min　　　　　[C] Max 和 Min 之间　　[D] Max 和 Min 之外

25. 当拖动滚动条的滚动块时触发的事件是（ ）。

[A] KeyUp　　　　[B] KeyPress　　　[C] Scroll　　　　[D] Change

26. 如图 6-47 所示窗体上有两个水平滚动条 HL 和 HW，还有一个文本框 Text1 和一个标题为"计算"的命令按钮 Command1，如下图所示，并编写以下程序；运行程序，单击"计算"按钮，可根据长和宽计算出面积，并显示计算结果。

```
Private Sub Command1_Click()
    Call area(HL.Value, HW.Value)
End Sub

Public Sub area(x As Integer, y As Integer)
    Text1.Text = x * y
End Sub
```

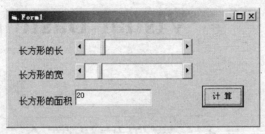

图 6-47 长方形面积

对以上程序，下列叙述中正确的是（   ）。

[A] 过程调用语句不对，应为 area（HL，HW）

[B] 过程定义语句的形式参数不对，应为 Sub area（x As Control，y As Control）

[C] 计算结果在文本框中显示出来

[D] 程序不能正确运行

27. 可以设置直线或形状的边界线的线型的属性是（   ）。

[A] BorderColor   [B] BorderStyle   [C] BorderWidth   [D] BackStyle

28. 当将直线或形状的 BorderStyle 属性设置为 3 时，控件边界线是（   ）。

[A] 实线   　 [B] 虚线   　 [C] 点线   　 [D] 不可见

29. 通过设置 Shape 控件的（   ）属性，可以画出圆、椭圆和圆角矩形？

[A] Shape   　 [B] Height   　 [C] Visible   　 [D] Index

30. 在程序运行期间，可以把图形装入窗体、图片框或图像框的函数是（   ）。

[A] Autosize   　 [B] Stretch   　 [C] Picture   　 [D] LoadPicture

31. 下面属性中，用于自动调整图像框中图形内容的大小的是（   ）。

[A] Picture   　 [B] CurrentX   　 [C] CurrentY   　 [D] Stretch

32. 要使文件列表框 File1 中的文件随目录列表框 Dir1 中所选择的当前目录的不同而同步更新的是（   ）。

[A] 在 File1 中的 Change 事件中，输入 File1.Path = Dir1.Path

[B] 在 Dir1 中的 Change 事件中，输入 File1.Path = Dir1.Path

[C] 在 File1 中的 Change 事件中，输入 Dir1.Path = File1.Path

[D] 在 Dir1 中的 Change 事件中，输入 Dir1.Path = File1.Path

第7章
Visual Basic 高级控件

7.1 高级控件简介

Visual Basic 中的控件分为两种,即标准控件(或内部控件)和 ActiveX 控件,即高级控件。内部控件是工具箱中的"常驻"控件,即第 6 章中所述的常用控件,始终出现在工具箱里,而 ActiveX 控件是扩展名为.ocx 的文件(在 Windows\System 文件夹里),它是根据编程需要添加到工具箱里的。

在一般情况下,工具箱里只有常用控件,为了把 ActiveX 控件添加到工具箱里,可按以下步骤执行。

(1)在菜单里选择"工程-部件",弹出"部件"对话框,如图 7-1 所示。

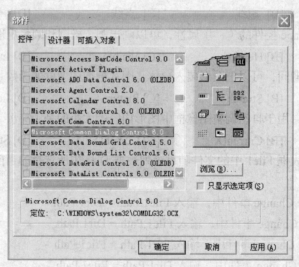

图 7-1 "部件"对话框

(2)在对话框中选择"控件"选项卡,显示 ActiveX 控件列表。
(3)在列表框中找到需要添加的控件名称,单击控件名称左侧的复选框。
(4)使用同样的方法选择需要添加的其他控件。
(5)单击"确定"按钮,即可将所选 ActiveX 控件添加到工具箱里。

7.2　通用对话框（CommonDialog）控件

Visual Basic 通用对话框控件向用户提供 "文件打开"、"文件保存"、"文件打印"、"颜色设置"、"字体设置"、"帮助" 6 项功能，每项功能均用单独的一个对话框实现。在 Visual Basic 中，通用对话框是用 CommonDialog 控件设计的。但 CommonDialog 并不是一个有对话框界面的控件，而是通过控件的 6 个方法来打开 6 种通用对话框，实现"文件打开"、"文件保存"、"文件打印"、"颜色设置"、"字体设置"与"帮助" 6 项功能。下面介绍 CommonDialog 控件的常用属性与 6 种打开对话框方法。

使用 CommonDialog 控件的步骤如下。

（1）若未添加 CommonDialog 控件，则执行菜单命令：工程|部件，选择 Microsoft CommonDialog Contral 6.0，将控件添加到工具箱中，如图 7-2 所示。

（2）单击工具箱中的 "CommonDialog" 控件并在窗体上绘制该控件。在窗体上绘制 CommonDialog 控件时，控件将自动调整大小。像 Timer 控件一样，CommonDialog 控件在运行时不可见。

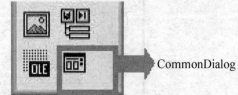

CommonDialog

图 7-2　添加 CommonDialog 后的工具箱

（3）运行时，使用表 7-1 所列方法显示需要的对话框。

表 7–1　　　　　　　　　　　　　　CommonDialog 方法

方　　法	显示的对话框
ShowOpen	打开
ShowSave	另存为
ShowColor	颜色
ShowFont	字体
ShowPrinter	打印
ShowHelp	调用 windows "帮助"

7.2.1　ShowOpen 方法

ShowOpen 方法用于显示"打开"对话框，有了"打开"对话框就可指定驱动器、目录、文件扩展名和文件名以及在指定目录打开。

调用该方法的格式为：CommonDialog. ShowOpen

运行时选定文件并关闭对话框后，可用 FileName 属性获取选定的文件名。

显示"打开"对话框步骤如下。

（1）指定在"文件类型"列表框中显示的文件过滤器列表。

可用下列格式设置 Filter 属性：

description1 | filter1 | description2 | filter2...

Description 是列表框中显示的字符串，例如，"Text Files （*.txt）"。Filter 是实际的文件过滤器，例如"*.txt"。每个 description | filter 设置间必须用管道符号(|)分隔。

（2）用 ShowOpen 方法显示对话框。

（3）选定文件后可用 FileName 属性获取选定文件的名称。

对所有公共对话框，当 CancelError 属性为 True，而且用户单击了对话框的"取消"按钮时将生成一个错误。在显示对话框时捕获错误，以此检测是否按了"取消"按钮。

【例 7-1】 用 ShowOpen 方法显示"打开"对话框，将文件名显示于窗体上，如图 7-3 所示。

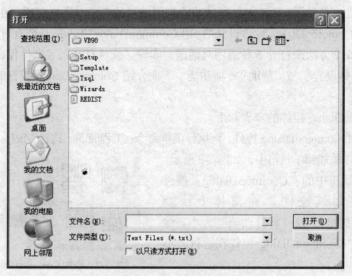

图 7-3 "打开"对话框

建一个标准工程，添加一个 CommonDialog 控件和一个命令按钮。添加命令按钮的单击事件。代码如下：

```
Private Sub command1_Click()
    On Error GoTo ErrHandler    'CancelError 为 True。
    ' 设置过滤器
    CommonDialog1.Filter = "All Files (*.*)|*.*|Text Files _ (*.txt)|*.txt|Batch Files
(*.bat)|*.bat"
    ' 指定缺省过滤器
    CommonDialog1.FilterIndex = 2
    ' 显示"打开"对话框
    CommonDialog1.ShowOpen
    ' 调用打开文件的过程
    print CommonDialog1.FileName
    ErrHandler:
    ' 用户按"取消"按钮
End Sub
```

7.2.2 ShowSave 方法

ShowSave 方法用于显示保存文件对话框，将文件保存到指定目录。

调用该方法的格式为：CommonDialog. ShowSave。

ShowSave 方法用于显示"另存为"对话框，如图 7-4 所示。选定文件后可用 FileName 属性获取选定文件的名称、保存类型，可以如 ShowOpen 方法一样用 Filter 属性来设置，这样对话框就只显示设置的文件类型，如文本文件。

图 7-4 "另存为"对话框

7.2.3 ShowColor 方法

ShowColor 方法用于显示"颜色"对话框，如图 7-5 所示。

格式：CommonDilog.ShowColor

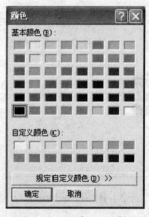

可用"颜色"对话框在调色板中选择颜色，或者创建并选定自定义颜色。运行时，选定颜色并关闭对话框后可用 Color 属性获取选定的颜色。

使用步骤如下。

（1）将 CommonDialog 控件的 Flags 属性设置成 Visual Basic 常数 cdlCCRGBInit。

（2）用 ShowColor 方法显示对话框。可用 Color 属性获取选定颜色的 RGB 值。

【例 7-2】 单击"Command1"命令按钮时，显示"颜色"对话框，将窗体的背景颜色设置成选定的颜色。

图 7-5 "颜色"对话框

代码如下：

```
Private Sub Command1_Click ()
   ' 设置 Flags 属性
   CommonDialog1.Flags = cdlCCRGBInit
   ' 显示"颜色"对话框
   CommonDialog1.ShowColor
   ' 将窗体的背景颜色设置成选定的'颜色
   Form1.BackColor = CommonDialog1.Color
End Sub
```

7.2.4 ShowFont 方法

使用"字体"对话框，可设置字体大小、颜色、样式等。

格式：CommonDilog.ShowFont。

用户一旦在"字体"对话框中选定字体后，表 7-2 中的属性就会包含有关用户选项的信息。

表 7-2   "字体"对话框属性

属　　性	作　　用
Color	选定的颜色，flags 属性需设为 cdlCFEffects
FontBold	是否选定"粗体"
FontItalic	是否选定"斜线"
FontStrikethru	是否选定"删除线"
FontUnderline	是否选定"下画线"
FontName	选定的字体名称
FontSize	选定字体大小

显示"字体"对话框步骤如下。

（1）将 Flags 属性设置为下述 Visual Basic 常数之一：

cdlCFEffects（全部对话框，包括自定义颜色）；

cdlCFScreenFonts（屏幕字体）；

cdlCFPrinterFonts（打印机字体）；

cdlCFBoth（既可以是屏幕字体又可以是打印机字体）。

注意
　　在显示"字体"对话框之前必须将 Flags 属性设置为这些数值之一，否则将发生字体不存在错误，如图 7-6 所示。

图 7-6 没有安装字体

（2）用 ShowFont 方法显示对话框，如图 7-7 所示。

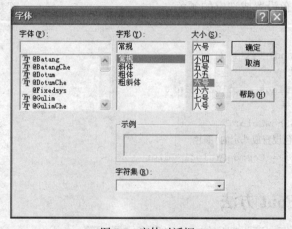

图 7-7 字体对话框

【**例 7-3**】　根据用户在"字体"对话框中的选择来设置文本框的字体属性。

代码如下：

```
Private Sub Command1_Click ()
    CommonDialog1.Flags = cdlCFBoth Or cdlCFEffects
    ' 显示"字体"对话框
    CommonDialog1.ShowFont
    ' 根据用户的选择来设置文本属性
    Text1.Font.Name = CommonDialog1.FontName
    Text1.Font.Size = CommonDialog1.FontSize
    Text1.Font.Bold = CommonDialog1.FontBold
    Text1.Font.Italic = CommonDialog1.FontItalic
    Text1.Font.Underline = CommonDialog1.FontUnderline
    Text1.FontStrikethru = CommonDialog1.FontStrikethru
    Text1.ForeColor = CommonDialog1.Color
    Exit Sub
End sub
```

7.2.5　ShowPrint 方法

ShowPrint 方法用于显示"打印"对话框，如图 7-8 所示。

调用该方法的格式为：CommonDialog. ShowPrinter

图 7-8　"打印"对话框

"打印"对话框允许用户指定打印输出的方法。用户可指定打印页数范围、打印质量、复制数目等。此对话框还显示有当前安装的打印机信息，并允许用户进行配置或重新安装新的缺省打印机。

注意　此对话框并不真正地将数据送到打印机上。它允许用户指定如何打印数据。必须编写代码实现用选定格式打印数据。运行时，当用户在"打印"对话框做出选择后，表 7-3 所示属性将包含用户选项的信息。

表 7-3　　　　　　　　　　　　　　　　打印对话框属性

属　　性	作　　用
Copies	要打印的份数
FromPage	打印的起始页
ToPage	打印的结束页
hDC	选定打印机的设备上下文
Orientation	页面定向（画像或风景）

显示"打印"对话框步骤如下。

（1）通过设置相应的"打印"对话框属性，为对话框设置所需缺省设置值。例如，为在显示对话框时在"份数"框中显示 2，应将 Copies 属性设置为 2，CommonDialog1.Copies = 2

（2）用 ShowPrinter 方法显示"打印"对话框。

【例 7-4】　用户单击"Command1"命令按钮时，显示"打印"对话框。

代码如下：

```
Private Sub mnuFileOpen_Click()
  Dim BeginPage, EndPage, NumCopies, Orientation, i
  CommonDialog1.ShowPrinter'显示"打印"对话框
  '从对话框中获取用户选定数值
  BeginPage = CommonDialog1.FromPage
  EndPage = CommonDialog1.ToPage
  NumCopies = CommonDialog1.Copies
  Orientation = CommonDialog1.Orientation
End Sub
```

注意　　　　若将 PrinterDefault 属性设置为 True，则可在 Visual Basic Printer 对象上打印。另外，当 PrinterDefault 属性为 True 时，所有在"打印"对话框"设置"部分中做出的变更都将改变用户"打印机"设置中的打印机设置值。

7.2.6　ShowHelp 方法

用 CommonDialog 控件的 ShowHelp 方法显示帮助文件。

格式：CommonDialog.ShowHelp

使用 ShowHelp 方法显示帮助文件步骤如下。

（1）设置 HelpCommand 和 HelpFile 属性。

（2）用 ShowHelp 方法显示指定的帮助文件。

【例 7-5】　设计单击"Command1"命令按钮，显示指定的帮助文件。

```
Private Sub Command1_Click()
  ' 设置 HelpCommand 属性
  CommonDialog1.HelpCommand = cdlHelpForceFile
  ' 指定帮助文件
  CommonDialog1.HelpFile = "c:\Windows\Cardfile.hlp"
  ' 显示 Windows 帮助引擎
  CommonDialog1.ShowHelp
End Sub
```

结果如图 7-9 所示。

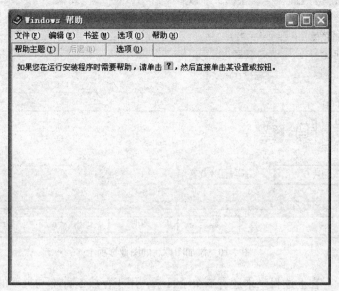

图 7-9　帮助对话框

7.3　图像列表（ImageList）控件

在应用程序的设计中，常常会用到大量的图标、光标和位图资源，如果把它们都作为文件单独存放在硬盘则势必会造成管理上的混乱，甚至应用程序效率会降低，ImageList 控件可以解决这一问题，它的功能是向其他控件（如 ToolBar、ListView 和 TreeView）提供图像。

使用步骤如下。

（1）在工具箱中添加图像控件 ImageList。

工程 | 部件 |使 Microsoft Windows Common Control 6.0 复选框有效。

（2）在窗体内添加 ImageList 控件。

在工具箱中双击 ImageList 控件。

（3）向 ImageList 控件添加图片。

① 用鼠标右击 ImageList 控件，在弹出式菜单中选择属性进入属性页对话框，选择图像选项卡，单击"插入图片"按钮，在对话框中选择图像文件（.bmp 或 .ico）添加到 ImageList 控件中去。

② 在关键字栏中输入关键字（Key），关键字必须为该图片唯一标识符。索引（Index）为图像的唯一序号，一般由系统自动设置。在后面的程序设计中，其他控件将使用索引（Index）或关键字（Key）来引用所需的图像。

重复①、②两步，可以添加多个图片，如图 7-10 所示。

VB 图像文件存放目录为 Program Files\Microsoft Visual studio\Common\Graphics。

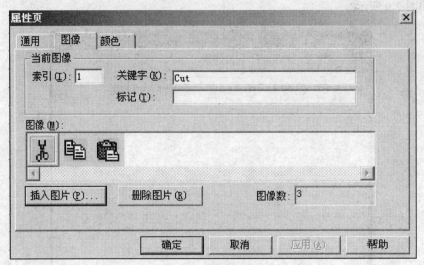

图 7-10　添加图像后的图像选项卡

　　如图 7-11 所示。在上述目录中还有 5 个子目录，用于存放 5 种不同类型的图形与图像文件，这 5 个子目录与文件类型的对应关系如表 7-4 所示。

图 7-11　VB 中图像文件存放目录

表 7–4　　　　　　　　　　　VB 子目录与文件类型的对应关系

子 目 录	文 件 类 型
Bitmaps	位图文件（.bmp）
Cursors	光标文件（.cur）
Icons	图标文件（.ico）
Metafile	多媒体文件（.wmf）
Videos	数字视频文件（.avi）

　　在 Bitmaps 目录中还可继续打开子目录 OffCtlBr\Small\Color，从该子目录中可将 Cut.bmp、Copy.bmp、Paste.bmp 图像插入到 ImageList 控件中去，输入关键字 Copy、Cut、Paste，则 ImageList 控件将包含剪切、复制与粘贴 3 个位图，这 3 个图标可供 ToolBar、ListView 和 Treeview 等控件使用。

【例 7-6】　设计如图 7-12 所示窗口，实现图片叠加。

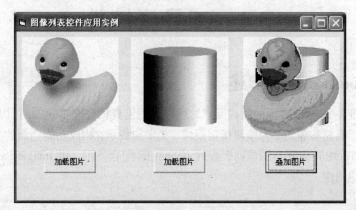

图 7-12　图像列表控件的应用

```
Private Sub CmdOpen1_Click()  '加载图片按钮 1 的鼠标单击事件代码
    CommonDialog1.Filter = "图形文件(*.jpg;*.gif;*.bmp;*.ico;*.wmf)|*.jpg;*.gif;*.bmp;
    *.ico;*.wmf"  ' 指定打开文件的扩展名
    CommonDialog1.ShowOpen  ' 显示打开对话框
    Img1.Stretch = True  ' 自动调节图片的大小
    Img1.Picture = LoadPicture(CommonDialog1.FileName)  ' 按照打开对话框指定的文件名和路径
打开图片
    Set imgX = ImageList1.ListImages.Add(1, , Img1.Picture) ' 将打开的图像添加到 ImageList1
控件中并指定索引值为 1
End Sub

Private Sub CmdOpen2_Click()    ' 加载图片按钮 2 的鼠标单击事件代码
    CommonDialog1.Filter = "图形文件(*.jpg;*.gif;*.bmp;*.ico;*.wmf)|*.jpg;*.gif;*.bmp;
    *.ico;*.wmf"  ' 指定打开文件的扩展名
    CommonDialog1.ShowOpen  ' 显示打开对话框
    Img2.Stretch = True  ' 自动调节图片的大小
    Img2.Picture = LoadPicture(CommonDialog1.FileName)  ' 按照打开对话框指定的文件名和路径
打开图片
    Set imgX = ImageList1.ListImages.Add(2, , Img2.Picture)  ' 将打开的图像添加到
     ImageList1 控件中并指定索引值为 2
End Sub

Private Sub CmdOverlay_Click()    ' 叠加按钮的鼠标单击事件代码
    ImageList1.MaskColor = vbWhite    ' 设置 ImageList1 的屏蔽颜色为白色
    Img3.Picture = ImageList1.Overlay(2, 1)    ' 将 Img2 叠加到将 Img1 上
End Sub

Private Sub Form_Load()
    Dim imgX As ListImage    ' 定义 imgX 为 ListImages 中的一个对象
End Sub
```

7.4 工具栏控件

7.4.1 ToolBar 控件概述

工具栏是标准 Windows 界面的组成元素之一，利用工具栏控件 ToolBar 可以很方便地将经常使用的命令建成工具栏按钮，并为按钮指定图像、文字与提示，构成功能全面的应用程序工具栏。一般工具栏控件 ToolBar 需要与图像列表控件 ImageList 配合使用，由 ImageList 控件提供所需要显示的工具栏按钮图像。

使用步骤如下。

（1）ToolBar 控件添加到工具箱：使用与 ImageList 控件同样的方法将 ToolBar 控件添加到工具箱中。

（2）添加到窗体：在工具箱中双击 ToolBar 控件，然后所要添加的窗口单击。

（3）作用：ToolBar 控件用于设计窗体中工具栏，工具栏通常应放在窗体菜单栏的下方，工具栏应包含能执行常用命令的一些快速按钮。

7.4.2 ToolBar 控件的属性

（1）ToolBar 控件的属性页

用鼠标右击 ToolBar 控件，在弹出式菜单中选择属性，则出现图 7-13 所示属性页对话框。对话框中共有通用、按钮与图片 3 个选项卡，3 个选项卡的作用如下。

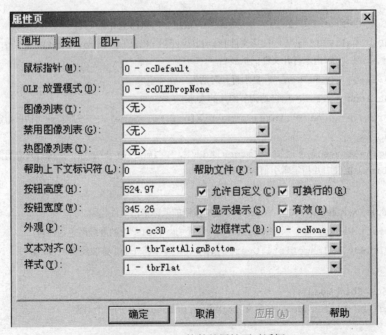

图 7-13　ToolBar 控件的属性页对话框

通用选项卡用于设置工具栏的样式、外观、鼠标指针、按钮宽度、图像列表等。

按钮选项卡用于按钮插入、删除、索引、标题、样式等设置。

图片选项卡用于鼠标进入工具栏变成图形化的鼠标所需要的图片。

（2）ToolBar 控件的常用属性

① ImageList 属性（图像列表）

该属性用于设置与 ToolBar 相关联的 ImageList 控件。属性设置后，将由关联 ImageList 控件向 ToolBar 控件提供按钮图像。

② ShowTips 属性（显示提示）

该属性用于确定在程序运行过程中，鼠标移动到工具栏按钮时是否出现按钮飞行提示。属性值为 True 时，出现按钮飞行提示；属性值为 False 时，不出现按钮飞行提示。

③ Visible 属性（工具栏可见）

属性值为逻辑值，当值为 True 时工具栏可见，值为 False 时工具栏隐藏。

④ Enabled 属性（有效）

属性值为逻辑值，当值为 True 时工具栏可用，值为 False 时工具栏变灰色不能用。

⑤ Style 属性（样式）

该属性用于设置工具栏的样式。

0 -tbrStandard 表示标准样式，1-tbrFlat 表示平面样式。

7.4.3　用 ToolBar 与 ImageList 设计工具栏

工具栏控件 ToolBar 一般需要与图像列表控件 ImageList 配合使用，由 ImageList 控件提供工具栏按钮图像。工具栏的设计步骤如下。

（1）向工具箱中添加 ToolBar 控件与 ImageList 控件。

（2）向窗体内添加 ToolBar 控件与 ImageList 控件。

（3）向 ImageList 控件添加要使用的图像。

（4）将 ToolBar 与 ImageList 控件相关联。

（5）创建工具栏快捷按钮，即 Button 对象。

（6）编写 ButtonClick 事件过程。

有关（1）、（2）、（3）步已在前节中介绍过，本节主要讲述（4）～（6）步的内容。

1. 将 ImageList 与 ToolBar 控件相关联

用鼠标右击 ToolBar 控件，在弹出式菜单中选择属性进入属性页对话框，选择通用选项卡，在图像列表栏中选择 ImageList1，此时 ToolBar 控件可使用 ImageList1 中的图像。

2. 按钮选项卡属性

在窗体内右击 ToolBar 控件，在弹出式菜单中选择属性进入属性页对话框，选择按钮选项卡，如图 7-14 所示。在图 7-14 中可设置按钮选项卡的属性。

（1）索引（Index）

索引是工具栏中按钮的唯一序号，从 1 开始自动编号。用户可用索引框右边的左右箭头选择不同索引号的按钮，进行编辑处理。

（2）标题（Caption）

标题用于显示按钮标题内容。允许用户不设置标题，此时按钮只有图像而没有标题，建议在工具提示文本栏中输入按钮标题飞行提示。

（3）关键字（Key）

关键字用于唯一标识一个按钮，是程序代码中识别按钮的标志。

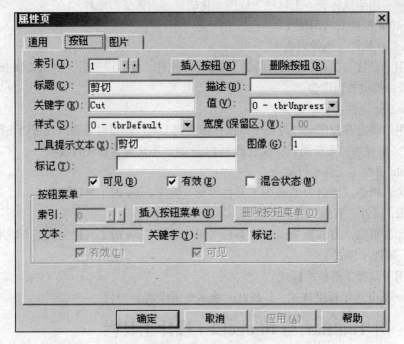

图 7-14　ToolBar 控件中添加按钮对话框

（4）值（Value）

设置按钮的初始状态。

0-tbrUnpress：设置初始态为按钮保持原状。

1-tbrPressed：设置初始态为按钮保持按下状态。

（5）样式（Style）

按钮样式用于选择按钮的 6 种样式，各类按钮的功能介绍如下。

① 普通按钮（0-tbrDefault）

当普通按钮按下后，在完成功能后会自动弹出恢复原状。若按钮功能不依赖于其他功能，应使用普通按钮。

② 开关按钮（1-tbrCheck）

每按一次键，在"按下"与"弹起"开关状态切换。当按钮表示某种开关时，可考虑使用开关按钮。

③ 编组按钮（2-tbrButtonGroup）

选择编组的所有按钮中，当一个按钮处于按下状态时，其他按钮处于弹起状态。当一组按钮功能相互排斥时，可考虑使用编组按钮。

④ 分隔按钮（3-tbrSeparator）

分隔按钮是宽度为 8 个像素点的按钮，只能作为两个按钮之间的分隔符使用，没有任何实际执行命令的功能。

⑤ 占位按钮（4-tbrPlaceholder）

占位按钮仅在工具栏中占用一定空间，以便显示其他控件。本身不具备命令执行功能。

⑥ 菜单按钮（5-tbrButtonDrop）

菜单按钮是带下拉菜单的按钮，这类按钮由一个普通按钮与一个下拉按钮构成，当单击下拉按钮时会出现下拉菜单。

（6）工具提示文本

工具提示文本用于设置工具栏按钮的飞行提示内容。当通用选项卡中的"显示提示"复选框有效时，将鼠标移到工具栏按钮上会显示飞行提示内容。

（7）图像（Image）

图像用于设置按钮显示的图像，当 ToolBar 控件与 ImageList 控件相关联后，在图像栏中输入 ImageList 控件中图像的索引号。

3. ToolBar 控件中添加按钮

单击"插入按钮"后，"索引"框中出现数字 1，依次输入按钮标题（如"剪切"）、关键字（如 Cut）、图像（如 1）等项内容后，再单击"插入按钮"继续录入其他按钮，如"复制"与"粘贴"，单击"确定"按钮结束添加按钮的操作。

4. ToolBar 控件常用事件

TollBar 控件常用事件为单击工具栏事件 ButtonClick()。工具栏由多个按钮组成，共用一个 ButtonClick()事件过程，在事件过程中使用按钮的关键字 Key 为识别条件编写多路分支程序，执行按钮对应的事件处理程序。

【例 7-7】　制作如图 7-15 所示窗口。

图 7-15　工具栏应用实例

代码如下：

```
Private Sub Toolbar1_ButtonClick(ByVal Button As MSComctlLib.Button)
Select Case Button.Index
    Case 1 Clipboard.SetText TxtShow1.SelText    ' 复制选中的内容
    Case 2 TxtShow1.SelText = Clipboard.GetText  ' 将选中内容复制到文本框中
    Case 3 TxtShow1.Text = ""    ' 清空文本框中的内容
   End Select
End Sub
```

7.5 状态栏（StatusBar）控件

状态栏是 Windows 风格程序界面的组成部分，用于 Windows 窗体下方状态信息的显示，如当前光标位置、日期、时间等状态信息。Visual Basic 中的状态栏是用状态栏控件 StatusBar 设计的，下面介绍 StatusBar 控件的概况、属性与应用举例。

7.5.1 StatusBar 控件概述

（1）StatusBar 控件作用

用于设计窗体状态栏。状态栏由一组连续的窗格（最多 16 个）对象组合而成，用于显示应用程序当前的工作状态。其位置通常在应用程序窗体的底部。

（2）添加到工具箱

使用与 ImageList 控件同样的方法将 StatusBar 控件添加到工具箱中。

（3）添加到窗体

在工具箱中双击 StatusBar 控件，则该控件被自动放置到窗体下方。

7.5.2 StatusBar 控件的属性

用鼠标右键单击 StatusBar 控件，在弹出菜单中选择属性，则屏幕显示属性页如图 7-16 所示。

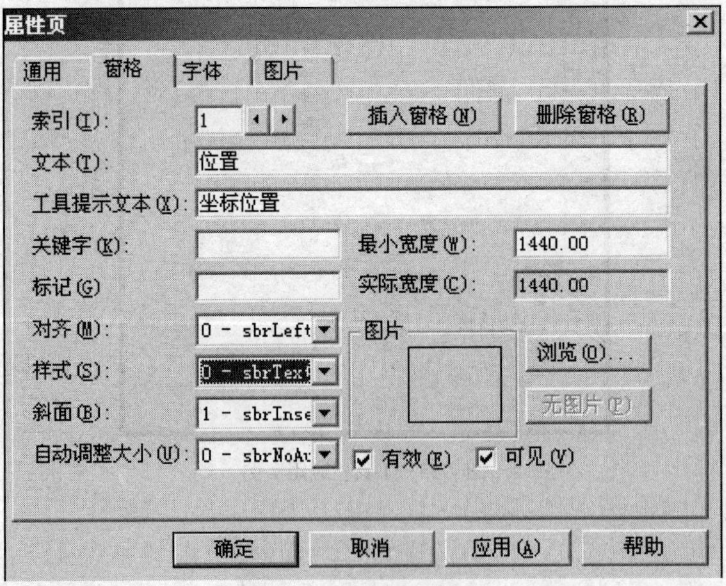

图 7-16 状态栏的属性页

状态栏的属性页由通用、窗格、字体、图片 4 个选项卡组成。状态栏的属性主要集中在"窗格"选项卡（Panel）中，StatusBar 控件第 i 个窗格属性可用 Panels (i)表示，Panels (i)下还有若干子属性，如 Text、Key、MinWidth、Alignment、Style、Bevel，这些子属性在程序代码中的表达方法为：StatusBar.Panels(i).Text，…，StatusBar.Panels(i).Bevel。下面分别讲述这些子属性。

（1）索引（Index）

索引属性用于表示窗格的唯一序号，其值是用户新建窗格时由系统自动设置的。用户可通过索引右边的"←"、"→"按钮选择不同索引对应的窗格。

（2）文本（Text）

文本用于设置窗格要显示的内容。

（3）工具提示文本

工具提示文本用于设置状态栏窗格的飞行提示内容。当通用选项卡中的"显示提示"复选框有效时，将鼠标移到状态栏窗格上会显示飞行提示内容。

（4）关键字（Key）

关键字用于唯一标识窗格。

（5）最小宽度（MinWidth）

最小宽度是指当前窗格的最小宽度，用户可根据实际情况设置最小宽度值，调整各窗格的宽度。

（6）对齐（Alignment）

参数 0-sbrLeft、1-sbrCenter、2-sbrRight 分别表示窗格中的文本左对齐、居中、右对齐。

（7）样式（Style）

"样式"（Style）属性值决定了状态栏窗格的显示方式，共有 7 种显示方式，如表 7-5 所示。可显示相关按键的状态、系统日期与系统时间，也可显示用户自定义信息。

表 7-5　　　　　　　　　　　窗格样式 Style 的取值与含义

样　式　取　值	样　式　含　义
0-sbrText	显示文本与位图
1-sbrCaps	显示大小写状态
2-sbrNum	显示 NumberLock 状态
3-sbrIns	显示 Insert 状态
4-sbrScrl	显示 Scroll 键状态
5-sbrTime	按系统格式显示时间
6-sbrDate	按系统格式显示日期

（8）斜面（Bevel）

参数 0-sbrNoBevel、1-sbrInset、2-sbrRaised 分别表示窗格无凹凸、凹下、凸起 3 种状态。

7.5.3　StatusBar 控件中添加窗格

在属性页的窗格选项卡中，用"插入窗格"按钮可向状态栏中添加窗格，用户需设置每个新窗格的子属性。当窗格不要时可用"删除窗格"按钮删除窗格。

【例 7-8】　具有工具栏与状态栏的文本编辑器，其工作界面如图 7-17 所示。设计要求如下。

工程中添加状态栏控件 StatusBar，状态栏共有 4 个窗格，分别显示当前光标的坐标位置（x、y）、文本编辑器的状态（编辑或只读）、插入状态、日期与时间。程序设计步骤如下。

（1）新建文件目录与保存工程文件。

（2）窗体中添加状态栏。

双击工具箱中的 StatusBar 控件，将状态栏控件 StatusBar 放置在窗体下方。

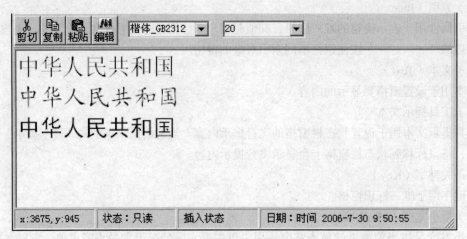

图 7-17　工具栏与状态栏设计示例

（3）设置状态栏属性。

用鼠标右击状态栏，打开状态栏的属性页。在"窗格"选项卡中添加 4 个窗格，其"文本"属性分别为 x:0,y:0、状态、编辑、插入状态；日期：时间；分别设置"最小宽度"属性为 1400、1400、1400、3000；样式属性分别为 0-sbrText、0-sbrText、3-sbrIns 、0-sbrText。

（4）窗体上添加时间控件 Timer。

在工具箱中双击 Timer 控件，可将 Timer 控件放置在窗体中。设置其 Interval 属性为 1000，即每隔 1000ms＝1s 触发一次 Timer 控件的 Timer 过程，该过程代码如下。

```
Private Sub Timer1_Timer()
    StatusBar1.Panels(4).Text = "日期: 时间 " & Now
End Sub
```

在过程中将系统日期 Now 赋给 StatusBar 的第 4 个窗格，即每隔 1s 刷新一次日期与时间显示内容。

（5）工具栏中添加 Edit 按钮。

在工具栏中添加一个 Edit 按钮，用于控制 RichTextBox 控件的编辑状态。当 Edit 按钮处于按下状态时，RichTextBox 允许编辑，同时状态栏中显示"状态：编辑"，当 Edit 按钮处于弹出状态时，RichTextBox 禁止编辑，同时状态栏中显示"状态：只读"。设置按钮的属性为：关键字为 Edit，样式属性为 1-tbrCheck，值属性为 tbrpressed。修改 Toolbar1_ButtonClick 事件过程如下。

```
Private Sub Toolbar1_ButtonClick(ByVal Button As MSComctlLib.Button)
    Select Case Button.Key
        Case "Copy"
        Call Copy_Click
        Case "Cut"
        Call Cut_Click
        Case "Paste"
        Call Paste_Click
        Case "Edit"
            If Button.Value = tbrPressed Then   ' 当 Edit 处理按下状态时,
                RichTextBox1.Locked = False    ' 允许 RichTextBox1 编辑文本
                StatusBar1.Panels(2).Text = "状态: 编辑"
```

```
            ' 在状态栏第 2 个窗口显示状态：编辑
        Else
            RichTextBox1.Locked = True        ' 否则，禁止 RichTextBox1 编辑文本
            StatusBar1.Panels(2).Text = "状态：只读"
            ' 在状态栏第 2 个窗口显示状态：只读
        End If
    End Select
End Sub
```

在上述过程中，当条件"Button.Value =tbrPressed"成立时，即工具栏中的"编辑"按钮是处于"按下"状态时，通过给 RichTextBox1 控件的 Locked 属性赋 False 值，使文本编辑器处理编辑状态，同时在状态栏的第 2 个窗格中显示"状态：编辑"；否则"编辑"按钮是处于"弹出"状态，通过给 RichTextBox1 控件的 Locked 属性赋 true 值，使文本编辑器处于只读状态，同时在状态栏的第 2 个窗格中显示"状态：只读"。

（6）显示当前光标位置（x，y）。

可利用 RichTextBox 控件的鼠标移动事件过程 MouseMove 中的形参（x，y），即光标的 *x*，*y* 坐标，来显示当前光标的坐标位置。

```
Private Sub RichTextBox1_MouseMove (Button As Integer, Shift As Integer, x As Single,
y As Single)
    StatusBar1.Panels(1).Text = "x:" & x & ",y:" & y
    ' 将光标(x, y)赋给状态栏的第 1 个窗格
End Sub
```

（7）显示系统时间。

在 Form_Load 事件中添加代码：

```
StatusBar1.Panels(4).Text = "日期: 时间 " & Now
Toolbar1.Buttons(4).Value = tbrPressed'使工具栏中编辑按钮处于按下状态。
```

7.6　进度条（ProgressBar）控件

7.6.1　进程条控件的概述

（1）作用：显示程序执行与运算的进程。

（2）添加到工具箱方法：

菜单命令：工程|部件，选择 Microsoft Windows Common Control 6.0 （SP6.0）

7.6.2　进程条控件 ProgressBar 的属性

用鼠标右键单击 ProgressBar 控件，在弹出式菜单中选择属性，进入属性设置对话框，如图 7-18 所示。ProgressBar 控件的属性设置对话框由通用、图片两个选项卡组成。现介绍通用选项卡中的属性设置。

（1）最大（Max）：Value 属性所能取的最大进度值。

（2）最小（Min）：Value 属性所能取的最小进度值。

（3）鼠标指针（MousePointer）：用于选择鼠标的形状。

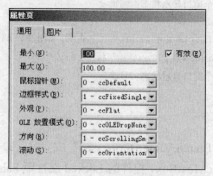

图 7-18　进程条控件 ProgressBar 属性设置

（4）边框样式（BorderStyle）：0-None 表示无边框线，1-ccFixedSingle 表示单边框线。

（5）外观（Appearance）：0-ccFlat 表示平面效果，1-cc3D 表示立体效果。

（6）方向（Orientation）：选择进程条控件的方向，选择参数与对应方向如下。

0-ccOrientationHorizontal：选择进程条控件取水平方向。

1-ccOrientationVertical：选择进程条控件取垂直方向。

（7）滚动（Scrolling）：选择进程条滚动的方式，选择参数与对应滚动方式如下。

0-ccScrollingStardard：标准方式。

1-ccScrollingSmooth：平滑方式。

（8）Value：当前进度值。

说明

上述属性也可通过 VB 开发环境中的属性窗口设置。

【例 7-9】　设计如图 7-19 所示窗口模拟文件粘贴进度。

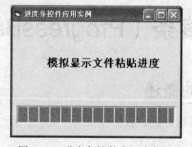

图 7-19　进度条控件应用实例图

```
Private Sub Form_Load() '窗体加载时设置控件
    ' 设置 ProgressBar1 参数
    ProgressBar1.Min = 0
    ProgressBar1.Max = 100
    ProgressBar1.Value = 10
    ' 设置 Timer1 时间间隔
    Timer1.Interval = 50
End Sub
Private Sub Timer1_Timer()
    ' 模拟显示文件粘贴进度
```

```
    If ProgressBar1.Value = 100 Then
        End
    Else
        ProgressBar1.Value = ProgressBar1.Value + 1
    End If
End Sub
```

7.7　树视图（TreeView）控件

7.7.1　TreeView 控件概述

TreeView 控件用于显示各个对象的树形结构视图，每个对象由一个标签和任选位图组成。这些对象一般称为 Node 对象。TreeView 控件用来显示信息的分级视图，如同 Windows 操作系统中显示的文件和目录。TreeView 控件中的各项信息都有一个与之相关联的 Node 对象。利用 TreeView 控件能设计出像 Windows 操作系统中一样的树形目录。

7.7.2　TreeView 控件的属性

（1）"属性页"对话框

用鼠标右键单击 TreeView 控件，在弹出式菜单中选择属性，进入"属性页"设置对话框，该对话框分为通用、字体、图片 3 个选项卡，如图 7-20 所示。

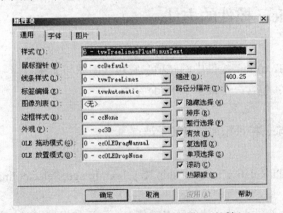

图 7-20　TreeView "属性页"设置对话框

① 样式（Style）：返回或设置在 Node 结点之间显示的线样式，如表 7-6 所示。

表 7-6　　　　　　　　　　　　　　　　TreeView 控件的显示样式

序　　号	常　　数	含　　义
0	tvwTextOnly	仅显示根结点的文本，不显示树形线及子结点
1	tvwPictureText	仅显示根结点的文本与位图，不显示树形线及子结点
2	tvwPlusMinusText	仅显示根结点带 "+"、"−" 的文本，不显示树形线及子结点
3	tvwPlusPictureText	仅显示根结点带 "+"、"−" 的文本与位图，不显示树形线及子结点

续表

序　号	常　数	含　义
4	tvwTreeLinesText	显示树形及根结点文本
5	tvwTreeLinesPictureText	显示树形及根结点文本与位图
6	tvwTreeLinesPlusPictureText	显示树形线、"+"、"−"及父子结点文本
7	tvwTreeLinesPlusMinusPictureText	显示树形线、"+"、"−"及父子结点文本与位图

② 鼠标指针（MousePoint）：可选择不同鼠标样式。

③ 线条样式（LineStyle）：0-tvwTreeLine 无根结点的树形结构，1-tvwRootLines 有根结点的树形结构。

④ 标签编辑（LabelEdit）：0-tvwAutomatic 自动，1-tvwManual 手工。

⑤ 图像列表（ImageList）：结点图标所用 ImageList 控件。

⑥ 边框样式（BorderStyle）：0-ccNone 无边框，1-ccFixedSingle 单边框。

⑦ 外观（Appearance）：0-ccFlat 平面效果，1-cc3D 3D 效果。

⑧ 缩进：父子结点的水平间距。

（2）其他属性

① SelectedItem.Text 属性：用于返回或设置当前 Node 结点的内容。

② CheckBoxes 属性：该属性只能取逻辑值，若取 True 值，则每个 Node 结点前出现一个复选框，否则不出现复选框。

7.7.3　TreeView 控件的方法

（1）Node 结点

① Node 结点：是 TreeView 控件中的一项，它包含图像与文本。

② Nodes 结点集合：包含一个或多个 Node 结点。

（2）Add 方法

① 作用：为 TreeView 控件添加结点和子结点。

② 定义格式

TreeView1.nodes.Add(Relative,Relationship,Key,Text, Image, SelectedImage)

其中：

Relative 参数：添加新结点时，其父结点键值 Key。添加根结点时，此项为空。

Relationship 参数：新结点的相对位置。

tvwlast—1：新结点位于同级别所有结点之后；

tvwNext—2：新结点位于当前结点之后；

tvwPrevious—3：新结点位于当前结点之前；

tvwChild—4：新结点成为当前结点的子结点。

Key：Node 结点关键字（唯一标识符），用于检索 Node 结点。同时也作为其新建子结点的 Relative 值，即新建子结点的 Relative = 父结点 Key。

Text：Node 结点文本。

Image：Node 结点位图，是关联 ImageList 控件中位图的索引。

在这些参数中，只有 Text 参数是必需的，其他参数都是可选的。

例如，在 TreeView1 控件的根结点上添加"计算机系"结点的程序段如下：

```
Dim Nod As Node
Key= "计算机系"
Text= "计算机系"
Set Nod = TreeView1.Nodes.Add(, tvwChild, Key, Text)
```

而在计算机系结点下添加"计算机 30331"班子结点的程序段如下：

```
Key1= "计算机 30331 "
Text1= "计算机 30331 "
Set Nod = TreeView1.Nodes.Add(Key, tvwChild, Key1,
Text1)
```

上述程序段运行后，屏幕显示如图 7-21 所示。

（3）Clear 方法：用于删除 TreeView 控件的所有 Node
结点。

图 7-21 在 TreeView 添加计算机系
与计算机 30031 班

（4）Remove 方法：用于移动 TreeView 控件的结点位置。

【例 7-10】 使用 TreeView 控件设计如图 7-22 所示窗口。

```
Private Sub Form_Load()
    '初始化控件的内容
    Call InitTreeData
    TreeView1.Nodes(1).Selected = True
'根结点为当前结点
    TreeView1.Nodes(1).EnsureVisible    '根结点可见
End Sub
'初始化控件的内容
Private Sub InitTreeData()
    Dim i As Integer '定义变量
    '增加节点
```

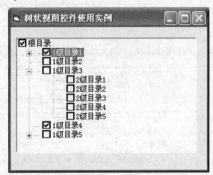

图 7-22 树状视图控件实例图

```
TreeView1.Nodes.Add , , "根目录", "根目录"         '添加根目录
For i = 1 To 5       '添加 1 级目录
    TreeView1.Nodes.Add "根目录", tvwChild, "1 级目录" & CStr(i), "1 级目录" & CStr(i)
Next i
For i = 1 To 5       ' 1 级目录 1 中添加 2 级目录
    TreeView1.Nodes.Add "1 级目录 1", tvwChild, "2 级目录 1" & CStr(i), "2 级目录" & CStr(i)
Next i
For i = 1 To 5       ' 1 级目录 3 中添加 2 级目录
    TreeView1.Nodes.Add "1 级目录 3", tvwChild, "2 级目录 2" & CStr(i), "2 级目录" & CStr(i)
Next i
For i = 1 To 5       ' 1 级目录 5 中添加 2 级目录
    TreeView1.Nodes.Add "1 级目录 5", tvwChild, "2 级目录 3" & CStr(i), "2 级目录" & CStr(i)
Next i
For i = 1 To 5       ' 2 级目录 11 中添加 3 级目录
    TreeView1.Nodes.Add "2 级目录 11", tvwChild, "3 级目录" & CStr(i), "3 级目录" & CStr(i)
Next i
'将结点展开
TreeView1.Nodes(1).Expanded = True
```

```
      End Sub
    ' 选取结点
    Private Sub TreeView1_NodeCheck(ByVal Node As MSComctlLib.Node)
      gCheckChildrenBySelf TreeView1, Node.Index, Node.Checked
      gCheckParentBySibling TreeView1, Node.Index
    End Sub
    ' 根据自身选取情况, 确定全选或取消其下所有子项
    Private Sub gCheckChildrenBySelf(TreeView1 As TreeView, ByVal curIndex As Integer,
ByVal bCh As Integer)
      Dim n As Integer
      If TreeView1.Nodes(curIndex).Children <= 0 Then
        Exit Sub
      Else
        n = TreeView1.Nodes(curIndex).Child.Index
        Do While n <> TreeView1.Nodes(curIndex).Child.LastSibling.Index
          TreeView1.Nodes(n).Checked = bCh
          gCheckChildrenBySelf TreeView1, n, bCh
          n = TreeView1.Nodes(n).Next.Index
        Loop
        TreeView1.Nodes(n).Checked = bCh
        gCheckChildrenBySelf TreeView1, n, bCh
      End If
    End Sub
    ' 根据同层、同父结点的选取情况, 确定是否选取其父结点 (乃至更上层), 直至根结点
    Private Sub gCheckParentBySibling(TreeView1 As TreeView, ByVal curIndex As Integer)
      Dim n As Integer
      Dim bHaveChecked As Boolean
      If TreeView1.Nodes(curIndex).FirstSibling.Index = 1 Then
        Exit Sub
      Else
        bHaveChecked = False
        n = TreeView1.Nodes(curIndex).FirstSibling.Index
        Do While n <> TreeView1.Nodes(curIndex).LastSibling.Index
        If TreeView1.Nodes(n).Checked = True Then
          bHaveChecked = True
          Exit Do
        End If
        If TreeView1.Nodes(n).Checked = True Then
          bHaveChecked = True
        End If
        n = TreeView1.Nodes(n).Next.Index
      Loop
        If TreeView1.Nodes(n).Checked = True Then
          bHaveChecked = True
        End If
        If bHaveChecked = True Then
          TreeView1.Nodes(curIndex).Parent.Checked = vbChecked
        Else
          TreeView1.Nodes(curIndex).Parent.Checked = vbUnchecked
        End If
        gCheckParentBySibling TreeView1, TreeView1.Nodes(curIndex).Parent.Index
      End If
    End Sub
```

7.8　列表视图（ListView）控件

ListView 控件用于显示项目的列表视图。可以利用该控件的相关属性来安排行列、列头、标题、图标和文本。ListView 控件可以使用 4 种不同视图显示项目。通过此控件，可将项目组成有或没有列标头的列，并显示伴随的图标和文件。ListView 控件能够用来制作像 Windows 中的列表视图，如图 7-23 所示。

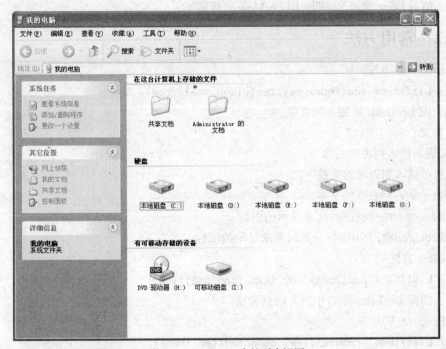

图 7-23　Windows 中的列表视图

ListView 控件可有 4 种不同的视图显示方法，跟"资源管理器"里的"查看"方式相似，分别为无图标、小图标、列表和报表式。

使用哪种视图，可由该控件的 View 属性设置控制。其中"报表"视图适合用来显示记录数据。ListView 控件包括 ListItem 属性和 ColumnHeader 属性。

7.8.1　常用属性

（1）View 属性设置或返回控件的视图类型值。

1-LvwIcon：图标类型。

2-LvwSmallIcon：小图标类型。

3-LvwList：列表类型。

4-LvwReport：报表类型。

（2）Arrange 属性设置后返回控件的图标排列方式（图标视图下有效）。

1-LvwNone：不排列。

2-LvwAutoLeft：自动靠右排列。

3-LvwAutoTop：自动靠左排列。

（3）Icons 属性指定图标视图时的图标与 ImageList 的绑定。

（4）SmallIcons、ColumnHeaderIcons 属性指定列表视图时的图标与 ImageList 的绑定。

（5）Picture、PictureAlignment 属性分别指定 ListView 控件的背景图片和布局方式。

（6）ListItems（Index）属性是 ListView 控件中列表项的集合。Index 用于指定列表项集合中的一个对象，可以把这个对象看作对一行的引用。

（7）ColumnHeaders（index）属性是 ListView 控件中列标头的集合。

（8）TextBackgroud 属性决定 text 的背景是透明还是 ListView 的背景色，值为 0-lvwTransparent 表示透明，值为 1-lvw 表示不透明（用 ListView 的背景）。

7.8.2　常用方法

（1）ListItems 方法

格式：`ListItems.add(index,key,text,icon,smallicon)`

功能：向 ListItems 添加一列表项。

参数含义：

Index 表示插入列表项的编号。

Key 表示插入列表项的关键字。

Text 表示插入列表项的文本。

Icon 表示当为图标视图时要求显示的图标。

Smallicon 表示当为小图标视图时要求显示的图标。

（2）Clear 方法

格式：`ListItems.add(index,key,text,icon,smallicon)`

功能：清除 ListItems 集合中所有的列表项。

（3）Remove 方法

格式：`ListItems.remove(view1.selectedItem.index)`

功能：清除选定行。

（4）FindItem 方法

格式：`object.FindItem(string,value,index,match)`

功能：搜索 ListItem 对象。

参数含义：

string：搜索字符串。

value：在 ListItem 的哪部分中搜索（LvwText、LvwSubItem、LvwTag）。

index：开始搜索的位置。

match：匹配方式。

【例 7-11】　使用 ListView 控件制作如图 7-24 所示窗口。

代码如下：

```
Private Sub Form_load()
    ' 确保 ListView 控件的 view 属性为报表视图。
    ListView1.View = lvwReport
```

图 7-24　listview 控件实例图

```vb
' 添加三列
ListView1.ColumnHeaders.Add , "Name", "姓名"
ListView1.ColumnHeaders.Add , "Sex", "性别"
ListView1.ColumnHeaders.Add , "Age", "年龄"
Dim itmX As ListItem '向控件添加 ListItem 对象
' 添加 column1 的名称。
Set itmX = ListView1.ListItems.Add(1, "ZL", "张力")
' 使用 SubItemIndex 将 SubItem 与正确的 ColumnHeader 关联。使用关键字("Sex")指定正确的
ColumnHeader。
itmX.SubItems(ListView1.ColumnHeaders("Sex").SubItemIndex) = "男"
'使用 ColumnHeader 关键字将 SubItems 字符串与
'正确的 ColumnHeader 关联
itmX.SubItems(ListView1.ColumnHeaders("Age").SubItemIndex) = "19"
Set itmX = ListView1.ListItems.Add(1, "LF", "李芳")
itmX.SubItems(ListView1.ColumnHeaders("Sex").SubItemIndex) = "女"
itmX.SubItems(ListView1.ColumnHeaders("Age").SubItemIndex) = "22"
Set itmX = ListView1.ListItems.Add(1, "WW", "王伟")
itmX.SubItems(ListView1.ColumnHeaders("Sex").SubItemIndex) = "男"
itmX.SubItems(ListView1.ColumnHeaders("Age").SubItemIndex) = "24"
End Sub
Private Sub ListView1_ColumnClick(ByVal ColumnHeader As MSComctlLib.ColumnHeader)
    Select Case ColumnHeader.Key
        Case "Sex": ListView1.SortKey = 1
        ListView1.SortOrder = lvwAscending
        ListView1.Sorted = True
        Case "Age": ListView1.SortKey = 2
        ListView1.SortOrder = lvwAscending
        ListView1.Sorted = True
    End Select
End Sub
```

7.9　选项卡（TabStrip）控件

该控件用于制作选项卡式对话框，能够将程序中的窗口或对话框的同一区域定义为多页（即分开到多个选项卡中去）。但使用起来比 Tabbed Dialog 更麻烦一点，由于它的每个选项卡不是 1 个容器，运行中单击时不能自动变换每张选项卡中的控件，因此代码较多。基本方法是有多少个选项卡，就另添加多少个容器控件，给每个选项卡指定 1 个容器，然后将要在该页选项卡上显示的控件组绘制到容器中，在 TabStrip1_Click()事件中检测单击了哪个选项卡，Select Case TabStrip1.SelectedItem.Key（或 index 等），然后显示重叠在一起的容器组中的对应容器，用 Zorder 方法，例如：

```vb
Private Sub TabStrip1_Click()
    Select Case TabStrip1.SelectedItem.Key
        Case "lxm"
        Picture1(1).Zorder 0
        Case "lxn"
```

```
      Picture1(0).Zorder 0
   End Select
End Sub
```

如果容器是数组，也可用简便方法：

```
Private Sub TabStrip1_Click()
   Picture1(TabStrip1.SelectedItem.Index - 1) . Zorder 0
End Sub
```

Tabs 选项卡集合：包含控件中的全部选项卡。每个选项卡是 1 个 Tab 对象。

将 Imagelist 控件与 TabStrip 控件关联：在属性页"通用"卡"图像列表"框中选中 Imagelist 控件即可，或在代码中将其 imagelist 属性设为 1 个 ImageList 控件名。

添加选项卡：属性页的"选项卡"页中，单击"插入选项卡"按纽，输入标题和关键字，以及 1 个 ImageList 控件中的某图像索引或关键字来引用图片，在代码中用 Add 方法，格式：TabStrip1.Tabs.Add 索引、关健字、标题、图片。

给每个选项卡内部创建不同的显示控件：把要放入特定选项卡的控件组，都放到 1 个容器控件中，如 Picture 或 Frame 控件。需要为每个 Tab 对象创建一个容器。可通过复制并粘贴同一个容器控件，来创建一组容器；在每个容器控件上，绘制应出现在选项卡中的控件。绘制完后，要将容器放置到 TabStrip 控件中的客户区：也可以在代码中使用 Move 方法，移到 TabStrip 的 ClientLeft、ClientTop、ClientWidth 和 ClientHeight 属性标明的区域，如下所示：

```
Private Sub Form_Load()
   For i = 0 To Frame1.Count - 1
     Frame1(i) . Move TabStrip1.ClientLeft, TabStrip1.ClientTop, _
     TabStrip1.ClientWidth, TabStrip1.ClientHeight
   Next i
End Sub
```

Style 属性：设置控件外观。为 0 表示使用选项卡（即有客户区），为 1 或 2 表示使用无客户区的按钮式。MultiRow 属性：选项卡过多时，是否多行显示。

【例 7-12】 设计如图 7-25 所示选项卡窗口。

```
Private Sub Form_Load()        ' 初始化 TabStrip 控件的位置和大小
   Dim i As Integer
   ' 使 TabStrip 控件大小随着窗体变化
   TabStrip1.Top = 0
   TabStrip1.Left = 0
   TabStrip1.Width = Me.ScaleWidth
   TabStrip1.Height = Me.ScaleHeight
   ' 设置 Frame 的位置和大小
   For i = 0 To 2
     Frame1(i).Top = TabStrip1.ClientTop
     Frame1(i).Left = TabStrip1.ClientLeft
     Frame1(i).Width = TabStrip1.ClientWidth
     Frame1(i).Height = TabStrip1.ClientHeight
   Next i
   ' 将通用属性页放在最顶层
   Frame1(0).ZOrder 0
End Sub
' 选择不同的 Tab 时，显示不同的属性页
```

图 7-25 选项卡控件实例图

```
Private Sub TabStrip1_Click()
    Dim i As Integer
    i = TabStrip1.SelectedItem.Index - 1
    Frame1(i).ZOrder 0
End Sub
```

7.10　图像组合（ImageCombo）控件

ImageCombo 控件是标准 Windows 组合框的允许绘图版本，控件列表部分中的每一项都可以有一幅指定的图片。也就是说，该控件可以显示一个包含图片的项目列表，每一项可以有自己的图片，也可以对多个列表项使用相同的图片。除了支持图片之外，ImageCombo 还提供了一个对象和基于集合的列表控件。控件列表部分的每一项是一个不同的 ComboItem 对象，而且列表中的所有项组合起来构成 ComboItems 集合，这就使它容易一项一项地指定诸如标记文本、ToolTip 文本、关键字值以及缩进等级等属性。

ImageCombo 控件包括一个 ComboItem 对象的集合，一个 ComboItem 对象定义了出现在控件列表部分中的项目的各种特性。

除了用列表项目来显示图片外，ImageCombo 控件还使用集合和对象管理控件的列表部分。这使它很容易使用相似的对象和集合概念来对列表中的输入项进行操作，例如 Add、Remove 和 Clear 方法，以及 For Each 和 With... End With 结构。

ImageCombo 控件类似于标准的 Windows 组合框控件，但同时有一些重要的区别。最明显的区别就是在组合框的列表部分可以为每一项加入图片，通过使用图像，用户可以更容易地在可能的选择中标识并选中选项。

如前所述，另一个不很明显但同样重要的区别是 ImageCombo 管理控件列表部分的方式。列表中的每一项是一个 ComboItem 对象，而列表本身则是这些对象的 ComboItems 集合。这样，列表的管理就变得简单化了，使单独或一起访问各项目变得更加简单，分配或更改那些决定项目内容和形式的属性也很方便。这种结构同时还使处理列表项所带的图片更加方便。

由于列表中的各个项目是集合中的对象，标准组合框控件中的某些属性就不再需要了（例如 List、ListIndex 和 ItemData）。因此，ImageCombo 控件中就不再提供这些属性了。

ImageCombo 列表中的每一项可以有 3 个与之相关联的图片。第一个图片，由 Image 属性指定，出现在控件下拉部分中，列表项文字的旁边。当在列表中选定 SelImage 属性时，则 SelImag 属性指定列表项的图片，SelImage 图片出现在组合框编辑部分的旁边，和在列表部分中一样。OverlayImage 属性提供了在主图片上叠放其他图片的方式，例如表示有特殊兴趣的复选标记，或者表示该项无效的 X。

要管理用于列表项的这些图片，ImageCombo 使用了 ImageList 公用控件。通过索引或引用存储在 ImageList 控件中图片的关键值将图片分配给 ImageCombo 中的项。

ImageCombo 控件也支持多级缩进。缩进的数目是单个列表项的属性，所以即使列表被重新排序，列表项仍然保持它们的缩进层次。显示有不同的缩进层次可以突出列表的某些部分或显示层次结构关系。

如果要向 ImageCombo 控件中添加新的项目，需要使用 Add 方法在其 ComboItems 集合中创建一个新的 ComboItem 对象。可以为 Add 方法提供可选的参数来指定新项目的各种属性，其中包括 Index 和 Key 值，使用的任何图片以及将要具有的缩进层次。Add 方法返回对新创建的 ComboItem 对象的引用。

【例 7-13】 制作一个带图像的列表。

在一个用户窗体上放置一个 ImageCombo 控件、ImageList 控件和一个命令按钮控件，向 ImageList 控件添加图片，然后书写 Command1_Click 代码，如下：

```
Private Sub Command1_Click()
    Dim objNewItem As ComboItem
    ImageCombo1.ComboItems.Clear '删除图像复合框控件中的项目
    ImageCombo1.ImageList = ImageList1 '将两个控件关联
    '添加项目
    Set objNewItem = ImageCombo1.ComboItems.Add(Key: = "Sign1", Text: = "Mouse",
Image: = "cat")
    Set objNewItem = ImageCombo1.ComboItems.Add(Key: = "Sign11", Text: = "Mortuse",
Image: = "cat1")
    Set objNewItem = ImageCombo1.ComboItems.Add(Key: = "Sign111", Text: = "Mourtse",
Image: = "cat2")
End Sub
```

运行，单击"添加项目"按钮，结果如图 7-26 所示。

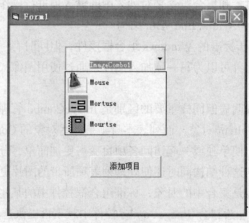

图 7-26　添加项目后的结果

7.11　滑块（Slider）控件

Slider 控件由刻度和"滑块"共同构成。其中标尺由 Min 和 Max 属性定义。"滑块"可由最终用户通过鼠标或箭头键控制。在运行时，可动态设置 Min 和 Max 属性以反映新的取值范围。Value 属性返回滑块的当前位置。通过使用 MouseDown 和 MouseUp 等事件，Slider 控件可被用于以图形方式从一定的取值范围内选取一个值。

Slider 控件由图 7-27 所示的两部分组成：滑块和刻度。

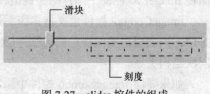

图 7-27　slider 控件的组成

该控件的外观由 TickStyle 属性决定。简言之，刻度可以出现在控件的底部（缺省样式），出现在顶部，同时出现在顶部和底部，或者不出现。除了刻度的位置，还可通过编程设置 TickFrequency 属性，来决定在控件中出现多少个刻度。该属性与 Min 和 Max 属性共同决定在控件中出现刻度的数目。例如，如果 Min 属性被设置为 0，Max 被设置为 100，同时 TickFrequency 被设置为 5，则每递增 5 就会出现一个刻度，总共会有 21 个刻度。如果在运行时重新设置了 Min 和 Max 属性，那么刻度的数量可以用 GetNumTicks 方法确定，该方法返回控件中的刻度数目。Min 和 Max 属性决定了 Slider 控件的上下界，在设计时和运行时均可设置它们的值。在设计时，用鼠标右键单击该控件，并单击"属性"按钮，即可显示出如图 7-28 所示的"属性页"对话框。

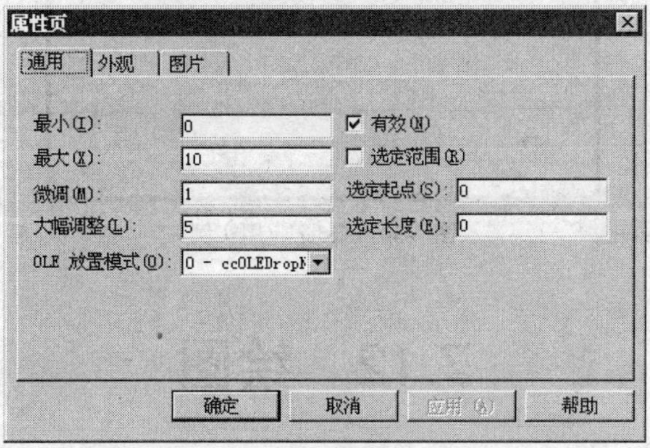

图 7-28　slider 控件的属性页

在运行时，可以重新设置"最小"和"最大"值以适应不同的取值范围。

SmallChange 和 LargeChange 属性决定了用户单击 Slider 控件时产生的递增或递减量。SmallChange 属性指定按下左右箭头键时滑块移动多少个刻度。LargeChange 属性指定单击控件或按 PAGEUP 键或 PAGEDOWN 键时移动多少个刻度。如果将 SelectRange 属性设置为 True，则 Slider 控件外观变为如图 7-29 所示。

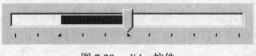

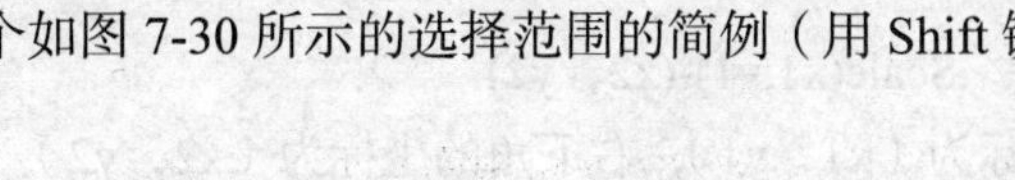

图 7-29　slider 控件

要设定值的范围，必须使用 SelStart 和 SelLength 属性。关于这方面的详细示例，请参阅本章的"Slider"应用实例。清除 slider 控件的当前选择使用 ClearSel 方法。

【例 7-14】　制作一个如图 7-30 所示的选择范围的简例（用 Shift 键同时按下进行选择）。

代码如下：

```
Private Sub Slider1_MouseDown(Button As Integer, Shift As Integer, x As Single, y As Single)
    If Shift = 1 Then
      Slider1.SelectRange = True
      Slider1.SelStart = Slider1.Value
   End If
End Sub

Private Sub Slider1_MouseUp(Button As Integer, Shift As Integer, x As Single, y As Single)
   If Shift = 1 Then
```

```
        Slider1.SelLength = Slider1.Value - Slider1.SelStart
    End If
End Sub
```

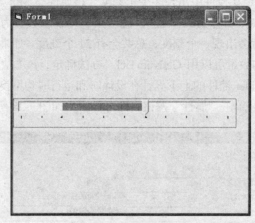

图 7-30   slider 应用实例

7.12   绘图

7.12.1   绘图基础

1. 坐标系的分类

（1）系统坐标系

也称为屏幕坐标系，其原点位于屏幕左上角像素点坐标点（0，0）处。从原点水平向右为 x 轴正方向，向下为 y 轴正方向。坐标系单位为 Twip（特维），1Twip = 1/1440 英寸。

（2）容器坐标系

① 容器对象：窗体、图片框、框架等能存放其他控件的控件。

② 容器坐标系：其原点位于容器控件左上角像素点坐标点（0，0）处。从原点水平向右为 x 轴正方向，向下为 y 轴正方向。

2. Scale 方法

利用 Scale 方法可以通过用户自己定义坐标系统的初始值，从而构建一个完全受用户自己控制的坐标系统。

语法格式：<容器对象>.Scale(x1,y1)-(x2，y2)

表示控件左上角的坐标为（x1，y1），右下角的坐标为（x2，y2），并设置系统控件的水平尺寸为（x2-x1）个单位，垂直尺寸为（y2-y1）个单位。

例如：Form1.Scale (0,0)-(1000,1000)

定义窗体左上角坐标为（0，0），右下角坐标为（1000，1000），窗体长为 1 000 个单位，宽为 1 000 个单位。窗体本身大小并不发生改变。

Form1.Scale (100,100)-(600,600)

定义窗体左上角坐标为（100，100）；右下角坐标为（600，600），当前窗体长为 500 个单位，宽为 500 个单位。窗体本身大小并不发生改变，而坐标的单位长度是先前的 2 倍。

3. 色彩函数

VB 使用固定的颜色系统，每种颜色都由一个长整数表示。在程序运行时有 4 种方式来指定颜色，这里介绍常用的 3 种方式。

（1）使用 RGB 函数

使用 RGB 函数来指定任何颜色。语法格式为：RGB（<红色值>，<绿色值>，<蓝色值>）。例如：RGB（255，255，0）表示黄色，RGB（0，0，0）表示黑色，RGB（255，255，255）表示白色。

对 3 种主要颜色（红、绿、蓝）中的每种颜色，赋 0～255 中的一个数值，0 表示亮度最低，255 表示亮度最高。每一种可视的颜色，都可由这 3 种颜色组合产生。

例如：Form1.BackColor = RGB(0, 128, 0)'设定窗体背景为绿色。

Form2.BackColor = RGB(255, 255, 0)'设定窗体背景为黄色。

（2）使用颜色常量

打开"对象浏览器"窗口，在"全局"类中列出了 VB 所有的内部常量，其中包括所有的颜色常量，颜色常量有 vbBlack、vbRed、vbGreen、vbYellow 等。这些颜色常量可以直接使用，例如，将背景色设置为绿色的语句为：Form1.BackColor = vbGreen

（3）使用颜色值

可以直接指定一个颜色值来设定颜色。其格式为：&HBBGGRR，每个数段都是两位十六进制数，即从 00 到 FF。

例如：Form1.BackColor = &HFFFFFF'设置窗体背景色为白色。

在属性窗口中为 Form1 设置 BackColor 属性时，选择一种颜色后，系统实际将此颜色的颜色值赋给了 BackColor 属性。

7.12.2　绘图方法

除了图形控件之外，VB 还提供了创建图形的一些方法。表 7-7 所示为这些图形方法，适用于窗体和图片框。

表 7-7　　　　　　　　　　　　　　　　绘图方法

方　　法	描　　述	方　　法	描　　述
Cls	清除所有图形和 Print 输出	Line	画线、矩形或者填充框
Pset	画点	Circle	画圆、椭圆或者圆弧

1. 画点方法 Pset

画点实质上是将对象的点设置为指定的颜色值。

一般格式如下：

<Object.> Pset [Step] (x,y) ,[Color]

（1）Object：容器名，省略表示在当前对象上画图。

（2）Step：指相对于 CurrentX 和 CurrentY 属性提供当前图形位置的坐标。

（3）x、y：这两个参数为必需的，分别是绘制点在容器坐标中的水平坐标值和垂直坐标值，类型为单精度浮点数。

（4）Color：用于指定绘制点的色彩。

DrawWidth 属性：画点的宽度。缺省时值为 1，将一个像素的点设置为指定的颜色。

【例 7-15】 画彩色点程序，程序界面如图 7-31 所示。在窗体内放置一个图片框控件，程序执行后向图片框中填充 90 000 个彩色点，点的位置与颜色随机生成，给人一种"天女散花"的感觉。

代码如下：

```
Private Sub Draw()
    Dim r As Integer, g As Integer, b As
Integer
    Dim x As Single, y As Single
    Dim w As Integer, h As Integer
    Randomize            '设置随机色
    r = Int(Rnd * 256)
    g = Int(Rnd * 256)
    b = Int(Rnd * 256)
    '在图片框内随机的位置上用随机的颜色画点
    w = Picture1.Width
    h = Picture1.Height
    x = Int(Rnd * w)
    y = Int(Rnd * h)
    Picture1.PSet (x, y), RGB(r, g, b)
End Sub
Private Sub Command1_Click()
    Dim i As Long
    For i = 1 To 90000    '循环调用 Draw 过程 90000
        Call Draw
    Next i
End Sub
Private Sub Command2_Click()
    End
End Sub
```

图 7-31　Pset 方法

2. 画线方法 Line

Line 方法功能比较强大，它不仅可用于绘制直线，还可以画矩形、三角形等各种形状，并且能用颜色填充它们。语法格如下：

格式：<Object.> Line [Step] (x1，y1)-[Step] (x2，y2) ,[Color]，[B][F]

x1、y1：直线或矩形的起点坐标，类型为单精度浮点数。如果缺省，线起始于由 CurrentX 和 CurrentY 指示的位置。

x2、y2：直线或矩形的终点坐标，类型为单精度浮点数，该参数为必需的，不能缺省。

Color：设置画线的颜色。

B：如果使用 B 参数，则以（x1，y1）、（x2，y2）为矩形的对角坐标画出矩形。

F：如果使用了 B 选项，则 F 选项规定矩形以矩形边框的颜色填充。不能不用 B 而只用 F。如果不用 F 只用 B，则矩形用当前的 FillColor 和 FillStyle 填充。FillStyle 的缺省值为 transparent。

【例 7-16】 单击显示按钮，设置坐标系，中心点（0，0）在图片框控件的中心，左上角坐标为（-10，10），右下角坐标为（10，-10），在指定位置画线，输出"图片框"文字，界面如图

7-32 所示。代码如下：

```
Private Sub Command1_Click ( )
    Picture1.Scale (-10, 10)-(10, -10)
    Picture1.Line (0, 0)-(10, 0)
    Picture1.Line (0, 0)-(0, 10)
    Picture1.CurrentX = 5
    Picture1.CurrentY = 5
    Picture1.Print "图片框"
End Sub
```

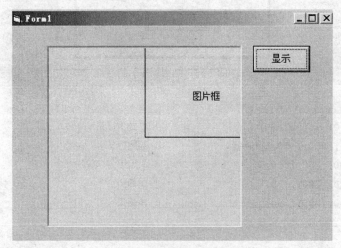

图 7-32　Line 方法

3. 画圆与椭圆方法 Circle

Circle 方法可画出圆形和椭圆形的各种形状，另外，Circle 方法还可以画出圆弧（圆的一部分）和扇形。需要给出圆的圆心位置和它的半径。语法格式如下：

<Object.> Circle [Step] (x,y),Radius ,[Color],[Start],[End],[Aspect]

x、y：x、y 分别为绘制圆的圆心或椭圆中心的水平与垂直坐标，为单精度型数。

Radius：圆半径或椭圆的长轴半径。

Color：指定图形颜色的长整型数，如果它被省略，则使用 ForeColor 属性值。

Start：画圆弧时，用于设置圆弧的起始弧度。如果为负值，则需要画出起始点到圆心的连线。

End：画圆弧时，用于设置圆弧的结束弧度。如果为负值，则需要画出终点到圆心的连线。

Aspect：画椭圆时用于指定垂直长度与水平长度的比。由于 Radius 指定的是椭圆的长轴半径，所以，当 Aspect 值小于 1 时，Radius 指的是水平方向的 X 半径，若 Radius 的值大于等于 1 时，Radius 指的是垂直方向的 Y 半径。

① 绘制圆弧时从起始角开始以逆时针旋转到终止角，若 Start 的绝对值大于 End 的绝对值，则绘制的圆弧角度大于 180°。

② Start 与 End 都是弧度值，角度转换成弧度的公式：角度*π/180

③ 若 Start 和 End 都为负数，则画出扇形；有负数表明需画出径向线。

【例 7-17】 画圆程序示例。

效果如图 7-33 所示。

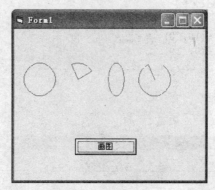

例 7-33　画圆程序示例

```
Private Sub Command1_Click()
    Scale (0, 0)-(600, 600)              ' 绘制坐标系
    Circle (80, 200), 50, vbRed          ' 画圆
    Circle (200, 200), 50, , -0.5, -2    ' 画扇形
    Circle (320, 200), 50, , , , 2       ' 画椭圆
    Circle (440, 200), 50, , -2, 1       ' 画圆弧
End Sub
```

习　　题

1. 公共对话框控件用何属性设置或返回要"打开"的文件名？用何属性设置文件过滤器？用何属性设置或返回颜色对话框中的颜色？用何属性设置或返回字体信息？

2. 公共对话框是用哪些方法打开"文件打开"、"文件保存"、"文件打印"、"字体"、"颜色"、"帮助"对话框？

3. 简述工具栏的设计步骤。

4. 如何将 Windows 公用控件工具栏、状态栏等控件添加到工具箱中？

5. 状态栏由什么组成？在状态栏的程序设计中可使用什么表示第 i 个窗格的属性？该属性还有哪些子属性？在哪设置子属性？

6. 用什么方法向 TreeView 控件添加新的结点和子结点？用什么方法删除 TreeView 控件的所有 Node 结点？用什么属性返回 Node 结点的内容？

7. 进程条控件 ProgressBar 用什么属性显示程序执行与运算的进程？

第8章
菜单及 MDI 窗体设计

　　菜单是应用程序和用户间的交互方式，分为下拉式菜单与弹出式菜单两种。下拉式菜单使用 Visual Basic 的菜单编辑器设计，而弹出式菜单则使用窗体或控件的 PopupMenu 方法设计。任何一个应用程序，都需要通过各种命令来达成某项功能，而这些命令，大多数是通过程序的菜单来实现的。

　　菜单设计有如下的原则。

　　（1）按照系统的功能来组织菜单。

　　（2）要选用广而浅的菜单树，而不是窄而深的菜单树。

　　（3）根据菜单选项的含义进行分组，并且按一定的规则排序。菜单选项的标题要力求简短、含义明确，并且最好以关键词开始。

　　（4）常用选项要设置快捷键。

8.1　下拉式菜单设计

8.1.1　下拉式菜单的组成

　　下拉式菜单的组成如图 8-1 所示。

　　（1）下拉式菜单由主菜单、主菜单项、子菜单等组成。

　　（2）子菜单可分为一级子菜单、二级子菜单等，直到五级子菜单。

　　（3）每级子菜单由菜单项、快捷键、分隔条、子菜单提示符等组成。

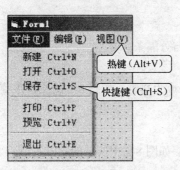
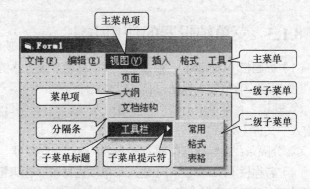

图 8-1　下拉式菜单的组成

① 菜单项：所有子菜单的基本元素就是菜单项，每个菜单项代表一条命令或子菜单标题。

② 分隔条：分隔条为一条横线，用于在子菜单中区分不同功能的菜单项组，使菜单项功能一目了然，并且方便操作。

③ 快捷键：为每个最底层的菜单项设置快捷键后，可以在不用鼠标操作菜单项的情况下，通过快捷键直接执行相应的命令。

④ 热键：热键是在鼠标失效时，为用户操作菜单项提供的按键选择，使用热键时，需与<Alt>键同时使用。

⑤ 子菜单提示符：如果某个菜单项后有子菜单，则在此菜单项的右边出现一个向右指示的小三角子菜单提示符。

8.1.2　菜单编辑器的启动

执行菜单工具 | 菜单编辑器菜单命令，即可打开菜单编辑器，如图 8-2 所示。

菜单编辑器分为上下两部分：上半部分用于设置菜单项的属性，下半部分用于显示用户设置的主菜单项与子菜单项内容。

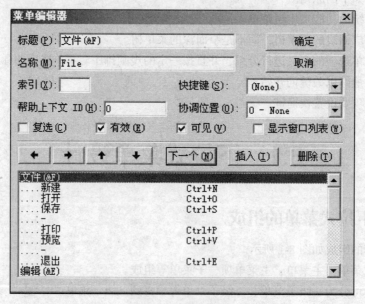

图 8-2　菜单编辑器

8.1.3　菜单编辑器的使用方法

（1）标题栏（Caption）：输入菜单项的标题、设置热键与分隔条。

① 标题：直接输入标题内容，如"文件"。

② 热键：在菜单项中某个字母前输入"&"后该字母将成为热键，如图 8-2 的文件主菜单项中输入"文件（&F）"。

③ 分隔条：在标题框中键入一个连字符"－"即可。

（2）名称栏（Name）：用于输入菜单项内部唯一标识符，如图 8-2 中所示的"File"等，程序执行时不会显示名称栏内容。

注意　分隔符也要输入名称，且不能重复命名。

（3）快捷键下拉列表框（Shortcut Key）：用于选择菜单项的快捷键，用鼠标单击列表框的下拉按钮，在列表框中可选择不同的快捷键。

（4）下一个按钮（Next）：当用户将一个菜单项的各属性设置完后，单击"下一个"按键可新建一个菜单项或进入下一个菜单项。

（5）"←"与"→"按钮：用于选择菜单项在菜单中的层次位置。

单击"→"按钮将菜单项向右移编入下一级子菜单。

单击"←"按钮将菜单项向左移编入上一级子菜单。

（6）插入按钮（Insert）：用于在选定菜单项前插入一个新的菜单项。使用时应先在图 8-2 所示菜单编辑器的下半部分选定菜单项，然后按"插入"按钮，并输入新菜单项的标题、名称等内容。

（7）删除按钮（Delete）：用于删除指定菜单项。先在菜单编辑器的下半部分选择要删除的菜单项，然后按"删除"按钮。

（8）"↑"和"↓"按钮：用于改变菜单项在主菜单与子菜单中的顺序位置。

（9）复选框（Checked）：若某菜单项的复选框被选中，则该菜单项左边加上检查标记"√"，表示该菜单项是一个被选项。

（10）有效框（Enabled）：如菜单项的有效框被选中，程序执行时，该菜单项高亮度显示，表示用户可以选择该菜单项。如菜单项的有效框未被选中，程序执行后，该菜单项灰色显示，表示用户不能选择该菜单项。

（11）可见框（Visible）：菜单项的可见框被选中，则该菜单项可见，否则不可见。

（12）显示窗口列表复选框：若某菜单项的"显示窗口列表"复选框有效，则该菜单项成为多文档窗体的"窗口"，在该"窗口"中将列出所有已打开子窗体的标题名称。

【例 8-1】　设计一个简易文本编辑器的下拉式菜单，如图 8-1 所示，设计要求如表 8-1 所示。

表 8–1　　　　　　　　　　简易文本编辑器的下拉式菜单结构

文件（&F）	编辑（&E）	视图（&V）	
新建 Ctrl+N	剪切 Ctrl+X	页面	
打开 Ctrl+O	复制 Ctrl+C	大纲	
保存 Ctrl+S	粘贴 Ctrl+V	文档结构	
—			
打印 Ctrl+P		工具	常用
预览			格式
—			表格
退出 Ctrl+E			

设计步骤如下。

（1）在 e：盘新建目录 e:\vb\program\exemple8_1，用于保存工程文件与窗体文件等内容。

（2）在 VB 中新建一个工程与一个窗体。将窗体的 Caption 属性改为"下拉式菜单设计示例"，Name 属性改为 Form_ex81。

（3）启动菜单编辑器。

在 VB 中执行工具 |菜单编辑器菜单命令，进入图 8-2 所示菜单编辑器对话框界面。

（4）使用菜单编辑器建立菜单。

① 创建主菜单项

标题栏中输入"文件（&F）"（F 键成为热键），名称栏中输入"File"。按"下一个"按钮将产生新的菜单项。

若不需给"文件"主菜单项设置热键，只要取消标题栏中的"（&F）"即可。

② 创建子菜单项

标题栏中输入"新建"，名称栏中输入"New"，在快捷键栏中选择 Ctrl+N，Ctrl+N 成为"新建"菜单项的快捷键。单击"→"按钮，使"新建"菜单项向右缩进 4 个点。单击"下一个"按钮产生新的菜单项。继续创建"打开"、"保存"等子菜单项。

若再单击"→"按钮，使菜单项向右再缩进 4 个点（共 8 个点），表示该菜单项为二级子菜单项。单击 n 次"→"按钮，使菜单项向右再缩进 4*n 个点，该菜单项成为 n 级子菜单项。若要使 n 级子菜单项升级为 n-1 级子菜单项，只需单击"←"按钮即可。当菜单项向左移动到左边框线时便成为主菜单项。若不想给"新建"菜单项设置快捷键 Ctrl+N，只需在快捷键栏中选择（None）即可。

③ 创建分隔条

要使菜单项成为分隔条，只需在标题栏中输入"－"即可，但名称栏必须输入内容，如 Separator1 等。

（5）建立菜单项事件过程。

对"新建"、"打开"、"保存"与"退出"4 个菜单项编写事件过程。在窗体设计器中，选择并单击"新建"菜单项，进入代码编辑器，输入如下代码：

```
Private Sub New_Click()
    Print "新建文件"
End Sub
```

选择并单击"打开"菜单，进入代码编辑器，输入如下代码：

```
Private Sub Open_Click()
    Print "打开文件"
End Sub
```

选择并单击"保存"菜单，进入代码编辑器，输入如下代码：

```
Private Sub Save_Click()
    Print "保存文件"
End Sub
```

选择并单击"退出"菜单，进入代码编辑器，输入如下代码：

```
Private Sub Exit_Click()
    End
End Sub
```

（6）保存工程与窗体文件。

执行菜单命令：文件 | 保存工程，将工程文件保存在目录 e:\vb\program\example8_1 中。工

程文件名称为 ex8_1.vbp。窗体文件名称为 Form_ex81.frm。

（7）编译和运行程序。

8.2　弹出式菜单设计

弹出式菜单是指在窗体上单击鼠标右键之后弹出的菜单，弹出式菜单也称为浮动菜单。它除了不显示 0 级菜单项的标题以外，弹出式菜单的每个菜单项都可以有自己的子菜单。一般来说，弹出式菜单所显示菜单项的位置取决于单击鼠标右键时指针所处的位置。

使用 PopupMenu 方法显示弹出式菜单。在 Windows 操作系统中激活上下文菜单，关键在于是在何种事件中调用 PopupMenu 方法。

1. PopupMenu 方法的调用格式

[窗体名.] PopupMenu <菜单名> [,flags][,x][,y][,boldcommand]

（1）窗体名表示要弹出菜单的窗体名称，默认为当前窗体。

（2）菜单名是要弹出的菜单名称，一般至少包含一个子菜单项的主菜单项名称。

（3）flags 为可选参数，用于设定菜单弹出的位置和行为，位置常数和行为常数分别如表 8-2 和表 8-3 所示。若同时指定这两个常数，可用"逻辑或"运算符（Or）将二者结合起来，例如：4 or 2。

（4）x 和 y 两个可选参数用于指定显示弹出式菜单的位置。如果该参数省略，则使用鼠标的坐标。

（5）boldcommand 参数指定弹出式菜单中的菜单控件的名字，用以显示其黑体正文标题。如果该参数省略，则弹出式菜单中没有以黑体字出现的控件。

PopupMenu 方法常在控件对象的鼠标按下事件过程 MouseDown() 中调用，下面举例说明。

表 8-2　　　　　　　　　　　　　　Flags 参数中的位置常数

参　数　值	说　　明
vbPopupMenuLeftAlign——0（默认值）	弹出式菜单的左边定位于 x
vbPopupMenuCenterAlign——8	弹出式菜单的中间定位于 x
vbPopupMenuRightAlign——8	弹出式菜单的右边定位于 x

表 8-3　　　　　　　　　　　　　　Flags 参数中的行为常数

参　数　值	说　　明
vbPopupMenuLeftButton——0（默认值）	仅当使用鼠标左键按钮时，弹出式菜单中的项目才响应鼠标单击
vbPopupMenuRightButton——2	不论使用鼠标右键按钮还是左键按钮，弹出式菜单中的项目都响应鼠标单击

2. 弹出式菜单应用举例

【例 8-2】　设计一个带有下拉式菜单、弹出式菜单的文本编辑器，其工作界面如图 8-3 所示。设计要求如下。

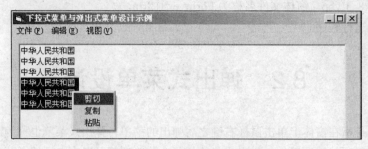

图 8-3　弹出式菜单示例

在例 8.1 的窗体中添加一个 RichTextBox 控件作为图文编辑器，用弹出式菜单实现文本编辑器的"复制、剪切、粘贴"功能，程序设计过程如下。

（1）打开例 8-1 所建的工程，另存到 e:\vb\program\exemple8_2，工程文件名称为 ex8_2.vbp，窗体文件名称为 Form_ex82.frm。具体操作过程如下。

① 新建文件目录 e:\vb\program\exemple8_2。

② 将工程 ex8_1.vbp 另存为 ex8_2.vbp。

执行"文件 | 工程另存为菜单"命令，选择 e:\vb\program\exemple8_2 目录，输入工程名为 ex8_2.vbp。

③ 将窗体 Form_ex81.frm 另存为 Form_ex82.frm。

执行"文件 | Form_81.frm 另存为菜单"命令，选择 e:\vb\program\exemple8_2 目录，输入窗体名为 Form_ex82.frm | 保存；将窗体的 Name 属性改为 Form_ex82，Caption 属性改为"下拉式菜单与弹出式菜单设计示例"。

（2）在工具箱中添加图文编辑器 RichTextBox。

执行"工程 | 部件菜单"命令，使 Microsort Rich TextBox Control 6.0（SP6）复选框有效，如图 8-4 所示。将 RichTextBox 控件添加到工具箱中，RichTextBox 控件图标为 ▤ 。

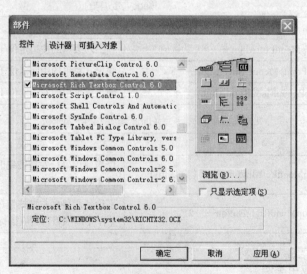

图 8-4　添加 RichTextBox 控件

在工具箱中双击 RichTextBox，将 RichTextBox 放入窗体设计器，放大控件尺寸。RichTextBox 是 VB 提供的一种图文编辑控件，具有类似于 Word 的文字编辑功能。

（3）编写 RichTextBox 控件鼠标按下事件处理过程。

编写在 RichTextBox 控件中单击鼠标右键出现弹出式菜单的事件处理过程。该功能可通过在 RichTextBox 控件的鼠标按下事件 MouseDown()中调用窗体 Form_ex82 的 PopupMenu 方法来实现。

在代码窗口中的对象栏中选择 RichTextBox 控件,在事件栏中选择鼠标按下事件 MouseDown,输入事件处理程序如下:

```
Private Sub RichTextBox1_MouseDown(Button As Integer, Shift As Integer, x As Single,
y As Single)
    If Button = 2 Then    ' 表示若用户单击鼠标右键
        Form_ex82.PopupMenu Edit, 2, x, y    ' 则窗体 Form_ex82 调用 PopupNume 方法
    End If    ' 该方法将使用主菜单项 Edit 中的剪切、复制、粘贴
End Sub    ' 一级子菜单作为弹出式菜单
```

（4）编写剪切、复制与粘贴的事件处理过程。

在代码窗口中对象栏中依次选择 Cut 、Copy、Paste 子菜单对象,在事件栏中选择单击 Click 事件,输入事件过程如下:

```
Private Sub Cut_Click()
    Clipboard.SetText RichTextBox1.SelText
    ' 将 RichTextBox1 所选择文本存入剪切板
    RichTextBox1.SelText = ""  '清除 RichTextBox1 所选择文本
End Sub

Private Sub Copy_Click()
    Clipboard.SetText RichTextBox1.SelText
    ' 将 RichTextBox1 所选择文本存入剪切板
End Sub

Private Sub Paste_Click()
    RichTextBox1.SelText = Clipboard.GetText
    ' 将剪切板中文 本复制到 RichTextBox1
End Sub
```

（5）保存工程与窗体文件。

（6）运行程序。

运行程序后,用鼠标右键单击 RichTextBox1 控件,出现弹出式菜单,可进行文本的剪切、复制与粘贴操作。

【例 8-3】 设计一个带有下拉式菜单、弹出式菜单与工具栏的文本编辑器,其工作界面如图 8-5 所示。设计要求如下。

在例 8-2 的工程中增加工具栏,放置 3 个普通按钮,分别用于 RichTextBox 控件中被选文本的复制、剪切、粘贴功能。在工具栏上放置两个组合框 ComboBox,为 RichTextBox 控件中文本选择字体与字号。程序设计步骤如下。

（1）新建文件目录 e:\vb\program\exemple8_3。

（2）另存工程文件。

打开例 8-2 所建工程 ex8_2.vbp,将工程文件 ex8_2.vbp 另存到新建目录中,命名为 ex8_3.vbp,将窗体文件 Form_ex82.frm 另存为 Form_ex83.frm。具体方法请读者参见例 8-2。将窗体的 Name 属性改为 Form_ex83,Caption 属性改为"菜单与工具栏设计示例"。

（3）窗体添加工具栏。

在窗体设计中放置一个 ToolBar 控件。

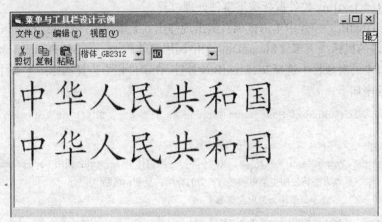

图 8-5　菜单与工具栏设计示例

执行工程 | 部件菜单命令，使 Microsoft Windows Common Control 6.0 复选框有效。

将 ToolBar（工具栏控件）、StatusBar（状态栏控件）、ImageList（图像列表）等 9 个控件添加到工具箱中去。在工具箱中双击 ToolBar 控件与 ImageList 控件，将这两个控件添加到窗体中。

（4）添加 ImageList 控件。

在 ImageList 控件中添加剪切、复制与粘贴 3 个图像，关键字为 Cut、Copy、Paste。

（5）工具栏中添加按钮。

将 ToolBar 控件通用选项卡中的图像列表属性设置为 ImageList1。使 ToolBar 控件与 ImageList1 相关联。在 ToolBar 控件按钮选项卡中添加 3 个普通按钮，其标题为"剪切"、"复制"、"粘贴"，关键字分别为 Cut、Copy、Paste；图像分别为 1、2、3。提示为"剪切"、"复制"、"粘贴"。

（6）编写单击工具栏按钮事件过程。

双击 ToolBar 工具栏控件，输入单击工具栏按钮事件过程。

```
Private Sub Toolbar1_ButtonClick(ByVal Button As MSComctlLib.Button)
    Select Case Button.Key
        Case "Cut"
        Call Cut_Click
        '单击剪切按钮，调用例 8.2 中的剪切过程 Cut_Click
        Case "Copy"
        Call Copy_Click
        '单击复制按钮，调用例 8.2 中的复制过程 Copy_Click
        Case "Paste"
    Call Paste_Click
    '单击粘贴按钮，调用例 8-2 中的粘贴过程 Paste_Click
    End Select
End Sub
```

在上述过程的形参表中，形参 Button 用于接收用户单击的工具栏按钮，并用 Button.Key 表示工具栏按钮关键字的 Key 值。通过 Select 语句判断用户按下的按钮，并调用相应的 Cut_Click、Copy_Click、Paste_Click 过程进行剪切、复制与粘贴处理。

（7）工具栏中添加两个存放字体与字号的 Combo 控件。

在工具栏中放置两个 Combo 控件，将其 Name 属性改为 Combo_FontName 与 Combo_FontSize，分别用于存放字体与字号。使用Form_Load 事件对 Combo_FontName 与 Combo_FontSize 进行初始化赋值。

在初始化过程中，用 Combo_FontName 控件的 AddItem 方法，将系统屏幕字体数组 Screen.Fonts(I) 依次赋给 Combo_FontName 控件，用 Combo_FontSize 控件的 AddItem 方法，将字号 1～80 赋给 Combo_FontSize。事件处理过程如下。

```
Private Sub Form_Load()
    Dim I As Integer
    For I = 0 To Screen.FontCount - 1
        Combo_FontName.AddItem(Screen.Fonts(I))
    ' 将系统屏幕字体赋给 Combo_ FontName
    Next I
    Combo_FontName.Text = RichTextBox1.Font.Name
    ' 将 RichTextBox1 字体赋给 Combo_ FontName
    For I = 1 To 80
        Combo_FontSize.AddItem(I)
        ' 给 Combo_ FontSize 赋值 1～80
    Next I
    Combo_FontSize.Text = RichTextBox1.Font.Size
    ' 将当前 RichTextBox1 控件的字体大小作为值赋给 Combo_FontSize
End Sub
```

（8）编写单击 Combo_ FontName 组合列表框事件过程。

在该事件过程，将 Combo_ FontName.Text 中字体值赋给 RichTextBox1 被选文本的字体属性 SelFontName，从而改变 RichTextBox1 中被选文本的字体。

```
Private Sub Combo_ FontName _Click()
    RichTextBox1.SelFontName = Combo_FontName.Text
    ' 改变 RichTextBox1 所选文本的字体
End Sub
```

（9）编写单击 Combo_ FontSize 组合框列表事件过程。

在该事件过程，将 Combo_ FontSize.Text 中字号值赋给 RichTextBox1 被选文本的字号属性 SelFontSize，从而改变 RichTextBox1 中被选文本的字体大小。

```
Private Sub Combo_ FontSize _Click()
    RichTextBox1.SelFontSize = Combo_FontSize.Text
    ' 改变 RichTextBox1 所选文本字体大小
End Sub
```

（10）程序运行。

当程序运行后，先在 RichTextBox1 文本编辑框中输入"中华人民共和国"，选中"中华人民共和国"，用鼠标单击 Combo_ FontName 的下拉按钮，选择"楷体"，单击 Combo_ FontSize 的下拉按钮，选择 40 号字体，再单击"复制"按钮，回车使光标移到下一行，再单击"粘贴"按钮，则 40 号楷体的"中华人民共和国"被复制到下一行，如图 8-5 所示。最后应保存工程文件与窗体文件。

8.3　MDI 多窗体程序设计

用户界面主要有两种：单文档界面（SDI）和多文档界面（MDI）。SDI 界面的一个示例就是记事本应用程序（NotePad）。在 NotePad 中，只能打开一个文档，想要打开另一个文档时，必须先关上已打开的文档。然而有些则像 Miscrosoft Excel 和 Microsoft Word 那样的应用程序，它允许同时处理多个文档，且每一个文档都显示在自己的窗口中，这类用户界面称为多文档用户界面，即 MDI。

　　MDI 多窗体程序由 MDI 主窗体与 MDI 子窗体组成。通常在主窗体内设计下拉式菜单或工具栏，执行菜单项命令或者工具栏中按钮命令时调用子窗体程序，被打开的子窗体界面将被限制在主窗体的用户工作区内。下面依次介绍创建 MDI 主窗体与子窗体的方法，及在主窗体内调用子窗体程序的方法。

8.3.1　创建 MDI 主窗体

1．创建 MDI 主窗体

（1）执行菜单命令：工程 | 添加 MDI 窗体，出现"添加 MDI 窗体"对话框。

（2）选择"新建"或使用"现存"窗体，单击"打开"按钮后出现 MDI 主窗体界面。

2．将 MDI 主窗体设为工程的启动窗体

（1）执行工程 | 工程属性菜单命令，出现工程属性对话框。

（2）在对话框的通用选项卡中单击启动对象下拉按钮，选择 MDI 窗体名，则 MDI 窗体成为启动窗口。

　　　　一个应用程序只能有一个 MDI 窗体，如果工程已经有了一个 MDI 窗体，则该工程菜单上的添加 MDI 窗体命令就不可使用。

8.3.2　建立 MDI 子窗体

1．创建 MDI 子窗体的方法

（1）在工程中创建一个新的普通窗体。

（2）将 MDIChild 属性设为 True。

2．MDI 窗体运行时的特性

（1）所有子窗体都显示在 MDI 窗体的工作空间内。

（2）当最小化一个子窗体时，它的图标将显示在 MDI 窗体上而不是任务栏中。

（3）当最大化一个子窗体时，它的标题会与 MDI 窗体的标题组合在一起并显示于 MDI 标题栏上。

（4）通过设定 AutoShowChildren 属性，子窗体可以在窗体加载时自动显示或自动隐藏。

（5）活动子窗体的菜单（若有）将显示在 MDI 窗体的菜单栏中，而不是显示在子窗体中。

8.3.3　MDI 窗口菜单设计

　　所谓"窗口"菜单是指专门用于显示已打开子窗体的标题名称，并能对已打开子窗体进行"层叠"、"平铺"、"垂直"与"排列图标"等操作的菜单项。

1．创建"窗口"菜单项

　　当某个菜单项的"显示窗口列表"复选框有效时（即 WindowsList=True），所有已打开子窗体的标题名称将出现在该菜单项的下方。

2．"窗口"一级子菜单项的设计

　　在菜单编辑器中，给 MDI"窗口"菜单添加"层叠"、"平铺"、"垂直"与"排列" 4 个一级子菜单项，然后使用 MDI 窗体的 Arrange 方法实现"层叠"、"平铺"、"垂直"与"排列"的功能。

Arrange 方法的语法：<窗体名>.Arrange（实参）

其中实参的取值与对应的排列方式如表 8-4 所示。

表 8-4　　　　　　　　　　　　　Arrange 方法的实参取值与对应排列方式

常　　数	值	排 列 方 式
VbCascade	0	层叠所有非最小化 MDI 子窗体
VbTileHorizontel	1	水平平铺所有非最小化 MDI 子窗体
VbTileVertical	2	垂直平铺所有非最小化 MDI 子窗体
VbArrangeIcons	3	重排最小化 MDI 子窗体的图标

例如：在 MDI 窗体（MDIForm_xsda）中实现子窗体层叠的 Arrange 方法调用格式为：

MDIForm_xsda.Arrange(0) 或 MDIForm_xsda.Arrange(vbCascade)。

习　　题

1. 叙述用什么工具设计菜单，下拉式菜单的组成。
2. 热键与快捷键有何区别？如何为一个菜单项设置热键与快捷键？怎样设计分隔条？
3. 在菜单编辑器中如何判断菜单项的级别？如何改变菜单项的级别？
4. 在多文档窗体内，若某菜单项的"显示窗口列表"复选框有效，则该菜单项将会显示什么内容？
5. 用什么方法显示弹出式菜单？
6. 怎样实现 MDI 窗体的"层叠"、"平铺"、"垂直"与"排列"的功能？

第9章
文件操作

9.1 文件的基本概念

1. Visual Basic 文件的组成

Visual Basic 的文件由记录组成，记录由字段组成，字段又由字符组成。

字符（Character）：构成文件的最基本单位。字符可以是数字、字母、特殊符号或汉字。

字段（Field）：也称域。字段由若干个字符组成，用来表示一项数据。例如，邮政编码"450002"就是一个字段，它由 6 个字符组成；而姓名"张前"也是一个字段，它由 2 个汉字组成。

记录（Record）：由一组相关的字段组成。例如，在通信录中，每个人的姓名、单位、地址、电话号码、邮政编码等构成一个记录。

文件（File）：文件由记录构成，一个文件含有一个以上的记录。

例如，在学生的档案中需要存储每个同学的学号、姓名、班级、专业、家庭住址等，可以用表 9-1 所示方式表示文件。

表 9-1　　　　　　　　　　　　　　　　文件结构举例

学　　号	姓　　名	性　　别	班　　级	家　庭　住　址
0201021	王强	男	管理 1	山东济南
0203102	王娟	女	会计 3	山东青岛
……				

每行对应一个同学的信息，构成一条记录，多条记录组成文件。

2. 文件的访问类型

在 Visual Basic 中，有 3 种文件访问的类型。

（1）顺序型——适用于读写在连续块中的文本文件。

（2）随机型——适用于读写有固定长度记录结构的文本文件或者二进制文件。

（3）二进制型——适用于读写任意有结构的文件。

9.2　顺序文件的存取

9.2.1　顺序文件的打开与关闭

1. 打开文件

格式：Open　文件名　For 方式 [锁定] As　[#]文件号 [Len = 记录长度]

Open、For、As、Len 都是 VB 关键字，[ ]中的部分是可选的。

（1）"文件名"是由字符串表示（括在双引号中）的被打开的文件的文件名，可以采用绝对路径形式或者相对路径形式，相对路径是相对程序所在的文件夹的。

（2）"方式"可以取 Input、Output、Append 三种之一。

Input：为读操作打开文件，即打开文件的目的是读取文件中的数据。要打开的文件必须存在，如果不存在将产生"文件未找到"的错误。

Output：为写操作打开文件，即，目的是向文件中存入数据。要打开的文件如果不存在，将创建该文件；如果已经存在，将覆盖该文件，文件的旧数据将被删除。

Append：目的是向文件中追加数据。如果要打开的文件不存在，Append 方式与 Output 方式相同。如果文件存在，将打开该文件，并将文件指针定位到文件的尾部，所添加的数据将存放到原来的数据的后面，原来的数据将被保留下来。

（3）"锁定"用来在网络或多任务环境下限制其他程序对该文件的操作，有 4 种选择：Shared（共享）、Lock Read（禁止读）、Lock Write（禁止写）、Lock Read Write（禁止读写）。

（4）"文件号"是一个整数，介于 1 和 511 之间。用 Open 语句打开文件时，必须为被打开的文件分配一个有效的文件号，对文件的读写操作等都是通过文件号进行的。

（5）"记录长度"是一个整数，表示读写操作的缓冲区大小，缓冲区越大，占用的内存就越多，读写速度就越快。默认的记录长度为 512，最大不能超过 32 767。"记录长度"不需要与顺序文件的记录长度相对应。

例如：Open "D:\MyData\Test.TXT" For Input As #1　表示要以读方式打开 D:\MyData 文件夹下的 Test.TXT 文件，并指定文件号为1。

Open "Test.TXT" For Output As #2　表示要以写方式在当前文件夹中创建新文件 Test.TXT，指定文件号为 2。

Open "Test.TXT" For Append As iFile　表示要以追加方式打开当前文件夹下的文件 Test.TXT，并自动分配一个有效的文件号。

2. 关闭文件

格式：Close [[#] 文件号] [, [#] 文件号]

（1）Close 语句用来关闭文件，是在打开文件之后进行的操作。

（2）文件号为 Open 语句中的文件号，如果指定了文件号，则关闭所指定的文件；如果省略了文件号则关闭所有打开的文件。

如：Close #1, #2　' 关闭打开的#1 和#2 文件

　　Close　　　　' 关闭所有打开的文件

9.2.2 写（存）顺序文件

1. Print #语句

Print # 语句用来将一个或多个格式化的数据写入顺序文件。

格式：Print #文件号，[表达式列表]

其中，"文件号"对应已经用 Open 语句打开的文件（Output 或 Append 方式），"文件号"和后面的逗号不能省略。"表达式列表"由以逗号或分号（或空白）分隔的输出项表达式组成。用分号分隔时，后面的数据跟在上一数据的后面输出。采用逗号分隔时，输出的数据按制表位对齐。例如：

```
Print #1, "abc", -123, 456    输出结果为：abc           -123        456
Print #1, "abc"; -123; 456    输出结果为：abc-123 456
```

也可以用 Spc 函数或 Tab 函数控制输出格式，例如：

```
Print #1, "abc"; Spc(11); -123; Spc(9); 456
Print #1, "abc"; Tab(15); -123; Tab(29); 456
Print #1, "abc"; Tab; -123; Tab; 456 '使用不带参数的 Tab 函数
```

输出结果都是：abc -123456

通常每个 Print #语句执行后自动插入回车换行符。如果"表达式列表"的最后是逗号或分号，下一个 Print #语句的输出将跟在同一行的后面。写入文件的所有数据的格式都是国际化的。对于 Boolean 型数据，输出的是 True 或 False。Date 型数据采用标准短日期格式，如果未指定日期或时间或者设置为零，则只将指定的部分写入文件中。如果输出的数据是 Empty，则不将任何数据写入文件。如果输出的是 Null，则将 Null 写入文件。

2. Write #语句

Write #语句用来将数据写入文件。

格式：Write #文件号，[表达式列表]

Write #语句的用法和 Print #语句相似，不同点如下。

（1）输出的数据采用紧凑格式存放，数据项之间自动用逗号分开。

（2）输出的字符串自动用引号扩起来。例如：Write #1, "abc", -123, 456，输出结果是："abc", -123, 456。

【例 9-1】 建立一个通信录。

创建一个标准 EXE 文件，在 Form1 窗体中添加 4 个标签、3 个文本框（txtName、txtBirth、txtAddr）、2 个单选按钮（optFemal、optMale）、2 个命令按钮（cmdSave、cmdExit），各控件的属性设置参考图 9-1。

程序代码如下：

```
Dim iFile As Integer    ' 文件号
Private Sub Init()
    Txtname.Text = ""
    optFemal.Value = True
    Txtbirth.Text = ""
    Txtaddr.Text = ""
```

```
End Sub
Private Sub cmdExit_Click()
   End '退出程序
End Sub
Private Sub cmdSave_Click()
   Dim sSex As String
   If Not IsDate(Txtbirth.Text)  Then     '数据格式控制
      MsgBox "生日非法! 请输入年-月-日"
      Txtbirth.SetFocus
      Exit Sub
   End If
   If optFemal.Value = True Then  sSex = "男"  Else  sSex = "女"
   Write #iFile, Txtname.Text, sSex, CDate(Txtbirth.Text), Txtaddr.Text '写文件
   Init    '初始化
End Sub
Private Sub Form_Load()
   Init     '初始化
   iFile = FreeFile
   Open "d:\txl.txt" For Output As iFile    '打开文件
End Sub
Private Sub Form_Unload(Cancel As Integer)
   Close iFile '关闭文件
End Sub
```

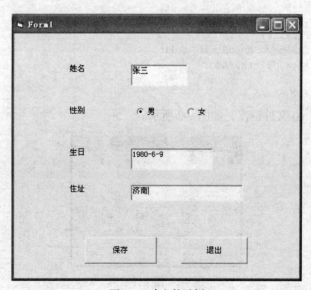

图 9-1　建文件示例

运行程序，输入一个人的信息后按"保存"按钮将数据存入文件，再输入另一个人的信息，如此反复。最后，按"退出"按钮结束程序的运行。

程序运行后，在 D:\上可以找到 txl.txt 文件，双击文件名可以用记事本程序打开，文件的内容如下：

"张三","男",#1980-06-09#,"济南"
"李莉","女",#1979-09-08#,"重庆"

9.2.3 读（取）顺序文件

从顺序文件中读取数据可以使用 Input #语句、Line Input #语句或 Input 函数。

1. Input #语句

格式：Input #文件号, 变量名表

功能：从指定的顺序文件中读取数据，并把数据分别赋给"变量名表"中的变量。读取数据时，Input #语句忽略空格、制表符、回车换行符和逗号。数值型数据和字符串可以直接读入并赋给相应的变量，双引号被看做字符串的定界符（不是必需的），也将被忽略。括在两个"#"号间的标准日期时间可以直接转化为时间日期。"True"和"False"可以转化为逻辑值。两个逗号之间的空白或空行，将转化为 Empty。

为了能够用 Input #语句将文件的数据正确读入到变量中，在将数据写入文件时，要使用 Write #语句而不使用 Print #语句。使用 Write #语句可以确保将各个数据正确分隔开。

在读取数据时，如果已到达文件末尾，继续读会被终止并产生一个错误。为了避免出错，常在读操作前用 EOF 函数检测是否已经到达文件末尾。

【例 9-2】 读取并打印通信录。

建立一个标准 EXE 工程，在窗体 Form1 中添加一个命令按钮，输入以下程序：

```
Private Sub Command1_Click()
  Dim iFile As Integer
  Dim sName As String,sSex As String,dBirth As Date,sAddr As String
  iFile = FreeFile
  Open "d:\txl.txt" For Input As iFile
  While Not EOF(iFile)
  Input #iFile,sName,sSex,dBirth,sAddr
  Print sName,sSex,dBirth,sAddr
  Wend
End Sub
```

将例 9.1 中的 tx1.txt 文件读出，如图 9-2 所示。

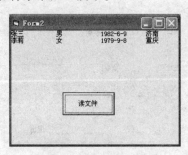

图 9-2 读文件示例

2. Line Input #语句

格式：Line Input #文件号, 字符串变量名

功能：顺序文件中读取一整行字符并赋给后面的变量。

（1）"字符串变量名"是一个字符串型的简单变量名或数组元素名。

（2）Line Input #以行为单位读取信息，每行对应一个字符串。文件中的行以回车换行符作为结束符。行中的所有字符均不经转换地赋给变量。利用 Line Input #语句可以实现文本文件的复制。

9.3 随机文件的存取

9.3.1 随机文件的打开与关闭

1. 随机文件的打开

格式：

Open 文件名 ［ For Random ］［ Access 存取类型 ］As 文件号 Len = 记录长度

Open、For Random、Access、As、Len 等为关键字。

（1）"For Random"表示以随机方式打开（或创建）文件。要打开的文件可以存在，也可以不存在。"For Random"是可选的，也就是说，对于 Open 语句，如果不指定文件的访问方式，就采用随机方式。

（2）"存取类型"有 3 种：Read（只读）、Write（只写）和 ReadWrite（读写，默认类型）。

（3）"记录长度"表示对文件进行随机存取时记录的确定长度。对于随机文件，每一记录长度都相同，是固定的。记录中每个字段的长度也是固定的，记录长度为所有字段的长度之和，以字节为单位。记录长度可以用 Len 函数计算，格式是：Len = Len（记录的类型说明）。

其中，"记录的类型说明"是用户用 Type …End Type 语句定义的记录类型。例如：

```
Type MyType
Name as String*10
Age as Integer
End Type
Open "Test.DAT" for Random as iFile Len = Len ( MyType )
```

2. 随机文件的关闭

关闭文件使用 Close 语句。

格式：Close ［ [#]文件号 ］［, [#]文件号 ］…

9.3.2 读（取）随机文件

格式：Get #文件号,［记录号］，变量

其作用是从指定的随机文件中读取第"记录号"条记录，并把读取到的数据赋给"变量"，Get #语句的用法与 Put #语句相似。

【例9-3】 任意读取通信录中的记录。

创建一个标准 EXE 程序，在窗体 Form1 上添加一个文本框和若干标签，如图 9-3 所示。

程序代码如下：

```
Private Type Person '记录类型
  Name As String * 20
```

```
      Sex As String * 2
      Birth As String * 10
      Addr As String * 40
End Type
Dim iFile As Integer      '文件号
Dim iRec As Integer '记录号
Private Sub Command1_Click()
   Dim iFile As Integer
   Dim p As Person
   If Not IsNumeric(Text1.Text) Then
      MsgBox "记录号非法！"
      Text1.Text = ""
      Text1.SetFocus
      Exit Sub
   End If
   iFile = FreeFile
   Open "d:\tx1.txt" For Random As iFile
   Len = Len(p)
   Get #iFile, Val(Text1.Text), p
   'Label2.Caption = "姓名: " & p.Name
   Text2.Text = p.Name
   Text3.Text = p.Birth
   Text4.Text = p.Sex
   Text5.Text = p.Addr
   'Print p.Name, p.Birth, p.Sex, p.Addr
   Close iFile
End Sub
Private Sub Command2_Click()
   End
End Sub
```

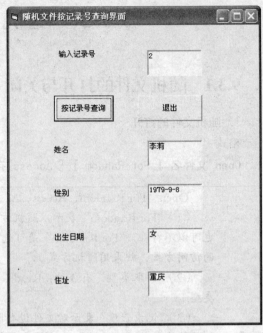

图 9-3　随机文件按记录号读取

9.3.3　写（存）随机文件

格式：

Put #文件号, [记录号], 变量名

其功能是把"变量"的值作为第"记录号"条记录写入指定的随机文件。如果省略了"记录号"（逗号不能省略），则使用最近一次执行 Get #语句或 Put #语句后的记录，或者用 Seek 函数指定的记录。

【例 9-4】　建立可随机存取的通信录。

创建一个标准 EXE 工程，参照例 15-1 设计程序的界面，切换到代码窗口，输入以下程序：

```
Private Type Person '记录类型
   Name As String * 20
   Sex As String * 2
   Birth As String * 10
   Addr As String * 40
End Type
   Dim iFile As Integer      '文件号
   Dim iRec As Integer '记录号
Private Sub cmdExit_Click()
   End '退出程序
End Sub
```

```
Private Sub cmdSave_Click()
    Dim p As Person '记录类型
    p.Name = Txtname.Text
    If optFemal.Value = True Then p.Sex = "男" Else p.Sex = "女"
    If Not IsDate(Txtbirth.Text) Then
        MsgBox "生日非法! 请输入年-月-日。"
    Exit Sub
    Else
        p.Birth = Txtbirth.Text
    End If
    p.Addr = Txtaddr.Text
    Put #iFile, iRec, p '写文件
    iRec = iRec + 1 '下一记录
    Init    '初始化
End Sub
Private Sub Form_Load()
    Dim p As Person
    Init    '初始化
    iFile = FreeFile
    iRec = 1
    Open "d:\tx1.txt" For Random As iFile Len = Len(p)    '打开随机文件
End Sub
```

运行程序，输入两条记录，退出程序后会在 D:\下找到 txl.dat 文件，打开文件后即可查看保存的记录。

图 9-4 和图 9-5 分别是 D 盘 tx1.txt 的记录文件和运行程序时的情况。

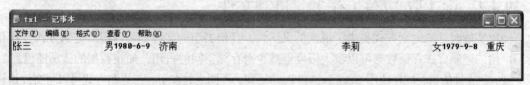

图 9-4　D 盘 tx1.txt 的记录文件

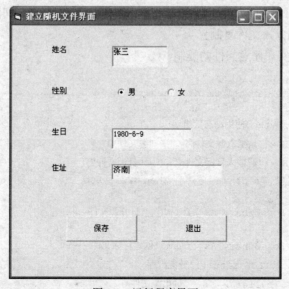

图 9-5　运行程序界面

9.4 二进制文件的存取

9.4.1 随机文件的打开与关闭

1. 二进制文件的打开

格式：

Open 文件名 For Binary [Access 存取类型] As 文件号

Open、For Binary、Access、As 等是系统关键字，"For Binary"表示以二进制方式打开（或创建）文件。

2. 文件的关闭

格式：

Close　　 [[#]文件号] [,[#]文件号]……

（1）若省略"文件号"，则关闭所有打开的文件；否则，只关闭指定的文件。

（2）关闭文件不仅可以将缓冲区中的数据写入文件中，释放文件缓冲区，而且也释放了相应的文件号。如果不显式地关闭文件，即使包含 Open 语句的过程或函数已经结束，打开的 文件也不会关闭。程序结束时，自动关闭所有打开的文件。

9.4.2 读（取）/写（存）二进制文件

使用文件时，二进制方式提供了最大的灵活性。任何类型的文件都可以用二进制方式打开和读写。用二进制方式存储数据可以最大限度地减少对存储空间的占用，加快数据的读写速度。

二进制文件的读写同样使用 Get #语句和 Put #语句，不同之处在于，二进制方式可以将文件指针定位到文件的任意字节位置；文件以二进制方式存取时，所存取的数据的长度取决于 Get #语句或 Put #语句中变量的长度；打开二进制文件的 Open 语句中不需要指定记录长度，即使指定了也会被忽略。

【例 9-5】　二进制方式文件复制。

下面的程序代码可实现任意文件的复制。

```
Private Sub Command1_Click()
    Dim sfnum As Integer, tfnum As Integer
    Dim sfnameAs String, tfname As String
    Dim buffer()As Byte  '使用动态数组
    sfname = InputBox("请输入源文件名: ", "源文件")
    tfname = InputBox("请输入目标文件名: ", "目标文件")
        If sfname = "" Or tfname = "" Then  Exit Sub
    sfnum = FreeFile
        Open sfname For Binary As sfnum    '打开源文件
    tfnum = FreeFile
        Open tfname For Binary As tfnum '创建目标文件
    ReDim buffer(1 To LOF(sfnum))'分配内存
        Get #sfnum, , buffer          '读出源文件
```

```
    Put #tfnum, , buffer        '写入目标文件
    Close '关闭所有打开的文件
End Sub
```

9.5　文件中常用的操作语句和函数

9.5.1　常用的文件操作语句

1. 改变当前驱动器（ChDrive 语句）

格式：

ChDrive　drive

功能：改变当前驱动器。

如果 drive 为 ""，则当前驱动器将不会改变；如果 drive 中有多个字符，则 ChDrive 只会使用首字母。

例如：ChDrive "D" 及 ChDrive "D:\" 和 ChDrive "Dasd" 都是将当前驱动器设为 D 盘。

2. 改变当前目录（ChDir 语句）

格式：

ChDir　path

功能：改变当前目录。

例如：ChDir "D:\TMP"

ChDir 语句改变缺省目录位置，但不会改变缺省驱动器位置。例如，如果缺省的驱动器是 C，则上面的语句将会改变驱动器 D 上的缺省目录，但是 C 仍然是缺省的驱动器。

3. 删除文件（Kill 语句）

格式：

Kill　pathname

功能：删除文件。

pathname 中可以使用统配符 "＊" 和 "？"。

例如：Kill　"＊.TXT "

　　　Kill　"C:\Mydir\Abc.dat"

4. 建立（MkDir 语句）和删除（RmDir 语句）目录

建立目录格式：

MkDir　path

功能：创建一个新的目录。

例如：MkDir "D:\Mydir\ABC"

删除目录格式：RmDir　path

功能：删除一个存在的目录。

只能删除空目录。

例如：RmDir "D:\Mydir\ABC"

RmDir 只能删除空子目录，如果想要使用 RmDir 来删除一个含有文件的目录或文件夹，则会发生错误。

5. 拷贝文件——FileCopy 语句

格式：

FileCopy source , destination

功能：复制一个文件。

例：FileCopy "D:\Mydir\Test.doc" "A:\MyTest.doc"

FileCopy 语句不能复制一个已打开的文件。

格式：

Name oldpathname As newpathname

功能：重新命名一个文件或目录。

例：Name "D:\Mydir\Test.doc" As "A:\MyTest.doc"

（1）Name 具有移动文件的功能。

（2）不能使用统配符"*"和"?"，不能对一个已打开的文件上使用 Name 语句。

9.5.2 常用的文件操作函数

1. 获得当前目录——CurDir 函数

格式：

CurDir[（drive）]

功能：利用 CurDir 函数可以确定指定驱动器的当前目录。

可选的 Drive 参数是一个字符串表达式，它指定一个存在的驱动器。如果没有指定驱动器，或 Drive 是零长度字符串（""），则 CurDir 会返回当前驱动器的路径。

例如：str=CurDir（"C:"）

获得 C 盘当前目录路径，并赋值给变量 Str

2. 获得文件属性——GetAttr 函数

格式：

GetAttr（FileName）

功能：返回代表一个文件、目录或文件夹的属性的 Integer 数据。

3. FileDateTime 函数

格式：

FileDateTime（FileName）

功能：返回一个 Variant（Date），此值为一个文件被创建或最后修改后的日期和时间。

4. FileLen 函数

格式：

FileLen（FileName）

功能：返回一个 Long，代表一个文件的长度，单位是字节。

5. Shell 函数和 Shell 过程

在 VB 中，可以调用在 DOS 下或 Windows 下运行的应用程序。

函数调用形式：

ID=Shell（ FileName [,WindowType] ）

说明

执行一个可执行文件，返回一个 Variant （Double），如果成功的话，代表这个程序的任务 ID，它是一个唯一的数值，用来指明正在运行的程序。若不成功，则会返回 0。

过程调用形式：

```
Shell  FileName [,WindowType])
```

习　题

一、选择题

1. 在 Visual Basic 中按文件的访问方式不同，可将文件分为（　　）。

    [A] ASCII 文件和二进制文件　　　[B] 文本文件和数据文件

    [C] 数据文件和可执行文件　　　　[D] 顺序文件和随机文件

2. 下面叙述不正确的是（　　）。

    [A] 对顺序文件中的数据操作只能按一定的顺序操作

    [B] 顺序文件结构简单

    [C] 能同时对顺序文件进行读写操作

    [D] 顺序文件中只能知道第一个数据的位置

3. 以下能判断是否到达文件尾的函数是（　　）。

    [A] BOF　　　　　　[B] LOC　　　　　　　[C] LOF　　　　　　　[D] EOF

4. 执行语句 "Open "d:\Te1.dat" For Random As #1 Len=50 " 后，对文件 Te1.dat 中的数据能够执行的操作是（　　）。

    [A] 只能写，不能读　　　　　　　　[B] 只能读，不能写

    [C] 既可以读，也可以写　　　　　　[D] 不能读，不能写

5. 以下能用于计算打开文件大小的函数是（　　）。

    [A] BOF　　　　　　[B] LOC　　　　　　　[C] LOF　　　　　　　[D] EOF

6. 要在 D 盘当前文件夹下建立一个名为 InfoBase.dat 的顺序文件，应使用的语句是（　　）。

    [A] Open "InfoBase.dat" For Output As #2

    [B] Open "d:\ InfoBase.dat" For Output As #2

    [C] Open "d:\InfoBase.dat" For Input As #2

    [D] Open "InfoBase.dat" For Input As #2

二、填空题

1. 在 Visual Basic 中根据数据文件的结构和访问方式的不同，可以将文件分为_____、_____ 和 _____3 种。

2. 如果在 D 盘当前文件夹下已经存在名为 PIC.dat 的顺序文件，那么执行语句 Open "D:\PIC.dat" For Append As #1 之后将_____。

三、程序设计填空题

1. 有一个事件过程，其功能是：从已存在于磁盘上的顺序文件 NM1. txt 中读取数据，计算读出数据的平方值，将该数据及其平方值存入新的顺序文件 NM2. txt 中。请填空。

```
Private Sub Form_Click()
    Dim x As Single, y As Single
    Open "e:\NM1.txt" For Input As #1
    Open "e:\NM2.txt" For Input As #2
    Do While Not EOF(1)
        _____       '读 1 号文件中的数据到变量 x 中去
        Print x
        y = x ^ 2
        _____       '将变量 x 和 y 中的数据写到 2 号文件中去
        Print x
    Loop
    Close #1, #2
End Sub
```

2. 下列程序的功能是：将数据 1，2，…，8 写入顺序文件 Num.txt 中，请补充完整。

```
Private Sub Form_Click()
    Dim i As Integer
    Open "Num.txt"For Output As #1
    For i=1 To 8
        _____        '将变量 i 的值写入 1 号文件中去
    Next I
    Close #1
End Sub
```

第 10 章
数据库应用程序设计

10.1　数据库的基本知识

现在，几乎所有的商业应用都要使用数据库进行数据的存储和访问。所以，用 Visual Basic 开发应用软件时，就离不开对数据库的支持。Visual Basic 具有强大的数据库功能。通过它可以方便地实现对数据库的访问和操作。

在使用 Visual Basic 6.0 开发数据库应用程序之前，首先简单了解一下关于数据库的几个基本概念。

10.1.1　数据库的相关概念

1. 数据库（DataBase）

数据是描述事物的符号记录。数据有多种类型，包括数字、文字、图形、图像、声音、视频、动画等。

信息是现实世界事物的存在方式或运动状态的反映。或认为，信息是一种已经被加工为特定形式的数据。数据是信息的载体和具体表现形式。

数据库是以一定的组织方式存放于计算机外存储器中相互关联的数据集合，它是数据库系统的核心和管理对象，其数据是集成的、共享的以及冗余最小的。

以前，人们将手工数据存放在文件柜里或存放在电子文件中，现在人们借助计算机技术，将大量的数据科学地保存在数据库中，以便可以方便有效地利用信息资源。

2. 数据库管理系统（DBMS）

对数据库进行管理的软件，一般具有建库、编辑、修改、增删库中数据等维护数据库的功能；具有检索、排序、统计等使用数据库的功能；具有友好的交互输入/输出能力；具有方便、高效的数据库编程语言；允许多个用户同时访问数据库；提供数据的独立性、安全性和完整性等保障。

目前在微机和小型机上常用的数据库管理系统有以下几种：Access、Visual FoxPro、SQL Server 和 Oracle 等。

3. 数据库应用程序

数据库应用程序是指针对用户实际需要而开发的各种基于数据库操作的应用程序。数据库应用程序可以使用数据库管理系统提供的操作命令直接开发，也可以使用 VB 等支持数据库操作的前台开发工具进行开发。常见的数据库应用程序包括办公自动化系统（OA）、管理信息系统（MIS）、企业资源计划系统（ERP）等。

4. 表（Table）

一个关系型数据库中可以包含若干张相互关联的表。表是一个二维的，由行和列构成的数据集合。其中表中的行称为记录（Record），表中的列称为字段（Field）。

如表 10-1 所示，是一张简单的学生档案信息表（student），表中共有 5 个字段：学号、姓名、性别、年龄、籍贯。表中共有 6 条记录，每位学生一条记录。学号设为主键。

表 10-1　　　　　　　　　　　　　　学生档案信息表

学　　号	姓　　名	性　　别	年　　龄	籍　　贯
1001	张三	男	20	吉林
1002	李四	女	21	辽宁
1003	王五	男	19	北京
1004	赵六	男	21	吉林
1005	张成	男	20	北京
1006	王英	女	21	吉林

5. 联系

在数据库中，联系是建立在两个表之间的链接，以表的形式表示其间的链接，使数据的处理和表达有更大的灵活性。有 3 种联系，即一对一联系、一对多联系和多对多联系。

6. 索引

索引是建立在表上的单独的物理数据库结构，基于索引的查询使数据获取更为快捷。索引是表中的一个或多个字段，索引可以是唯一的，也可以是不唯一的，主要是看这些字段是否允许重复。主索引是表中的一列和多列的组合，作为表中记录的唯一标识。外部索引是相关联的表的一列或多列的组合，通过这种方式来建立多个表之间的联系。

10.1.2　数据库的查询

关系型数据库的存储方式大大地节省了存储空间，根据实际需要，数据库中除了基本表（Table）外，还存在一些虚表，即查询（也称为视图）。

查询是按照某种规则和条件从一个或几个基本表筛选得到的一个数据子集。真正数据仍然在基本表中，查询中存储的只是筛选条件，所以把查询称为虚表。

查询是通过结构化查询语言 SQL（Structured Query Language）完成的。

SQL 语言是关系型数据库的一个标准。目前主流的数据库管理系统和前台开发工具都支持 SQL 语言这一标准。

下面举几个例子来了解 SQL 语言的基本用法。

【例 10-1】　查询 student 表中张成同学的姓名和年龄。

```
SELECT 姓名,年龄
FROM student
WHERE 姓名='张成'
```

【例 10-2】　查询 student 表中吉林省年龄大于 20 岁的同学的所有信息。

```
SELECT *
FROM student
```

```
WHERE 籍贯='吉林' and 年龄>20
```

【例 10-3】 向 student 表中插入一条新记录。学号、姓名、性别、年龄、籍贯分别是 1007、赵伟、男、22、吉林。

```
INSERT INTO student(学号,姓名,性别,年龄,籍贯)
VALUES('1007','赵伟','男',22,'吉林')
```

【例 10-4】 将 student 表中每个同学的年龄增加 1 岁。

```
UPDATE student
SET 年龄=年龄+1
```

【例 10-5】 删除 student 表中北京的同学档案信息。

```
DELETE FROM student
WHERE 籍贯='北京'
```

10.2 数据库的创建和管理

数据库的创建方法主要有两种：一是使用某种数据库管理系统（DBMS）平台，如 Access 2003；二是使用 VB 6.0 提供的可视化数据管理器（VISDATA.EXE）。

Access 2003 在"大学计算机基础"课中已经讲过，所以，本节主要介绍可视化数据管理器。

使用 VB6.0 提供的可视化数据管理器可以方便的进行数据库的创建和管理。在 VB 6.0 主窗口中，选择"外接程序"菜单下的"可视化数据管理器"命令，即可打开可视化数据管理器，如图 10-1 所示。

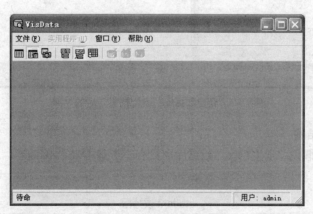

图 10-1 可视化数据管理器

1. 新建 Access 数据库

使用 VB 6.0 提供的可视化数据管理器可以方便地创建多种格式的数据库，其中创建 Access 数据库的步骤如下。

（1）在可视化数据管理器窗口中选择"文件"菜单下的"新建"命令，在"新建"子菜单中再选择"Microsoft Access"下的"Version 7.0 MDB"子命令，即可创建 Access 数据库，如图 10-2 所示。

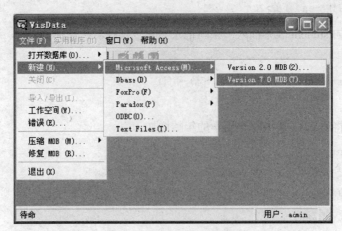

图 10-2　新建 Access 数据库

（2）在"选择要创建的 Microsoft Access 数据库"对话框中，选择保存位置后，输入文件名即可新建一个 Access 格式的数据库。下面以"学生档案"数据库为例说明创建步骤。

（3）新建数据库后，在可视化数据管理器界面中将会出现"数据库窗口"和"SQL 语句"两个子窗口，如图 10-3 所示。

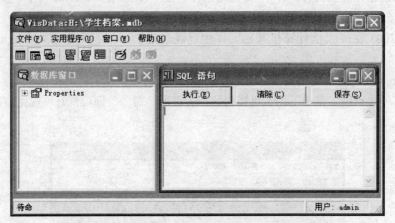

图 10-3　新建数据库"学生档案"后的界面

2.　创建基本表结构

为了简单起见，假设"学生档案"数据库中只有一个基本表"student"。该表的字段结构如表 10-2 所示。

表 10-2　　　　　　　　　　　　　　　　　student 表结构

字　段　名	数　据　类　型	字　段　大　小	说　　　明
学号	Text（文本）	4	主键、必要的
姓名	Text（文本）	8	必要的
性别	Text（文本）	2	可为空
年龄	Integer（整型）	2	可为空
籍贯	Text（文本）	10	可为空

（1）在"数据库窗口"中单击鼠标右键，从快捷菜单中选择"新建表"命令，打开"表结构"对话框，如图 10-4 所示。

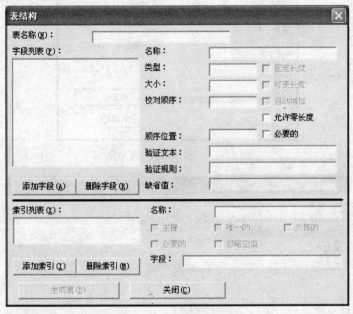

图 10-4 "表结构"对话框

（2）输入基本表的名称 student，单击"添加字段"按钮，弹出"添加字段"对话框，如图 10-5 所示。

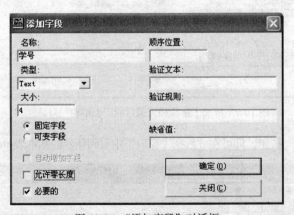

图 10-5 "添加字段"对话框

（3）在"添加字段"对话框中输入字段名，并选择数据类型及大小等字段属性。单击"确定"按钮后，对话框将被清空，可以继续添加表中的其他字段。表中所有字段添加完毕后，单击"关闭"按钮，返回"表结构"对话框。

（4）单击"添加索引"按钮，弹出"添加索引"对话框，如图 10-6 所示。

（5）在"添加索引"对话框中选择"可用字段"列表框中欲索引的字段（本例中选择"学号"字段），然后输入索引名称（本例为：index_学号），选中"主要的"和"唯一的"两个复选框，即可为该表创建主键（本例为：学号），单击"确定"按钮，返回"表结构"对话框，如图 10-7 所示。

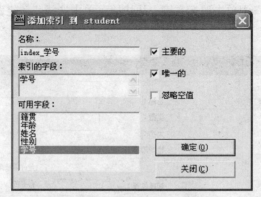

图 10-6 "添加索引"对话框

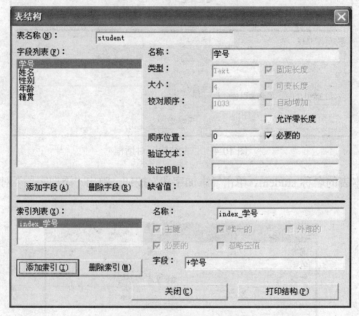

图 10-7 添加了字段和索引后的"表结构"对话框

（6）单击"生成表"按钮，即可在"数据库窗口"中看到新建的基本表 student，如图 10-8 所示。

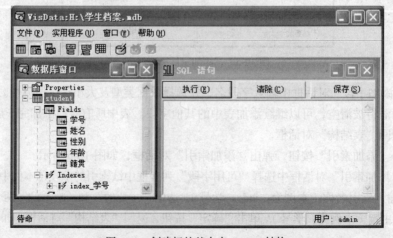

图 10-8 创建好的基本表 student 结构

注：基本表创建好后，如果需要修改，可以在"数据库窗口"中用鼠标右键单击基本表名，在弹出的快捷菜单中选择"设计"命令，即可再次打开"表结构"对话框。

3. 向基本表中添加数据

（1）在"数据库窗口"中双击基本表的名字，将会弹出数据记录窗口，如图 10-9 所示。

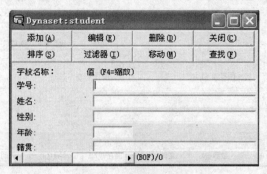

图 10-9　数据记录窗口

（2）在数据记录窗口中，单击"添加"按钮，将弹出空记录窗口。输入数据后，单击"更新"按钮，新记录将被添加入基本表，如图 10-10 所示。

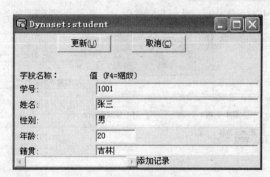

图 10-10　添加记录窗口

注：在图 10-9 所示的窗口中，还可以进行数据的编辑、删除、查找、排序、移动等操作。

4. 创建查询

下面创建例 10-2 中的查询，查询名称为"吉林省年龄大于 20 岁的同学"。

（1）在"数据库窗口"中用鼠标右键单击基本表名，从快捷菜单中选择"新建查询"命令，打开"查询生成器"对话框，如图 10-11 所示。

（2）选中基本表 student。在"要显示的字段："处选中需要显示的字段。本例中全部选中（如果一个字段都没有选中的话，默认显示所有的字段）。

（3）在"字段名称："处选择"student.籍贯"，"运算符："选择"="，"值："中输入"吉林"。然后单击"将 And 加入条件"按钮。

（4）在"字段名称："处选择"student.年龄"，"运算符："选择">"，"值："中输入"20"。然后单击"将 And 加入条件"按钮，如图 10-12 所示。单击"保存"按钮，在弹出的对话框中输入查询名称"吉林省年龄大于 20 岁的同学"，单击"确定"按钮。

（5）单击"显示"按钮可以查看相应的 SELECT 语句。单击"运行"按钮可以查看该查询的运行结果。

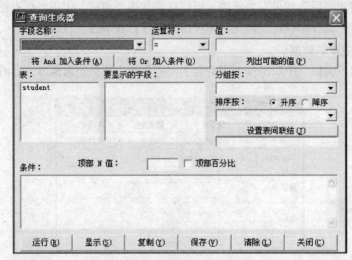

图 10-11　"查询生成器"对话框

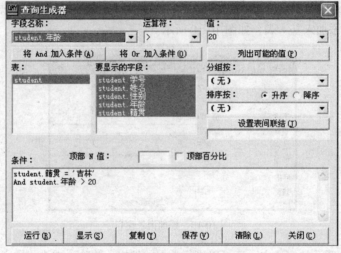

图 10-12　"查询生成器"对话框

10.3　通过 Data 控件访问数据库

　　Data 控件（数据控件）提供了一种访问数据库中数据的方法。通过设置属性，可以将数据控件与一个指定的数据库及其中的表联系起来，并可进入到表中的任一记录。

　　Data 控件只是负责数据库和工程之间的数据交换，本身并不显示数据，必须使用 VB 中的绑定控件，与数据控件一起来完成访问数据库的任务。绑定控件必须与数据控件在同一窗体中。

　　数据控件使用户可不用编写任何代码就能对数据库进行大部分操作。与数据控件相关联的绑定控件自动显示当前的记录。如果数据控件的记录指针移动，相关联的绑定控件会自动改为显示当前的记录；如果从绑定控件向数据控件输入新值，会自动存入数据库中。

　　Data 控件的图标和添加到窗体上的形状参见图 10-13。

　　Data 控件添加到窗体上后，提供了 4 个用于在基本表中进行数据浏览的按钮，从左向右分别是：记录指针移动到第一条记录、记录指针移动到上一条记录、记录指针移动到下一条记录、记录指针移动到最后一条记录，记录指针所指向的记录即为当前记录。

图 10-13　Data 控件的图标和添加到窗体上的形状

　　VB 6.0 中 Data 控件并不支持 Access 2003 数据库，所以需将其转换为低版本的格式。转换的步骤为：在 Access 2003 中，选择"工具"→"数据库实用工具"→"转换数据库"→"转为 Access 97 文件格式"即可。

10.3.1　Data 控件常用属性、方法、事件

下面介绍 Data 控件的常用属性。

1. Connect 属性

设置所连接的数据库类型，其值是一个字符串，默认值为 Access。

2. DatabaseName 属性

用来创建 Data 控件与数据库之间的联系，并指定要连接的数据库名及其所在路径。可以在属性窗口设置，也可以在程序中用代码设置，例如：

```
Data1.DatabaseName="h:\学生档案.mdb"
```

这种方法指定了要连接数据库的绝对路径。也可以使用相对路径，例如：

```
Data1.DatabaseName=App.path+"\"+"学生档案"
```

使用相对路径有利于应用程序的移植。项目开发时尽量使用相对路径。

3. RecordSource 属性

用于设置数据的来源，可以是表名、查询或 SELECT 语句。可以在属性窗口设置，也可以在程序中用代码设置，例如：

```
Data1.RecordSource="student"
```

4. RecordsetType 属性

用于确定记录集的类型。分为 3 种：

Table 类型：记录集为表集类型（值为 0 或 dbOpenTable），一个表集记录集代表能用来添加、更新或删除的单个数据库表，具有较好的更新性能。

Dynaset 类型：记录集为动态集类型（值为 1 或 dbOpenDynaset），一个动态记录集，代表一个数据库表或包含从一个或多个表取出的字段的查询结果。可从 Dynaset 类型的记录集中添加、更新或删除记录，并且任何改变都将反映在基本表上。具有较大的操作灵活性。

Snapshot 类型：记录集为快照集类型（值为 2 或 dbOpenSnapshot），一个记录集的静态副本，可用于查找数据或生成报告。一个快照类型的 Recordset 能包含从一个或多个在同一数据库中的表

里取出的字段，但字段不能更改，只能显示，具有较好的显示速度。

5．ReadOnly 属性

在对数据库只查看不修改时，通常将 ReadOnly 属性设置为 True，而在运行时根据一定的条件，响应一定的指令后，才将它设置为 False。

6．Exclusive 属性

Exclusive 属性值设置为 True（独占方式）时，则在通过关闭数据库撤销这个设置前，其他任何人不能对数据库访问。这个属性的缺省值是 False（共享方式）。

下面介绍 Data 控件的常用方法。

1．Refresh 方法

用于刷新记录集中的数据，以反映当前数据库的内容。

> 如果在程序运行时设置了 Data 控件的某些属性，如 Connect、RecordSource 或 Exclusive 等属性，则必须在设置完属性后使用 Refresh 方法使之生效。

2．UpdateRecord 方法

把当前的内容保存到数据库中，但不触发 Validate 事件。

3．UpdateControls 方法

将 Data 控件记录集中的当前记录填充到某个数据绑定控件。

下面介绍 Data 控件的常用事件。

1．Reposition 事件

该事件在当前记录指针移动时被触发。

2．Validate 事件

在某一记录成为当前记录之前和使用删除、更新或关闭操作之前触发。

10.3.2　Recordset 对象

Recordset 对象是 Data 控件最重要的对象，可以通过 Data 控件的 Recordset 属性访问。Recordset 对象指向 Data 控件的 RecordSource 属性指定的记录集，该记录集包含满足条件的所有记录。记录集类似数据库中的基本表，由若干行和若干列组成。

下面介绍 Recordset 对象的常用属性。

1．EOF 和 BOF 属性

如果记录指针位于第一条记录之前，则 BOF 的值为 True，否则为 False。

如果记录指针位于最后一条记录之后，则 EOF 的值为 True，否则为 False。

如果 BOF 和 EOF 的属性值同时为 True，则记录集为空。

2．Fields 属性

当前记录的字段集合对象，可以通过 Fields(序号)或 Fields(字段名)来访问当前记录的各字段的值。

例如：Data1.Recordset.Fields（1）与 Data1.Recordset.Fields("姓名")是等价的，都表示基本表 student 中的当前记录的第 2 个字段，即"姓名"字段。

> 第一个字段的序号为 0，依此类推。

3. Filter 属性

设置或返回 Recordset 对象的数据筛选条件。

4. Sort 属性

设置用于排序的字段。

5. AbsolutePosition 属性

返回或设置 Recordset 对象中记录集当前记录的序号（从 0 开始编号）。

在表中移动指针，最直接的方法就是使用 AbsolutePosition 属性，利用它可以直接将记录指针移动到某一条记录处。语法格式如下：

```
recordset.AbsolutePosition = N
```

其中：recordset 为 Recordset 对象变量，表示一个打开的表。N 表示记录指针要指向的记录号，范围是 0～记录总个数-1。

> AbsolutePosition 属性只适用于动态集类型和快照类型的表。另外，在指定记录号时是从 0 开始计算的，所以如果想要移动指针到第 N 条记录时，在程序中应该置 AbsolutePosition 值为 N−1。比如要移动指针到第 3 条记录，就要设置 AbsolutePosition 为 2。

6. RecordCount 属性

返回 Recordset 对象中的记录个数。

> 在 Recordset 对象刚打开时，该属性不能正确返回记录集中的记录个数，要得到正确的结果，应当在打开记录集后，使用 MoveLast 方法。

7. Bookmark 属性

这是书签属性。和我们在阅读时使用的书签一样，用于标识记录集中的记录，以便在需要时快速的将记录指针指向一个记录。

利用 Bookmark 属性，可以记下当前记录指针所在位置。当指针指向某一条记录时，系统就会产生唯一的标识符存在 Bookmark 属性中，随着指针位置的变化，Bookmark 中的值也变化。一般我们先将 Bookmark 中的值存在一个变量中，记住这个位置，然后指针移动，当需要时，可以再将变量中的值赋给 Bookmark，这样指针就可以移回原来的位置。

> 与 AbsolutePosition 属性有一点不同的是：Bookmark 属性的值是 String 或 Variant 类型的。有些表不支持 Bookmark 属性，为了能够确认 Bookmark 属性的存在，可以通过 Bookmarkable 属性的值来进行判断，若 Bookmarkable 值为 True，则可以使用 Bookmark 属性。

8. NoMatch 属性

当使用 Seek 方法或 Find 方法组进行查询后，可以使用该属性作为是否有符合条件的记录的判断依据，如果该属性值为 True，表明没有找到符合条件的记录。

下面介绍 Recordset 对象的常用方法。

1. AddNew 方法

在记录集的最后增加一条新记录。实际上该方法只是清除拷贝缓冲区允许输入新的记录，但并没有把新记录添加到记录集中。要想真正增加记录，还应当调用 Update 方法。

2. Edit 方法

用于对可更新的当前记录进行编辑。将当前记录放入拷贝缓冲区，以修改信息，进行编辑记录的操作，和 AddNew 方法一样，如果不使用 Update 方法，所有的编辑结果将不会改变数据库表中的记录。

3. Delete 方法

删除记录集中的当前记录。具体操作是首先将记录指针移动到欲删除的记录，然后调用 Delete 方法。一旦使用了该方法，记录就永远消失不可恢复。

使用 Delete 方法后，当前记录立即删除，没有任何提示或警告。删除后，绑定控件仍旧显示该记录的内容，所以必须通过移动记录指针来刷新绑定控件。

4. Update 方法

将修改的内容保存到数据库中。当更改了字段的内容后，只要移动记录指针或调用 Update 方法，即可将所修改的内容存盘。

如果使用 AddNew 和 Edit 方法之后，没有立即使用 Update 方法，而是重新使用 Edit、AddNew 等操作移动了记录指针，拷贝缓冲区将被清空，原来输入的信息将会全部丢失，不会存入记录集中。

5. CancelUpdate 方法

用于取消 Data 控件的记录集中添加或编辑操作，恢复修改前的状态。

6. Seek 方法

通过一个已经被设置了索引的字段，查找符合条件的记录。该方法只用于对表记录集类型的记录集中的记录查找。

7. Find 方法组

（1）FindFirst 方法：自首记录开始向下（记录号增大的方向）查询匹配的第一个记录。

（2）FindLast 方法：自尾记录开始向上（记录号减小的方向）查询匹配的第一个记录。

（3）FindNext 方法：自当前记录开始向下查询匹配的第一个记录。

（4）FindPrevious 方法：自当前记录开始向上查询匹配的第一个记录。

这些查找方法只适用于动态集类型和快照集类型的记录集，对于表记录集类型则使用另一种方法 Seek 进行查找操作。

8. Move 方法组

该方法组用于移动记录指针。共包含 5 种方法。

（1）MoveFirst 方法：将记录指针移到第一条记录。

（2）MoveLast 方法：将记录指针移到最后一条记录。

（3）MoveNext 方法：将记录指针移到下一条记录。

（4）MovePrevious 方法：将记录指针移到上一条记录。

（5）Move [± n]方法：将记录指针向下（正号）或向上（负号）移过 n 条记录。n 为自然数。

9. Close 方法

该方法关闭指定的记录集。

10.3.3 数据绑定控件

Data 控件本身并没有显示数据的功能。Data 控件必须与数据绑定控件配合使用，才能显示或操作数据库中的数据。

在 VB 6.0 中，能够和 Data 控件绑定的内部控件包括 TextBox（文本框）、Label（标签）、CheckBox（复选框）、ListBox（列表框）、ComboBox（组合框）、PictureBox（图片框）、Image（图像框）和 OLE 容器等控件。此外，VB 6.0 还提供了大量的 ActiveX 数据绑定控件，如 DataList（数据列表）、DataGrid（数据表格）和 MSFlexGrid（数据网格）等控件。这些外部控件都允许一次显示或操作几条记录。

数据绑定控件的常用属性如下。

1. DataSource 属性

用于设置与该控件绑定的 Data 控件的名称。

2. DataField 属性

用于设置在该控件上显示的数据字段的名称，MSFlexGrid 等表格控件可以显示记录集中的所有字段，所以没有该属性。

10.3.4　数据库应用程序的设计步骤

1. 新建工程文件

在 VB 中创建一个新的工程文件，通常情况下数据库应用程序需要建立一个主窗体和若干个子窗体。在主窗体中设计数据库应用程序主菜单程序，在各个子窗体中完成各项具体数据操作工作。当然，简单的问题也可以不用子窗体。

2. 设置数据控件

在子窗体中放置数据控件，通过属性设置选择连接的数据库类型和数据库，选择连接的数据表。

3. 设置数据绑定控件

在窗体中放置数据绑定控件，通过属性设置选择数据控件要显示与编辑的字段名。

4. 编写事件驱动代码

根据程序设计要求，放置其他各类控件（如命令按纽），编写事件处理过程。

10.3.5　Data 控件用法示例

本小节将通过几个示例来说明 Data 控件和数据绑定控件的用法。在所有示例中，将使用前面创建的数据库"学生档案.mdb"。

【例 10-6】　使用数据网格控件 MSFlexGrid 浏览 student 表中的数据。程序运行界面如图 10-14 所示。

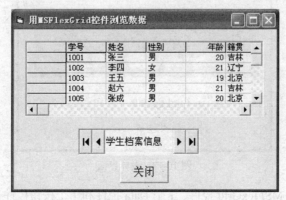

图 10-14　运行界面

1. 加载 MSFlexGrid 控件

在 VB 6.0 主界面中，选择"工程"→"部件..."，弹出"部件"对话框，如图 10-15 所示。

图 10-15　"部件"对话框

选中"Microsoft FlexGrid Control 6.0"，单击"确定"按钮。MSFlexGrid 控件即可加到工具箱上，如图 10-16 所示。

图 10-16　MSFlexGrid 控件的图标

2. 设计程序界面并设置控件属性

程序设计界面如图 10-17 所示。

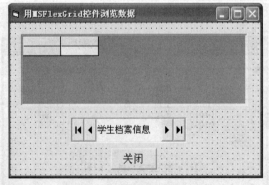

图 10-17　设计界面

在窗体上添加 1 个 MSFlexGrid 控件、1 个 Data 控件和 1 个按钮控件 CommandButton。在属性窗口设置窗体及各控件的属性，如表 10-3 所示。

表 10–3   窗体及控件属性

	控　件　名	属　性　名	属　性　值
窗体	Form1	Caption	用 MSFlexGrid 控件浏览数据
数据控件	Data1	Caption	学生档案信息
		Connect	Access
		DatabaseName	H:\学生档案.mdb
		RecordSource	student
数据网格控件	MSFlexGrid1	DataSource	Data1
命令按钮	cmdClose	Caption	关闭

3. 程序代码

进入代码窗口，在相应的 Sub 模块中编写如下代码：

```
Private Sub cmdClose_Click()
   End
End Sub
```

【例 10-7】　使用文本框控件 TextBox 浏览 student 表中的数据。程序运行界面如图 10-18 所示。

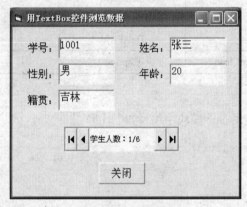

图 10-18　运行界面

1. 设计程序界面并设置控件属性

程序设计界面如图 10-19 所示。

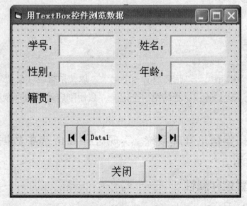

图 10-19　设计界面

在窗体上添加 1 个 Data 控件、5 个 Label 控件、1 个 TextBox 控件数组和 1 个按钮控件 CommandButton。在属性窗口设置窗体及各主要控件的属性，如表 10-4 所示。

表 10-4　　　　　　　　　　　　　　窗体及控件属性

	控 件 名	属 性 名	属 性 值
窗体	Form1	Caption	用 TextBox 控件浏览数据
数据控件	Data1	Connect	Access
		DatabaseName	H:\学生档案.mdb
		RecordSource	student
文本框控件数组	Text1（1）	DataSource	Data1
		DataField	学号
	Text1（2）	DataSource	Data1
		DataField	姓名
	Text1（3）	DataSource	Data1
		DataField	性别
	Text1（4）	DataSource	Data1
		DataField	年龄
	Text1（5）	DataSource	Data1
		DataField	籍贯
命令按钮	cmdClose	Caption	关闭

2．程序代码

进入代码窗口，在相应的 Sub 模块中编写如下代码：

```
Private Sub cmdClose _Click()
   End
End Sub
Private Sub Data1_Reposition()
   With Data1.Recordset
      If .EOF Or .BOF Then
         Data1.Caption = "学生人数: 0/0"
      End If
      Data1.Caption = "学生人数: " & .AbsolutePosition + 1 & "/" & .RecordCount
                  ' 显示 当前记录/总记录数
   End With
End Sub
Private Sub Form_Initialize()
   Data1.Recordset.MoveLast    '指向最后一个记录，以便系统统计总记录数 RecordCount
   Data1.Recordset.MoveFirst   '指向第一个记录，以便刚启动窗体时显示第一条记录
End Sub
```

【例 10-8】　简单学生档案信息管理系统。实现对 student 表中数据增加、删除、查找等功能。程序运行界面如图 10-20 所示。

1．设计程序界面并设置控件属性

程序设计界面如图 10-21 所示。

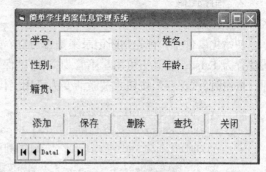

图 10-20 运行界面　　　　　　　　　　图 10-21 设计界面

在窗体上添加 1 个 Data 控件、6 个 Label 控件、1 个 TextBox 控件数组和 4 个按钮控件 CommandButton。在属性窗口设置窗体及各主要控件的属性，如表 10-5 所示。

表 10-5　　　　　　　　　　　　　　窗体及控件属性

	控件名	属性名	属性值
窗体	Form1	Caption	简单学生档案信息管理系统
数据控件	Data1	Connect	Access
		DatabaseName	H:\学生档案.mdb
		RecordSource	student
		RecordsetType	1-Dynaset
		Visible	False
文本框控件数组	Text1（1）	DataSource	Data1
		DataField	学号
		MaxLenth	4
	Text1（2）	DataSource	Data1
		DataField	姓名
		MaxLenth	4
	Text1（3）	DataSource	Data1
		DataField	性别
		MaxLenth	1
	Text1（4）	DataSource	Data1
		DataField	年龄
		MaxLenth	2
	Text1（5）	DataSource	Data1
		DataField	籍贯
		MaxLenth	5
命令按钮	cmdClose	Caption	关闭
	cmdFind	Caption	查找
	cmdAdd	Caption	添加
	cmdDelete	Caption	删除
	cmdSave	Caption	保存

2. 程序代码

（1）初始化

初始化事件中，首先判断记录集是否为空。如为空，则将"查找"和"删除"按钮的 Enabled 属性置为 False，使其不可用。不管为空否，"保存"按钮都将置为不可用。只有当用户单击"添加"按钮时，"保存"按钮才被激活变为可用。代码如下：

```
Private Sub Form_Initialize()
    If Data1.Recordset.EOF And Data1.Recordset.BOF Then   '检测记录集是否为空
        cmdFind.Enabled = False   ' 查找按钮不可用
        cmdDelete.Enabled = False   ' 删除按钮不可用
    Else
        Data1.Recordset.MoveFirst   ' 如果不为空，指向第一个记录
    End If
    cmdSave.Enabled = False   ' 保存按钮不可用
End Sub
```

（2）添加记录

用户单击"添加"按钮时，将"添加"、"删除"和"查找"按钮的 Enabled 属性置为 False，即让这 3 个按钮不可用。将"保存"按钮的 Enabled 属性置为 True，变为可用。这样可以防止误操作。代码如下：

```
Private Sub cmdAdd_Click()
    Dim str1$, str2$
    str1$ = "输入新的记录"
    str2$ = MsgBox(str1$, vbOKCancel, "添加记录")
    If str2$ = vbOK Then
        Text1(1).SetFocus         ' 将焦点置于第一个文本框中
        Data1.Recordset.AddNew    ' 记录集最后增加一条空记录
        cmdAdd.Enabled = False
        cmdDelete.Enabled = False
        cmdFind.Enabled = False
        cmdSave.Enabled = True
    End If
End Sub
```

通过"Data1.Recordset.AddNew"语句，在记录集最后增加一条空记录。用户输入数据后，单击"保存"按钮，新记录被写入数据库。

（3）"保存"按钮

"保存"按钮是专门用于配合"添加"按钮的。二者一起完成了添加记录的功能。当用户单击"保存"按钮时，首先判断学号和姓名是否为空，因为设计表结构时，二者被设置为必要的，不能为空。判断方法是检验文本框内容是否为空，如为空，则通过消息框提示错误，如图 10-22 所示。

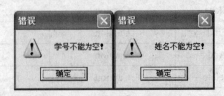

图 10-22　检查输入数据的合法性

通过 " Data1.UpdateRecord " 语句将新记录保存到了数据库中。此处使用 "Data1.Recordset.Update" 语句也可完成同样的功能。代码如下：

```
Private Sub cmdSave_Click()
   If Text1(1) = "" Then
      MsgBox "学号不能为空！" , vbExclamation, "错误"
      Text1(1).SetFocus
   ElseIf Text1(2) = "" Then
      MsgBox "姓名不能为空！" , vbExclamation, "错误"
      Text1(2).SetFocus
   Else
      Data1.UpdateRecord  ' 用于保存添加好的记录,用 Data1.Recordset.Update 也可
      Data1.Recordset.MoveLast  ' 显示刚刚增加的记录
      MsgBox "保存成功！"
      cmdAdd.Enabled = True
      cmdSave.Enabled = False
      cmdDelete.Enabled = True
      cmdFind.Enabled = True
   End If
End Sub
```

（4）删除记录

用户单击"删除"按钮时，将弹出"确认删除"消息框，如图 10-23 所示。

在"确认删除"消息框中，如用户选择"是"，则通过 "Data1.Recordset.Delete" 语句删除当前记录。代码如下：

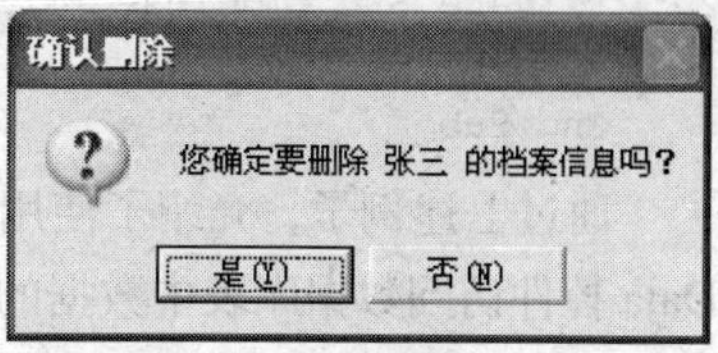

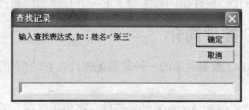

图 10-23　"确认删除"消息框

```
Private Sub cmdDelete_Click()
   Dim str1$, str2$
   str1$ = "您确定要删除" & Text1(2).Text & " 的档案信息吗? "
   str2$ = MsgBox(str1$, vbYesNo+vbQuestion, "确认删除")
   If str2$ = vbYes Then
      Data1.Recordset.Delete      ' 删除当前记录
      Data1.Recordset.MoveNext    ' 显示下一条记录
      If Data1.Recordset.EOF Then
         Data1.Recordset.MoveLast  ' 如果到记录集末尾,则显示最后一条记录
      End If
   End If
End Sub
```

（5）查找记录

用户单击"查找"按钮时，将弹出"查找记录"输入框，如图 10-24 所示。

图 10-24　"查找记录"输入框

输入查找条件后，单击"确定"按钮，则通过"Data1.Recordset.FindFirst"语句按照输入的

条件进行查找。若找到，则显示找到的记录，否则显示记录集中的第一条记录。代码如下：

```
Private Sub cmdFind_Click()
    Dim str As String
    Dim mybookmark As Variant
    str = InputBox("输入查找表达式,如：姓名='张三'", "查找记录")
    If str = "" Then Exit Sub
    On Error Resume Next
    mybookmark = Data1.Recordset.Bookmark    ' 记住查找前，记录指针位置
    Data1.Recordset.FindFirst str
                    ' 从头开始查找满足条件的第一条记录，若找到就显示找到的记录
    If Data1.Recordset.NoMatch Then
        MsgBox ("对不起，没有发现要查找的姓名")
        Data1.Recordset.Bookmark = mybookmark    ' 若未找到，则显示原先记录
    End If
    cmdAdd.Enabled = True
    cmdDelete.Enabled = True
    cmdFind.Enabled = True
    cmdSave.Enabled = False
End Sub
```

（6）退出系统

用户单击"关闭"按钮时，将结束本系统的运行。代码如下：

```
Private Sub cmdClose _Click()
    End
End Sub
```

通过上述例子，介绍了使用 Data 控件进行简单信息管理系统的开发过程，读者可以了解用 Data 控件访问数据库表中数据的方法。

10.4　通过 ADODC 控件访问数据库

ADO（ActiveX Data Objects，ActiveX 数据对象）是为 Microsoft 最新最强大的数据访问范例 OLE DB 而设计的，是基于 OLE DB 之上的技术。OLE DB 是一种底层的编程接口，它支持关系型或非关系型的各种数据源，比如各种类型的数据库、电子表格、电子邮件和文本文件等。

ADO 技术广泛应用于各种程序设计语言，包括应用网页编程。是独立于开发工具和开发语言的、简单的、功能强大而且容易使用的数据访问接口。是目前业界最流行的数据库访问技术，具体可以分为 ADODC 控件（ADO 控件）和 ADO 对象两种方式。

本节介绍如何通过 ADODC 控件访问数据库，下一节介绍如何通过 ADO 对象访问数据库。

10.4.1　ADODC 控件简介

ADODC 控件是基于 ADO 数据对象的一种数据源控件，它的使用方法和 Data 控件类似，但其功能要强大很多。

ADODC 控件是 VB 6.0 提供的 ActiveX 外部控件，在使用之前，需要首先将它添加到工具箱中。方法是：选择"工程"→"部件"命令，弹出"部件"对话框。选中"Microsoft ADO Data Control 6.0（OLEDB）"项，单击"确定"按钮，即可将 ADODC 控件添加到工具箱，如图 10-25 所示。

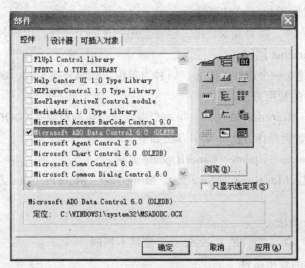

图 10-25　加载 ADODC 控件

ADODC 控件的图标和添加到窗体上的形状如图 10-26 所示。

Data 控件添加到窗体上后，提供了 4 个用于在基本表中进行数据浏览的按钮，从左向右分别是：记录指针移动到第一条记录、记录指针移动到上一条记录、记录指针移动到下一条记录、记录指针移动到最后一条记录，记录指针所指向的记录即为当前记录。

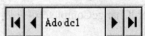

图 10-26　ADODC 控件的图标和添加到窗体上的形状

1. ADODC 控件的常用属性

（1）ConnectionString 属性

ConnectionString 属性通过连接字符串来选择连接数据库的类型、驱动程序与数据库名称。

连接信息参数及参数含义如下。

① Provider：提供数据库类型与驱动程序。

② Data Source：选择数据库名。

③ Persist Security Info：安全信息，主要是设置登录用的账户和口令。

（2）RecordSource 属性

RecordSource 属性用于设置所要连接的记录源，可以是基本表名、查询名或者 SQL 查询语句。

（3）CommandType 属性

CommandType 属性用于指定 RecordSource 属性所连接数据源的类型。可直接在属性窗口中 CommandType 属性框右边的下拉列表中选择需要的类型，其有 4 种可选类型。

① 8-adCmdUnknown（默认）：未知命令类型。

② 1-adCmdText：文本命令类型。可以输入 SQL 语句，用 SQL 语句选择基本表或进行插入、替换与删除操作。

③ 2-adCmdTable：表示该命令是一个表或查询（视图）名称。

④ 4-adCmdStoreProc：表示该命令是一个存储过程名。

经常使用的是 adCmdTable 类型。

（4）UserName 属性和 Password 属性

当访问大型数据库时，需要登录认证，经常会用到这两个属性：用户名和口令。

（5）ConnectionTimeout 属性

该属性设置等待建立一个连接的时间，以秒为单位。如果连接超时，则返回一个错误。

2．ADODC 控件的常用方法

ADODC 控件也有 Recordset 属性，它是一个指向记录集的对象。ADODC 控件的方法主要指 Recordset 对象提供的数据操作方法。常用方法如下。

（1）AddNew、Delele、Update、CancelUpdate 方法。

（2）Move 方法组：MoveFirst、MoveLast、MoveNext、MovePrevious 方法。

（3）Find 方法。

（4）Open、Close 方法。

这些方法的用法与 Data 控件的 Recordset 对象基本相同。

3．ADODC 控件的常用事件

（1）WillMove 和 MoveComplete 事件

WillMove 事件在当前记录的位置即将发生变化时触发，如使用 ADODC 控件上的按钮移动记录位置时。WillComplete 事件在位置改变完成时触发。

（2）WillChangeField 和 FieldChangeComplete 事件

WillChangeField 事件是当前记录集中当前记录的一个或多个字段发生变化时触发。而 FieldChangeComplete 事件则是当字段的值发生变化后触发。

（3）WillChangeRecord 和 RecordChangeComplete 事件

WillChangeRecord 事件是当记录集中的一个或多个记录发生变化前产生的。而 RecordChangeComplete 事件则是当记录已经完成后触发。

10.4.2　数据绑定控件

ADODC 控件本身也没有显示数据的功能。其必须与数据绑定控件配合使用，才能显示或操作数据库中的数据。

在 VB 6.0 中，能够和 ADODC 控件绑定的内部控件包括 TextBox（文本框）、Label（标签）、CheckBox（复选框）、ListBox（列表框）、ComboBox（组合框）、PictureBox（图片框）和 Image（图像框）等控件。此外，VB 6.0 还提供了大量的 ActiveX 数据绑定控件，如 DataList（数据列表）、DataGrid（数据表格）和 DataCombo（数据组合框）等。这些外部控件都允许一次显示或操作几条记录。

数据绑定控件的常用属性如下。

（1）DataSource 属性

用于设置与该控件绑定的 ADODC 控件的名称。即指定该控件要绑定到哪个数据源。

（2）DataField 属性

用于设置在该控件上显示的数据字段的名称，DataGrid 等表格控件可以显示记录集中的所有字段，所以没有该属性。

10.4.3　ADODC 控件用法示例

【例 10-9】　使用数据表格控件 DataGrid 浏览 student 表中的数据。程序运行界面如图 10-27 所示。

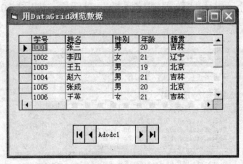

图 10-27　运行界面

1. 加载 DataGrid 控件

在 VB 6.0 主界面中，选择"工程"→"部件…"，弹出"部件"对话框，如图 10-28 所示。

选中"Microsoft DataGrid Control 6.0（OLEDB）"，单击"确定"按钮。DataGrid 控件即可加到工具箱上，如图 10-29 所示。

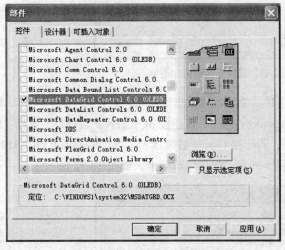

图 10-28　"部件"对话框

图 10-29　DataGrid 控件的图标

2. ADODC 控件属性页的设置

（1）ADODC 控件添加到窗体上以后，默认控件名为 Adodc1。右键单击该控件，在弹出的快捷菜单中选择"ADODC 属性"命令，将弹出 ADODC 控件的"属性页"对话框，如图 10-30 所示。

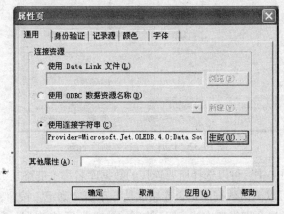

图 10-30　ADODC 控件的"属性页"对话框

（2）单击"生成"按钮，进入"数据链接属性"对话框，如图 10-31 所示。通过该对话框可以将 ADODC 控件连接到数据库。

图 10-31　选择连接数据库类型

（3）在"提供程序"选项卡中，选择所要连接的数据库类型。若连接 Access 2003 数据库，则可选择"Microsoft Jet 4.0 OLE DB Provider"选项；若连接 SQL Server 数据库，选择"Microsoft OLE DB Provider for SQL Server"选项；若连接 Oracle 数据库，选择"Microsoft OLE DB Provider for Oracle"选项。单击"下一步"按钮，进入"连接"选项卡，如图 10-32 所示。

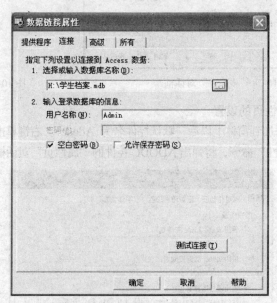

图 10-32　选择所连接数据库名称

（4）在"连接"选项卡中，可以选择所要连接的数据库名称（带路径）、登录账号和口令。单击"测试连接"按钮，可以测试数据库是否连接成功。单击"确定"按钮，则数据库引擎程序、数据库名称、登录账号和口令即设置完成，回到如图 10-30 所示的"属性页"对话框。这时在"使用连接字符串"下面的文本框中，出现的文字为：

```
Provider=Microsoft.Jet.OLEDB.4.0;
Data Source=H:\学生档案.mdb; Persist Security Info=False
```

上述建立与数据库连接的步骤，也可以在程序中用下面代码设置。

Adodc1.ConnectionString=" Provider=Microsoft.Jet.OLEDB.4.0;　Data Source= H:\学生档案.mdb; Persist Security Info=False"

（5）单击图 10-30 所示"属性页"对话框中"记录源"选项卡，如图 10-33 所示。在"命令类型"下拉列表框中选择"2-adCmdTable"命令类型，在"表或存储过程名称"下拉列表框中选择基本表或查询作为记录源，本例选择的是基本表 student。

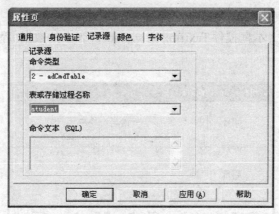

图 10-33　选择基本表 student 作为记录源

该处设置记录源的步骤，也可以在程序中用下面代码完成。

Adodc1.CommandType=adCmdTable

Adodc1.RecordSource="student"

至此，ADODC 控件的属性设置完成，可以作为数据绑定控件的数据源使用。

3. 设计程序界面并设置控件属性

程序设计界面如图 10-34 所示。

图 10-34　设计界面

在窗体上添加 1 个 DataGrid 控件和 1 个 ADODC 控件。在属性窗口设置窗体及各控件的属性，如表 10-6 所示。

表 10–6   窗体及控件属性

	控 件 名	属 性 名	属 性 值
窗体	Form1	Caption	用 DataGrid 控件浏览数据
数据控件	Adodc1	ConnectString	Provider=Microsoft.Jet.OLEDB.4.0；Data Source=H:\学生档案.mdb；Persist Security Info=False
		CommandType	2-adCmdTable
		RecordSource	student
数据表格控件	DataGrid1	DataSource	Adodc1

4. 程序代码

本例中没有使用任何代码。

【**例 10-10**】 使用文本框控件 TextBox 浏览 student 表中的数据。程序运行界面如图 10-35 所示。

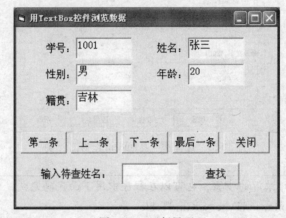

图 10-35   运行界面

1. 设计程序界面并设置控件属性

程序设计界面如图 10-36 所示。

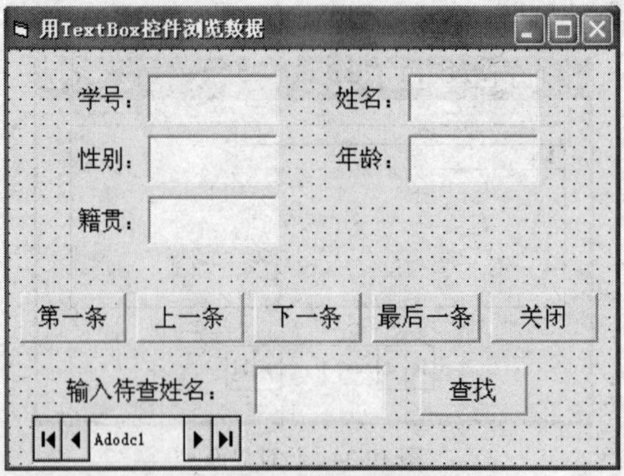

图 10-36   设计界面

在窗体上添加 1 个 ADODC 控件、6 个 Label 控件、1 个 TextBox 控件数组、1 个 TextBox 控

件和 6 个按钮控件 CommandButton。在属性窗口设置窗体及各主要控件的属性，如表 10-7 所示。ADODC 控件的设置同上例。

表 10-7 窗体及控件属性

	控 件 名	属 性 名	属 性 值
窗体	Form1	Caption	用 TextBox 控件浏览数据
文本框控件数组	Text1（1）	DataSource	Adodc1
		DataField	学号
	Text1（2）	DataSource	Adodc1
		DataField	姓名
	Text1（3）	DataSource	Adodc1
		DataField	性别
	Text1（4）	DataSource	Adodc1
		DataField	年龄
	Text1（5）	DataSource	Adodc1
		DataField	籍贯
命令按钮	cmdClose	Caption	关闭
	cmdFirst	Caption	第一条
	cmdPrevious	Caption	上一条
	cmdNext	Caption	下一条
	cmdLast	Caption	最后一条
	cmdFind	Caption	查找

2. 程序代码

进入代码窗口，在相应的 Sub 模块中编写如下代码。

```
Private Sub Form_Initialize()        ' 初始化
  Dim i As Integer
  For i = 1 To 5                 ' 锁定 5 个文本框，不允许编辑
    Text1(i).Locked = True
  Next i
End Sub
Private Sub cmdFirst_Click()
  Adodc1.Recordset.MoveFirst
  cmdPrevious.Enabled = False    ' 显示第一条记录，使"上一条"按钮无效
  cmdNext.Enabled = True        ' 显示第一条记录，使"下一条"按钮有效
End Sub

Private Sub cmdPrevious_Click()
  Adodc1.Recordset.MovePrevious
  cmdNext.Enabled = True        ' 使"下一条"按钮有效
  If Adodc1.Recordset.AbsolutePosition = 1 Then
    cmdPrevious.Enabled = False  ' 显示第一条记录，使"上一条"按钮无效
  End If
End Sub

Private Sub cmdNext_Click()
  Adodc1.Recordset.MoveNext
```

```
      cmdPrevious.Enabled = True    ' 使"上一条"按钮有效
      If Adodc1.Recordset.AbsolutePosition = Adodc1.Recordset.RecordCount Then
        cmdNext.Enabled = False      ' 显示最后一条记录，使"下一条"按钮无效
      End If
End Sub

Private Sub cmdLast_Click()
   Adodc1.Recordset.MoveLast
   cmdPrevious.Enabled = True    ' 显示最后一条记录，使"上一条"按钮有效
   cmdNext.Enabled = False.       ' 显示最后一条记录，使"下一条"按钮无效
End Sub

Private Sub cmdFind_Click()
   Dim str As String
   Dim mybookmark As Variant
   mybookmark = Adodc1.Recordset.Bookmark  ' 记住查找前，记录指针位置
   str = "姓名='" & Text2.Text & "'"
   Adodc1.Recordset.MoveFirst
   Adodc1.Recordset.Find str
   If Adodc1.Recordset.EOF Then
      MsgBox "指定的条件没有匹配的记录", , "信息提示"
      Adodc1.Recordset.Bookmark = mybookmark  ' 若未找到，则显示原先记录
   End If
End Sub

Private Sub cmdClose_Click()
   Unload Me
End Sub
```

【例 10-11】 简单学生档案信息管理系统。实现对 student 表中数据增加、修改、删除等功能。程序运行界面如图 10-37 所示。

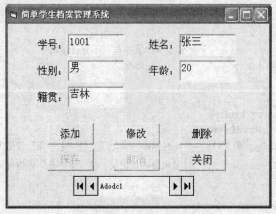

图 10-37 运行界面

1. 设计程序界面并设置控件属性

程序设计界面如图 10-38 所示。

在窗体上添加 1 个 ADODC 控件、5 个 Label 控件、1 个 TextBox 控件数组和 6 个按钮控件 CommandButton。在属性窗口设置窗体及各主要控件的属性，如表 10-8 所示。ADODC 控件的属性设置同上。

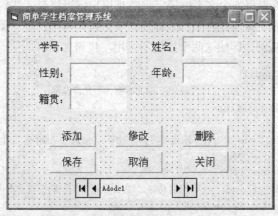

图 10-38 设计界面

表 10-8 窗体及控件属性

	控 件 名	属 性 名	属 性 值
窗体	Form1	Caption	简单学生档案管理系统
文本框控件数组	Text1（1）	DataSource	Adodc1
		DataField	学号
		MaxLenth	4
	Text1（2）	DataSource	Adodc1
		DataField	姓名
		MaxLenth	4
	Text1（3）	DataSource	Adodc1
		DataField	性别
		MaxLenth	1
	Text1（4）	DataSource	Adodc1
		DataField	年龄
		MaxLenth	2
	Text1（5）	DataSource	Adodc1
		DataField	籍贯
		MaxLenth	5
命令按钮	cmdAdd	Caption	添加
	cmdUpdate	Caption	修改
	cmdDelete	Caption	删除
	cmdSave	Caption	保存
	cmdCancel	Caption	取消
	cmdClose	Caption	关闭

2．程序代码

（1）初始化

通用段设置了两个后面用到的变量，代码如下：

```
Dim i As Integer
Dim bookmark1 As Variant
```

　　窗体装载事件中，首先将 5 个文本框锁定，防止用户编辑修改。然后将"添加"、"修改"和"删除" 3 个按钮的 Enabled 属性置为 True，即使这 3 个按钮可用，将"保存"和"取消"两个按钮的 Enabled 属性置为 False，即使这两个按钮不可用。代码如下：

```
Private Sub Form_Load()
    For i = 1 To 5              ' 锁定 5 个文本框，不允许编辑
        Text1(i).Locked = True
    Next i
    cmdAdd.Enabled = True       ' 刚启动时，"添加"、"修改"、"删除" 3 个按钮可用
    cmdUpdate.Enabled = True
    cmdDelete.Enabled = True
    cmdSave.Enabled = False     ' 刚启动时，"保存"、"取消"两个按钮不可用
    cmdCancel.Enabled = False
End Sub
```

　　（2）添加记录

　　用户单击"添加"按钮时，首先记住增加新记录前记录指针位置，以便将来取消后恢复到此记录处。然后为 5 个文本框解锁，以便用户进行编辑，输入新记录内容。最后使"添加"、"修改"和"删除" 3 个按钮不可用，使"保存"和"取消"两个按钮可用。这样可以防止误操作。代码如下：

```
Private Sub cmdAdd_Click()
    bookmark1 = Adodc1.Recordset.Bookmark
                        ' 记住增加前，记录指针位置，以便将来取消后，恢复到此记录
    For i = 1 To 5      ' 为 5 个文本框解锁，以便进行编辑
        Text1(i).Locked = False
    Next i
    Adodc1.Recordset.AddNew   ' 在记录集中增加空白记录
    Text1(1).SetFocus
    cmdAdd.Enabled = False
            ' 单击"添加"按钮后，使"添加"、"修改"和"删除" 3 个按钮不可用
    cmdUpdate.Enabled = False
    cmdDelete.Enabled = False
    cmdSave.Enabled = True ' 单击"添加"按钮后，使"保存"和"取消"两个按钮可用
    cmdCancel.Enabled = True
End Sub
```

　　通过"Adodc1.Recordset.AddNew"语句，在记录集最后增加一条空记录。用户输入数据后，单击"保存"按钮，新记录将被写入数据库。

　　（3）修改记录

　　用户单击"修改"按钮时，首先记住修改前记录指针位置，以便将来取消后恢复显示此记录。然后为 5 个文本框解锁，以便用户对当前记录进行编辑修改。最后使"添加"、"修改"和"删除" 3 个按钮不可用，使"保存"和"取消"两个按钮可用。这样可以防止误操作。代码如下：

```
Private Sub cmdUpdate_Click()
    If Adodc1.Recordset.EOF Then Exit Sub
    bookmark1 = Adodc1.Recordset.Bookmark
                        ' 记住修改前，记录指针位置，以便将来取消后，恢复到此记录
    For i = 1 To 5      ' 为 5 个文本框解锁，以便进行编辑
```

```
      Text1(i).Locked = False
   Next i
   cmdAdd.Enabled = False
              ' 单击 "修改" 按钮后, 使 "添加"、"修改" 和 "删除" 3 个按钮不可用
   cmdUpdate.Enabled = False
   cmdDelete.Enabled = False
   cmdSave.Enabled = True ' 单击 "修改" 按钮后,使 "保存" 和 "取消" 两个按钮可用
   cmdCancel.Enabled = True
End Sub
```

（4）"保存"按钮

"保存"按钮是用于配合"添加"和"修改"按钮的。用于将新增加的记录或修改后数据存盘。当用户单击"保存"按钮时，首先判断学号和姓名是否为空，因为设计表结构时，二者被设置为必要的，不能为空。判断方法是检验文本框内容是否为空，如为空，则通过消息框提示错误，如图 10-39 所示。

然后重新锁定 5 个文本框，以防止用户对当前记录进行编辑修改。最后使"添加"、"修改"和"删除"3 个按钮可用，使"保存"和"取消"两个按钮不可用。

通过"Adodc1.Recordset.Update"语句将新记录保存到数据库中。代码如下：

图 10-39　检查输入数据的合法性

```
Private Sub cmdSave_Click()
   If Len(Text1(1).Text) = 0 Then
      MsgBox "学号不能为空! ", vbExclamation, "错误"
      Text1(1).SetFocus
      Exit Sub
   End If
   If Len(Text1(2).Text) = 0 Then
      MsgBox "姓名不能为空! ", vbExclamation, "错误"
      Text1(2).SetFocus
      Exit Sub
   End If
   Adodc1.Recordset.Update     ' 保存对记录集当前记录的修改
   For i = 1 To 5              ' 重新锁定 5 个文本框, 不允许编辑
      Text1(i).Locked = True
   Next i
   cmdAdd.Enabled = True
              ' 单击 "保存" 按钮后, 使 "添加"、"修改" 和 "删除" 3 个按钮可用
   cmdUpdate.Enabled = True
   cmdDelete.Enabled = True
   cmdSave.Enabled = False ' 单击 "保存" 按钮后,使 "保存" 和 "取消" 两个按钮不可用
   cmdCancel.Enabled = False
End Sub
```

（5）"取消"按钮

"取消"按钮是用于配合"添加"和"修改"按钮的。用于取消新增加的记录或取消对当前记录的修改。

然后重新锁定 5 个文本框，以防止用户对当前记录进行编辑修改。最后使"添加"、"修改"和"删除"3 个按钮可用，使"保存"和"取消"两个按钮不可用。

通过 "Adodc1.Recordset. CancelUpdate" 语句将取消新增加的记录或取消对当前记录的修改，即刚才所做的增加或修改并未保存到数据库中，并恢复显示添加或修改之前的记录。

代码如下：

```
Private Sub cmdCancel_Click()
    Adodc1.Recordset.CancelUpdate    ' 放弃对记录集当前记录的修改
    Adodc1.Refresh
    Adodc1.Recordset.Bookmark = bookmark1
                         ' 取消了修改或新增记录，则恢复显示修改或增加前记录
    For i = 1 To 5         ' 锁定 5 个文本框，不允许编辑
        Text1(i).Locked = True
    Next i
    cmdAdd.Enabled = True
               ' 单击 "取消" 按钮后，使 "添加"、"修改" 和 "删除" 3 个按钮可用
    cmdUpdate.Enabled = True
    cmdDelete.Enabled = True
    cmdSave.Enabled = False '单击 "取消" 按钮后,使 "保存" 和 "取消" 两个按钮不可用
    cmdCancel.Enabled = False
End Sub
```

（6）删除记录

用户单击 "删除" 按钮时，将弹出 "确认删除" 消息框，如图 10-40 所示。

在 "确认删除" 消息框中，如用户选择 "是"，则通过 "Adodc1.Recordset.Delete" 语句删除当前记录。代码如下：

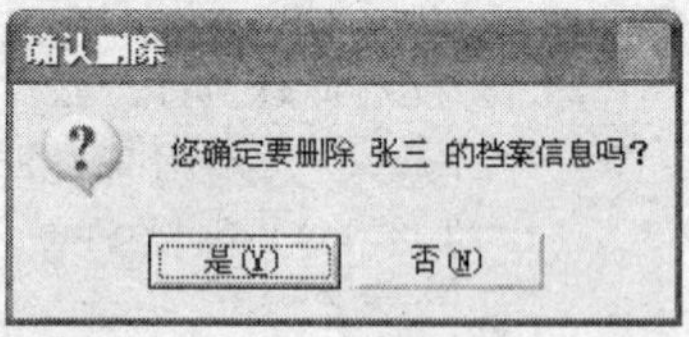

图 10-40　"确认删除" 消息框

```
Private Sub cmdDelete_Click()
    Dim str1$, str2$
    str1$ = "您确定要删除 " & Text1(2).Text & " 的档案信息吗? "
    str2$ = MsgBox(str1$, vbYesNo + vbQuestion, "确认删除")
    If str2$ = vbYes Then
        Adodc1.Recordset.Delete    ' 删除当前记录
        Adodc1.Recordset.MoveNext  ' 显示下一条记录
        If Adodc1.Recordset.EOF Then
            If Adodc1.Recordset.RecordCount = 0 Then Exit Sub
            Adodc1.Recordset.MoveLast  ' 如果到记录集末尾，则显示最后一条记录
        End If
    End If
End Sub
```

（7）退出系统

用户单击 "关闭" 按钮时，将结束本系统的运行。代码如下：

```
Private Sub cmdClose _Click()
    Unload Me
End Sub
```

通过上述例子，介绍了使用 ADODC 控件进行简单信息管理系统的开发过程，读者可以了解用 ADODC 控件访问数据库表中数据的方法。

10.5　通过 ADO 对象访问数据库

10.5.1　ADO 对象简介

ADODC 控件只是将常用的 ADO 功能封装在其中，只能提供有限的访问数据库的功能，用户甚至不需编写任何代码或只需编写少量的代码即可完成对数据库的访问，例如对基本表中数据的浏览。但 ADODC 控件只适用于初级或中级的数据库应用程序的开发。要想开发高级、复杂的数据库应用程序，就需要使用 ADO 对象模型。ADO 对象模型是可以全面控制数据库的完整编程接口。

通过 ADO 对象模型进行数据库编程是目前最为流行的一种数据库编程方案。因为通过它可以很容易与各种类型的数据库连接，而且其数据存取功能也是包罗万象，汲取了各种数据库访问对象的精华。

要想在 VB6.0 中使用 ADO 对象，需要首先加载 ADODB 类型库。方法是：在 VB 6.0 主窗口中选择 "工程" → "引用" 命令，在弹出的 "引用" 对话框中，选中 "Microsoft ActiveX Data Objects 2.8 Library" 即可，如图 10-41 所示。

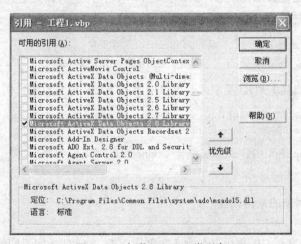

图 10-41　加载 ADODB 类型库

加载 ADODB 类型库后，其并不会以图标形式出现在工具箱中。程序员需要以编写代码的方式调用 ADODB 类型库的各种对象，以完成对数据库的各种访问。

ADO 对象模型中包含了一系列对象，ADO 对象就是依靠其几种常用对象的属性和方法来连接数据库，以完成对数据库的各种操作。

在 ADO 对象模型中，包含三大核心对象：Connection 对象、Command 对象和 Recordset 对象。

ADO 对象模型的关系示意图如图 10-42 所示。

其中，Error 对象（错误对象）是 Connection 对象的子对象，Parameter 对象（参数对象）是 Command 对象的子对象，Field 对象（字段对象）是 Recordset 对象的子对象。

下面主要介绍 ADO 对象模型中的三大主要对象。

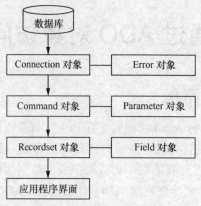

图 10-42　ADO 对象模型关系示意图

10.5.2　Connection 对象

Connection 对象也叫连接对象，用于建立与数据库的连接。只有连接打开后，才能使用其他对象访问数据库。

1. 定义 Connection 对象变量

Connection 对象变量必须在定义并实例化之后才能使用。可以先定义变量，然后使用 NEW 关键字进行实例化。例如：

```
Dim myConn As Connection   ' 定义 Connection 对象变量
Set myConn = New Connection ' 实例化，必须使用 Set 关键字赋值
```

如果没有引用（加载）ADO 类型库，可以使用 ADODB 限定对象，例如：

```
Dim myConn As ADODB.Connection
Set myConn = New ADODB.Connection
```

也可以直接在 Dim 语句中定义和实例化 Connection 对象，例如：

```
Dim myConn As New Connection
```

2. Connection 对象的常用属性

（1）Provider 属性

该属性用来指定 OLE DB 提供者名称（数据库引擎），以便访问不同的数据库。如果要访问 Access 数据库，可以使用如下的语句指定提供者名称。

myConn.Provider = "Microsoft.Jet.OLEDB.4.0"

常用的 OLE DB 提供者名称如表 10-9 所示。

表 10-9　　　　　　　　　　　　　常用 OLE DB 提供者名称

提供者名称	访问的数据源
Microsoft.Jet.OLEDB.4.0	Microsoft Access 2000 及以上版本的 Access 数据库
SQLOLEDB	Microsoft SQL Server 数据库
MSDAORA	Oracle 数据库
MSDASQL	ODBC 数据源
ADSDSOObject	Microsoft Active Directory Service

（2）ConnectionString 属性

该属性为连接字符串，它包含了连接数据源所需的各种信息，在打开数据库之前必须设置该属性。不同类型数据库的连接字符串参数有所不同。主要参数如表 10-10 所示。

表 10-10　　　　　　　　　　　　连接字符串主要参数

参 数 名 称	作　　用
Provider	指定提供者名称，等价于上述的 Provider 属性
User ID 或 UID	指定用户名
Password 或 PWD	指定用户密码
Data Source 或 Server	指定大型数据库服务器名称
Initial Catalog 或 Database	指定要访问的大型数据库名称
Network Address	指定要连接的服务器 IP 地址，指定该参数后可省略 Data Source 参数
Persist Security Info	True：表示需要指定用户名和密码；False：不需要

参数名称不区分大小写，也不区分在连接字符串中的先后顺序。连接字符串中使用"参数=参数值"格式设置参数，各个参数之间使用分号（；）分隔。

如果是小型数据库，如 Access，则直接用 Data Source 指定数据库名称即可。

例如：下面的语句设置是用于访问 Access 数据库的连接字符串：

myConn.ConnectionString= "Provider=Microsoft.Jet.OLEDB.4.0 ； Data Source=H:\学生档案.mdb ； Persist Security Info=False"

（3）CursorLocation 属性

该属性允许用户设置游标位置，即设置记录集的位置。只有在连接建立之前，设置该属性并建立连接才有效，对于已经建立的连接，设置该属性对连接不会产生影响。该属性可以设置为如下常量之一：

① adUseNone：不使用游标服务。

② adUseClient：使用客户端游标，即记录集放在客户端。

③ adUseServer：使用服务器端游标，即记录集放在服务器端。默认值。

（4）ConnectionTimeout 属性

该属性用于设置连接的最长时间。如果在建立连接时，等待时间超过了这个属性所设定的时间，则会自动中止连接操作的尝试，并产生一个错误。默认值是 15s。

3. Connection 对象的常用方法

（1）Open 方法

该方法用于打开数据库，即用于建立与数据库的连接。例如：

```
Dim myConn As Connection
Set myConn = New Connection
myConn.ConnectionString= "Provider=Microsoft.Jet.OLEDB.4.0 ； Data Source=H:\学生档案.mdb ； Persist Security Info=False"
myConn.Open   ' 使用 ConnectionString 属性连接字符串打开数据库学生档案.mdb
```

也可以在 Open 方法中指定连接信息，其语法格式如下：

```
Connection.Open ConnectionString , UserID , Password
```

其中，ConnectionString 是前面指出的连接字符串，UserID 是建立连接的用户名，Password

是建立连接的用户的口令。

```
myConn.Open "Provider=Microsoft.Jet.OLEDB.4.0 ; Data Source=H:\学生档案.mdb ; Persist
Security Info=True" , "admin" , "123"
```

（2）Close 方法

该方法用于关闭一个数据库连接。

关闭一个数据库连接对象，并不是说将其从内存中移去了，该连接对象仍然驻留在内存中，可以对其属性更改后再重新建立连接。如果要将该对象从内存中移去，使用以下代码：

Set myConn=Nothing

（3）Execute 方法

该方法用于执行指定的查询、SQL 语句、存储过程等。还可以返回记录集。SQL 语句可以是 SELECT、INSERT、UPDATE、DELETE 等语句。

不返回记录集的 Execute 方法的语法格式如下：

```
Connection 对象.Execute CommandText , RecordAffected , Options
```

返回记录集的 Execute 方法的语法格式如下：

```
Set Recordset 对象= Connection 对象.Execute（CommandText , RecordAffected , Options）
```

其中，CommandText 参数为命令字符串，可以是要执行的查询名、SQL 语句、基本表名、存储过程或特定文本。RecordAffected 参数用于返回操作所影响的记录数目，可以省略。Options 参数也可以省略。常用的 Options 参数可取的常量值如表 10-11 所示。

表 10-11　　　　　　　　　　　　　Options 参数可取的常量值

常　量　值	数　　值	含　　义
AdCmdText	1	将命令字符串解释为 SQL 语句
AdCmdTable	2	将命令字符串解释为基本表名称，产生记录集
AdCmdStoreProc	4	将命令字符串解释为存储过程的名称
AdCmdUnknown	8	将命令字符串解释为未知命令，默认值

例 1，向 student 表中插入一条新记录（学号、姓名、性别、年龄、籍贯分别是 1007、赵伟、男、22、吉林）：

```
myConn.Execute "INSERT INTO student（学号,姓名,性别,年龄,籍贯） VALUES （ '1007','赵伟',
'男' , 22 , '吉林'）" , n , adCmdText
```

例 2，将 student 表中每个同学的年龄增加 1 岁：

```
myConn.Execute "UPDATE student SET 年龄=年龄+1 " , n , adCmdText
```

例 3，删除 student 表中北京的同学档案信息：

```
myConn.Execute "DELETE FROM student WHERE 籍贯='北京' " , n , adCmdText
```

10.5.3　Recordset 对象

Recordset 对象包含某个查询返回的记录集。记录集可以通过 Connection 或 Command 对象的

Execute 方法打开，也可以通过 Recordset 对象的 Open 方法打开。

1. 定义 Recordset 对象变量

Recordset 对象变量必须在定义并实例化之后才能使用。可以先定义变量，然后使用 NEW 关键字进行实例化。例如：

```
Dim myRs As Recordset        ' 定义 Recordset 对象变量
Set myRs = New Recordset     ' 实例化，必须使用 Set 关键字赋值
```

如果没有引用（加载）ADO 类型库，可以使用 ADODB 限定对象，例如：

```
Dim myRs As ADODB. Recordset
Set myRs = New ADODB. Recordset
```

也可以直接在 Dim 语句中定义和实例化 Recordset 对象，例如：

```
Dim myRs As New Recordset
```

2. Recordset 对象的常用属性

（1）ActiveConnection 属性

指定 Recordset 对象（记录集）当前所属的 Connection 对象（数据源）。

（2）AbsolutePosition 属性

指定 Recordset 对象当前记录号。第一条记录的序号为 1

（3）RecordCount 属性

返回记录集中的记录总数。

（4）Bookmark 属性

返回唯一标识记录集中当前记录的书签，或者将记录集的当前记录设置为由有效书签所标识的记录。

（5）BOF 属性

指示当前记录位置是否位于记录集的开始。

（6）EOF 属性

指示当前记录位置是否位于记录集的末尾。

（7）Fields 属性（实际上应该叫做集合）

Fields 集合包含了当前记录的所有字段，可以用多种方法引用字段。可以通过 Fields（序号）或 Fields（字段名）来访问当前记录的各字段的值。

例如：Data1.Recordset.Fields（1）与 Data1.Recordset.Fields（"姓名"）是等价的，都表示基本表 student 中的当前记录的第 2 个字段，即"姓名"字段。

第一个字段的序号为 0，依此类推。

（8）CursorLocation 属性

设置记录集（游标）的位置。取值为 adUseClient，则放在客户端；取值为 adUseServer，则放在服务器端，此为默认值。

（9）CursorType 属性

指示在记录集中使用的游标类型。游标类型决定了访问记录集的方式。游标类型可取的常量值如表 10-12 所示。

表 10-12　　　　　　　　　　　　　　　游标类型可取的常量值

常　量　值	数　　值	说　　明
adOpenDynamic	2	动态游标：可以看到其他用户的添加、修改和删除，允许各种类型的记录指针移动。该类型的游标功能比较多，但速度是最慢的
adOpenKeyset	1	键集游标：类似动态游标，不同的是看不到其他用户添加和删除的记录。适合大型记录集
adOpenStatic	3	静态游标：提供记录集的静态副本。看不到其他用户所做的添加、修改和删除。但允许各种类型的记录指针移动。适合小型记录集。这是客户端游标唯一可以使用的游标类型
adOpenForwardOnly	0	仅向前游标：除只允许在记录集中向下移动之外，其他类似动态游标。该取值速度最快。默认值

（10）LockType 属性

指示编辑过程中对记录使用的锁定类型。锁类型可取的常量值见表 10-13 所示。

表 10-13　　　　　　　　　　　　　　　锁类型可取的常量值

常　量　值	数　　值	说　　明
adLockReadOnly	0	只读锁：默认值，只读。不能修改数据
adLockPessimistic	1	保守式记录锁（逐条）：在修改记录时立即对记录加锁。当移动记录或执行 Update 时解除锁定
adLockOptimistic	2	开放式记录锁（逐条）：在修改记录时不加锁，当移动记录或执行 Update 时加锁。存盘后再解锁
adLockBatchOptimistic	3	开放式批量更新锁。只在调用 UpdateBatch 方法时锁定记录，进行一批记录的更新

（11）Filter 属性

为记录集中的记录指定筛选条件。使筛选条件为 True 的记录才出现在记录集中。设置该属性，会影响 AbsolutePosition 和 RecordCount 等属性值。

一般使用包含逻辑表达式的字符串作为 Filter 属性值，例如：

```
myRs.Filter = " 籍贯='吉林' And 年龄>19 "
myRs.Filter = " 姓名 Like '王%' "
```

将 Filter 属性设置为空字符串或 adFilterNone 常量可以取消筛选，例如：

```
myRs.Filter= ""
myRs.Filter=adFilterNone
```

（12）Sort 属性

指定一个或多个以之排序的字段名，并指定按升序还是降序对字段进行排序。ASC 关键字表示升序，DESC 关键字表示降序。默认为 ASC。例如：

```
myRs.Sort = "学号 ASC"
```

将 Sort 属性设置为空字符串可取消排序，恢复原始顺序。例如：

```
myRs.Sort = ""
```

（13）Source 属性

指示 Recordset 对象（记录集）中数据的来源（Command 对象、SQL 语句、表的名称或存储过程）。

3. Recordset 对象的常用方法

（1）Open 方法

打开记录集。其语法格式如下：

```
recordset.Open Source , ActiveConnection , CursorType ,LockType , Options
```

其中：Source 参数是可选的，可以是一个有效的 Command 对象的变量名，或是一个 SQL 查询、存储过程或表名等。ActiveConnection 参数是可选的，指明该记录集是基于哪个 Connection 对象连接的，必须注意这个对象应是已建立的连接。CursorType 参数是可选的，指明使用的记录集游标类型。LockType：该参数是可选的，指明记录锁定类型。Options 参数是可选的，用于设置如何解释 Source 参数，与 Connection 对象的 Execute 方法的 Options 参数使用的常量相同。

例如，打开"H:\学生档案.mdb"数据库中的基本表"student"作为记录集。

```
Dim myConn As Connection
Dim myRs As Recordset
Set myConn = New Connection
myConn.ConnectionString= "Provider=Microsoft.Jet.OLEDB.4.0 ; Data Source=H:\学生档
案.mdb ; Persist Security Info=False"
myConn.Open
Set myRs = New Recordset
myRs.Open "student" , myConn , adOpenKeyset , adLockPessimistic
```

最后一条语句也可如下完成：

```
myRs.Source = "student"
myRs.ActiveConneciton = myConn
myRs.CursorType = adOpenKeyset
myRs.LockType = adLockPessimistic
myRs.Open
```

（2）Cancel 方法

取消 Execute 方法或 Open 方法的调用。

（3）AddNew 方法

在记录集中新增记录。

（4）Update 方法

保存对记录集的当前记录所做的所有更改。

（5）CancelUpdate 方法

取消在调用 Update 方法前对当前记录或新记录所做的任何更改。

（6）Delete 方法

删除记录集中的当前记录。

（7）Move 方法

移动记录集中当前记录指针到指定记录位置。

（8）MoveFirst，MoveLast，MoveNext 和 MovePrevious 方法

移动到记录集中的第一个、最后一个、下一个或上一个记录并使该记录成为当前记录。

（9）Find 方法

在记录集中查找记录。例如：

```
myRs.Find "姓名='张三'"
```

（10）Requery 方法

通过重新执行对象所基于的查询，来更新记录集中的数据。

（11）Close 方法

关闭记录集。

10.5.4 ADO 对象用法示例

【例 10-12】 用 ADO 对象编写代码实现简单学生档案信息管理系统。实现对 student 表中数据增加、修改、删除、查找、浏览等功能。程序运行界面如图 10-43 所示。

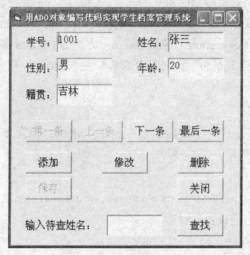

图 10-43 运行界面

1. 设计程序界面并设置控件属性

程序设计界面如图 10-44 所示。

图 10-44 设计界面

在窗体上添加 6 个 Label 控件、1 个 TextBox 控件数组、1 个 TextBox 控件和 10 个按钮控件 CommandButton。在属性窗口设置窗体及各主要控件的属性，如表 10-14 所示。

注意　在窗体上无需任何数据控件。

表 10-14　　　　　　　　　　　　　　　窗体及控件属性

	控 件 名	属 性 名	属 性 值
窗体	Form1	Caption	用 ADO 对象编写代码实现学生档案管理系统
文本框控件数组	Text1（1）	DataField	学号
		MaxLenth	4
	Text1（2）	DataField	姓名
		MaxLenth	4
	Text1（3）	DataField	性别
		MaxLenth	1
	Text1（4）	DataField	年龄
		MaxLenth	2
	Text1（5）	DataField	籍贯
		MaxLenth	5
文本框控件	Text2	MaxLenth	4
命令按钮	cmdAdd	Caption	添加
	cmdUpdate	Caption	修改
	cmdDelete	Caption	删除
	cmdSave	Caption	保存
	cmdClose	Caption	关闭
	cmdFirst	Caption	第一条
	cmdPrevious	Caption	上一条
	cmdNext	Caption	下一条
	cmdLast	Caption	最后一条
	cmdFind	Caption	查找

2. 程序代码

（1）初始化

通用段设置了后面需要的几个变量，代码如下：

```
Public myConn As ADODB.Connection  '定义数据库连接对象 myConn
Public myRs As ADODB.Recordset     '定义记录集对象 myRs
Dim myAdd As Boolean
Dim myEdit As Boolean
Dim i As Integer
```

窗体装载事件代码如下：

```
Private Sub Form_Load()
    myAdd = False       ' 对 myAdd 参数和 myEdit 参数赋初值
```

```
    myEdit = False
    Set myConn = New Connection
    Set myRs = New ADODB.Recordset
    myConn.Provider = "Microsoft.Jet.OLEDB.4.0"
    myConn.ConnectionString = "Data Source=" & App.Path & "\学生档案.mdb"
                        ' App.Path 表示工程所在路径，将"学生档案.mdb"复制到该路径中
    myConn.Open
    myRs.Open "student", myConn, adOpenStatic, adLockOptimistic
    ' 判断打开的表中记录数是否为 0，如果为 0 则使浏览、查找、修改、删除、保存和查找等按钮无效
    If myRs.RecordCount = 0 Then
        cmdFirst.Enabled = False
        cmdPrevious.Enabled = False
        cmdNext.Enabled = False
        cmdLast.Enabled = False
        cmdUpdate.Enabled = False
        cmdDelete.Enabled = False
        cmdSave.Enabled = False
        cmdFind.Enabled = False
        myAdd = True
    Else
        myRs.MoveFirst
        For i = 1 To 5             ' 在 5 个文本框显示当前记录各个字段的值
            Text1(i).Text = myRs.Fields(i - 1).Value
        Next i
        cmdPrevious.Enabled = False ' 显示首记录,使"上一条"和"第一条"按钮无效
        cmdFirst.Enabled = False
    End If
    cmdSave.Enabled = False           ' 使"保存"按钮无效
End Sub
```

（2）添加记录

用户单击"添加"按钮时，首先将 5 个文本框清空，以便用户输入新内容。然后使"浏览"、"添加"、"修改"、"删除"、"查找"按钮不可用，使"保存"按钮可用。这样可以防止误操作。并将学号对应的文本框置为焦点。代码如下：

```
Private Sub cmdAdd_Click()
    For i = 1 To 5                 ' 将 5 个文本框清空
        Text1(i).Text = ""
    Next i
    MsgBox "在填写好字段内容后一定要单击"保存"按钮才能添加成功"
    myAdd = True    ' 设置为添加状态
    myEdit = False
    ' 将"浏览"、"添加"、"修改"、"删除"、"查找"按钮置为无效
    cmdFirst.Enabled = False
    cmdPrevious.Enabled = False
    cmdNext.Enabled = False
    cmdLast.Enabled = False
    cmdFind.Enabled = False
    cmdAdd.Enabled = False
    cmdUpdate.Enabled = False
    cmdDelete.Enabled = False
    cmdFind.Enabled = False
    cmdSave.Enabled = True     ' 使"保存"按钮有效
```

```
    Text1(1).SetFocus  ' 将第一个文本框置为焦点
End Sub
```

（3）修改记录

用户单击"修改"按钮时，首先使"浏览"、"添加"、"修改"、"删除"、"查找"按钮不可用，使"保存"按钮可用。这样可以防止误操作。并将学号对应的文本框置为焦点。代码如下：

```
Private Sub cmdUpdate_Click()
    MsgBox "在编辑修改完字段内容后一定要单击"保存"按钮才能保存成功"
    myEdit = True          ' 设置为修改状态
    myAdd = False
    ' 将"浏览"、"添加"、"修改"、"删除"、"查找"按钮置为无效
    cmdFirst.Enabled = False
    cmdPrevious.Enabled = False
    cmdNext.Enabled = False
    cmdLast.Enabled = False
    cmdFind.Enabled = False
    cmdAdd.Enabled = False
    cmdUpdate.Enabled = False
    cmdDelete.Enabled = False
    cmdFind.Enabled = False
    cmdSave.Enabled = True    ' 使"保存"按钮有效
    Text1(1).SetFocus  ' 将第一个文本框置为焦点
End Sub
```

（4）"保存"按钮

"保存"按钮是用于配合"添加"和"修改"按钮的。用于将新增加的记录或修改后数据存盘。当用户单击"保存"按钮时，首先判断学号、姓名和年龄是否为空。

接下来判断是添加（myAdd 为 True）还是修改（myEdit 为 True）。如果是添加记录，则调用 **myRs.AddNew** 方法，在记录集末尾新增一条空记录。然后将控件数组中的数据存入新增加记录的各个字段中。最后调用 **myRs.Update** 方法保存新增记录。

如果是修改记录，则直接将控件数组中的数据存入当前记录的各个字段中。然后调用 **myRs.Update** 方法保存当前记录。

最后根据情况，使一些按钮可用，使另外一些按钮不可用。

代码如下：

```
Private Sub cmdSave_Click()
    If Len(Text1(1).Text) = 0 Then
        MsgBox "学号不能为空! ", vbExclamation, "错误"
        Text1(1).SetFocus
        Exit Sub
    End If
    If Len(Text1(2).Text) = 0 Then
        MsgBox "姓名不能为空! ", vbExclamation, "错误"
        Text1(2).SetFocus
        Exit Sub
    End If
    If Len(Text1(4).Text) = 0 Then
        MsgBox "年龄不能为空! ", vbExclamation, "错误"
        Text1(4).SetFocus
```

```
        Exit Sub
    End If
    If myAdd = True Then
        myRs.AddNew              ' 调用 AddNew 方法
        For i = 1 To 5                  ' 将 5 个文本框的值存入新增加记录的各个字段中
            myRs.Fields(i - 1).Value = Text1(i).Text
        Next i
        myRs.Update              ' 保存新增记录
        MsgBox "添加记录成功！"
    ElseIf myEdit = True Then
        For i = 1 To 5            ' 将 5 个文本框的值存入当前记录的各个字段中
            myRs.Fields(i - 1).Value = Text1(i).Text
        Next i
        myRs.Update              ' 保存记录
        MsgBox "修改记录成功！"
    End If
    ' 将 "添加"、"修改"、"删除"、"查找" 按钮置为有效
    cmdAdd.Enabled = True
    cmdUpdate.Enabled = True
    cmdDelete.Enabled = True
    cmdFind.Enabled = True
    cmdSave.Enabled = False     ' 使 "保存" 按钮无效
    If myRs.AbsolutePosition = 1 Then
        cmdPrevious.Enabled = False   ' 显示第一条记录,使 "上一条" 和 "第一条" 按钮无效
        cmdFirst.Enabled = False
    Else
        cmdPrevious.Enabled = True   ' 否则,使 "上一条" 和 "第一条" 按钮有效
        cmdFirst.Enabled = True
    End If
    If myRs.AbsolutePosition = myRs.RecordCount Then
        cmdNext.Enabled = False     ' 显示最后记录,使 "下一条" 和 "最后一条" 按钮无效
        cmdLast.Enabled = False
    Else
        cmdNext.Enabled = True      ' 否则,使 "下一条" 和 "最后一条" 按钮有效
        cmdLast.Enabled = True
    End If
End Sub
```

（5）删除记录

用户单击"删除"按钮时，将弹出"确认删除"消息框，如图 10-45 所示。

在"确认删除"消息框中，如用户选择"是"，则通过调用"myRs.Delete"方法删除当前记录。删除成功后，如果记录集中数据非空，则显示第一条记录。否则将 5 个文本框清空。代码如下：

图 10-45   "确认删除"消息框

```
Private Sub cmdDelete_Click()
    Dim str1$, str2$
    str1$ = "您确定要删除 " & Text1(2).Text & " 的档案信息吗？"
    str2$ = MsgBox(str1$, vbYesNo + vbQuestion, "确认删除")
    If str2$ = vbYes Then
```

```
    myRs.Delete              ' 调用删除方法
    If myRs.RecordCount = 0 Then
    MsgBox "当前已经无记录! "
      For i = 1 To 5              ' 将 5 个文本框清空
        Text1(i).Text = ""
      Next i
      ' 使浏览、查找、修改、删除、保存和查找等按钮无效
      cmdFirst.Enabled = False
      cmdPrevious.Enabled = False
      cmdNext.Enabled = False
      cmdLast.Enabled = False
      cmdUpdate.Enabled = False
      cmdDelete.Enabled = False
      cmdSave.Enabled = False
      cmdFind.Enabled = False
    Else
      myRs.MoveFirst
      For i = 1 To 5              ' 在 5 个文本框显示当前条记录各个字段的值
        Text1(i).Text = myRs.Fields(i - 1).Value
      Next i
      ' 显示第一条记录, 使 "上一条" 和 "第一条" 按钮无效
      cmdPrevious.Enabled = False
      cmdFirst.Enabled = False
      If myRs.AbsolutePosition = myRs.RecordCount Then
        ' 显示最后一条记录, 使 "下一条" 和 "最后一条" 按钮无效
        cmdNext.Enabled = False
        cmdLast.Enabled = False
      Else
        cmdNext.Enabled = True  ' 否则, 使 "下一条" 和 "最后一条" 按钮有效
        cmdLast.Enabled = True
      End If
    End If
  End If
End Sub
```

（6）查找记录

用户单击 "查找" 按钮时，将按照文本框 Text2 中输入的姓名调用 myRs.Find 方法进行查找。如果找到，则显示该记录，否则显示原先记录。代码如下：

```
Private Sub cmdFind_Click()
  Dim str As String
  Dim mybookmark As Variant
  mybookmark = myRs.Bookmark  ' 记住查找前, 记录指针位置
  str = "姓名='" & Text2.Text & "'"
  myRs.MoveFirst
  myRs.Find str
  If myRs.EOF Then
    MsgBox "指定的条件没有匹配的记录", , "信息提示"
    myRs.Bookmark = mybookmark  ' 若未找到, 则显示原先记录
  Else
    For i = 1 To 5              ' 在 5 个文本框显示所找到记录各个字段的值
      Text1(i).Text = myRs.Fields(i - 1).Value
```

```
      Next i
   End If
End Sub
```

（7）浏览按钮

4 个用于浏览数据的按钮的 Click 事件代码如下：

```
Private Sub cmdFirst_Click()
   ' 将记录移动到第一条记录
   myRs.MoveFirst
   For i = 1 To 5            ' 在 5 个文本框显示当前条记录各个字段的值
      Text1(i).Text = myRs.Fields(i - 1).Value
   Next i
   cmdPrevious.Enabled = False ' 显示第一条记录,使"上一条"和"第一条"按钮无效
   cmdFirst.Enabled = False
   cmdNext.Enabled = True      ' 显示第一条记录,使"下一条"按钮有效
   cmdLast.Enabled = True      ' 显示第一条记录,使"最后一条"按钮有效
End Sub

Private Sub cmdPrevious_Click()
   ' 将记录移动到上一条记录
   myRs.MovePrevious
   For i = 1 To 5            ' 在 5 个文本框显示当前条记录各个字段的值
      Text1(i).Text = myRs.Fields(i - 1).Value
   Next i
   cmdNext.Enabled = True       ' 使"下一条"按钮有效
   cmdLast.Enabled = True       ' 使"最后一条"按钮有效
   If myRs.AbsolutePosition = 1 Then
      cmdPrevious.Enabled = False  ' 显示第一条记录,使"上一条"和"第一条"按钮无效
      cmdFirst.Enabled = False
   Else
      cmdPrevious.Enabled = True   ' 否则, 使"上一条"和"第一条"按钮有效
      cmdFirst.Enabled = True
   End If
End Sub

Private Sub cmdNext_Click()
    ' 将记录移动到下一条记录
   myRs.MoveNext
   For i = 1 To 5            ' 在 5 个文本框显示当前条记录各个字段的值
      Text1(i).Text = myRs.Fields(i - 1).Value
   Next i
   cmdPrevious.Enabled = True ' 使"上一条"和"第一条"按钮有效
   cmdFirst.Enabled = True
   If myRs.AbsolutePosition = myRs.RecordCount Then
      cmdNext.Enabled = False ' 显示最后记录,使"下一条"和"最后一条"按钮无效
      cmdLast.Enabled = False
   Else
      cmdNext.Enabled = True   ' 否则, 使"下一条"和"最后一条"按钮有效
      cmdLast.Enabled = True
   End If
End Sub
```

```
Private Sub cmdLast_Click()
   ' 将记录移动到最后一条记录
   myRs.MoveLast
   For i = 1 To 5              ' 在 5 个文本框显示当前条记录各个字段的值
      Text1(i).Text = myRs.Fields(i - 1).Value
   Next i
   cmdPrevious.Enabled = True  ' 使 "上一条" 和 "第一条" 按钮有效
   cmdFirst.Enabled = True
   cmdNext.Enabled = False     ' 显示最后记录, 使 "下一条" 和 "最后一条" 按钮无效
   cmdLast.Enabled = False
End Sub
```

（8）退出系统

用户单击 "关闭" 按钮时，将结束本系统的运行。代码如下：

```
Private Sub cmdClose _Click()
   Unload Me
End Sub
```

通过上述例子，介绍了使用 ADO 对象进行简单信息管理系统的开发过程。读者可以了解用 ADO 对象直接编写代码访问数据库表中数据的方法。

10.6　数据库中图片的存取

在数据库应用程序设计中，经常需要对图片进行处理。图片在数据库中应该如何进行存储，又如何读取，怎样存取效率最高，这是本节要探讨的问题。

通常，图片在数据库中的存储方式有两种：

（1）直接把图片存储在数据库中；

（2）只把图片的地址（图片所在路径）保存在数据库中。

同样，从数据库读取图片也有相应的两种方式。下面分别介绍这两种方式。

10.6.1　直接存取图片

在数据库应用系统中，直接存储图片是指直接把图片本身的数据存储到数据库中。这种存储方式主要采用的是数据流技术。即使用 ADO 对象模型中的流对象 ADODB.Stream。当然，对这种方式存储的图片进行读取时，也同样是使用流对象 ADODB.Stream 来进行的。

因为要用到 ADO 对象，所以需要引用 Microsoft ActiveX Data Objects 2.5 Library 或以上版本。2.5 版本以下不支持 Stream 对象。

直接把图片存储在数据库中，其优缺点如下：

（1）优点：可移植性好，不受系统前台程序代码的约束，可直接在任意地点使用而不需要附带任何图片文件。

（2）缺点：由于图片容量较大，所以造成了数据库的负荷过重，在数据量大的情况下，会导致数据存取、备份等操作速度下降。所以，这种方式只适合少量图片存取的情况。

下面举例说明直接在数据库中存取图片的方法。

在 Access 数据库 "学生档案.mdb" 的基本表 "student" 中增加一个字段：字段名称为照片、

字段类型为 OLE 对象（如果在可视化数据管理器中，字段类型为 Binary）。

【例 10-13】 用 ADO 对象编写代码实现在数据库中直接存储图片。程序运行界面如图 10-46 所示。

1. 设计程序界面并设置控件属性

程序设计界面如图 10-47 所示。

图 10-46　运行界面

图 10-47　设计界面

在窗体上添加 2 个 Label 控件、1 个 ComboBox 控件、1 个 TextBox 控件、1 个 CommonDialog 控件、1 个 Image 图像框控件和 3 个按钮控件 CommandButton。在属性窗口设置窗体及各主要控件的属性，如表 10-15 所示。

注意　在窗体上无需任何数据控件。

表 10-15　　　　　　　　　　　　　　　　　窗体及控件属性

	控 件 名	属 性 名	属 性 值
窗体	Form1	Caption	存储图片本身
组合框控件	Combo1	名称	Combo1
文本框控件	Text1	MaxLenth	200
公共对话框	CommonDialog1	名称	CommonDialog1
图像框控件	Image1	名称	Image1
命令按钮	cmdBrowse	Caption	浏览
	cmdSave	Caption	保存
	cmdClose	Caption	关闭

2. 程序代码

（1）初始化

通用段设置了后面需要的几个变量，代码如下：

```
Dim cn As ADODB.Connection    ' 定义数据库连接对象 cn
Dim rs As ADODB.Recordset     ' 定义记录集对象 rs
Dim str As String
```

```
        Dim sql As String
```

窗体装载事件代码如下：

```
Private Sub Form_Load()
    Set cn = New ADODB.Connection
    Set rs = New ADODB.Recordset
    cn.Open "Provider=Microsoft.Jet.OLEDB.4.0 ; Data Source=H:\学生档案.mdb ; Persist
Security Info=False"
    sql = "select * from student"
    rs.Open sql, cn, 3, 2
    Do While Not rs.EOF()        '将所有学生的学号添加到组合框中，以便用户选择
        Combo1.AddItem rs("学号")
        rs.MoveNext
    Loop
    rs.Close
End Sub
```

（2）浏览按钮

单击"浏览"按钮时，将弹出"打开"公共对话框，选择一个".jpg"格式的照片文件。单击"打开"按钮后，该文件及其所在路径便出现在文本框 Text1 中。如果照片格式正确，则在图像框 Image1 中显示该照片。代码如下：

```
Private Sub cmdBrowse_Click()
    Dim temp As String
    Me.CommonDialog1.ShowOpen            ' 打开"打开"对话框
    str = Me.CommonDialog1.FileName      ' 获取文件名及路径名
    Text1.Text = str                     ' 显示路径及文件名
    temp = Right(str, 3)                 ' 判断文件类型，只支持 JPG 格式
    If temp <> "jpg" Then
        MsgBox "请选择正确的图片格式" , , "提示"
    Else
        Image1.Stretch = True
        Image1.Picture = LoadPicture(str)    ' 显示预览图片
    End If
End Sub
```

（3）保存按钮

单击"保存"按钮时，首先定义并建立流对象 myStream，将其 Type 属性设置为二进制模式，并打开该流对象、并将上面浏览的照片转换后装入到该流对象中。然后，按照在组合框中选择的学号定位记录，打开记录集。并将流对象 myStream 中照片数据存入到"照片"字段中。代码如下：

```
Private Sub cmdSave_Click()
    Set myStream = New ADODB.Stream  ' 定义并新建流对象
    With myStream
        .Type = adTypeBinary     ' 二进制模式
        .Open
        .LoadFromFile (str)
    End With
    sql = "select * from student where 学号='" & Combo1.Text & "'"   ' 定位记录
    rs.Open sql , cn , 3 , 2
```

```
    rs("照片") = myStream.Read        ' 从 myStream 对象中读取数据存入字段
    rs.Update
    myStream.Close
    rs.Close
    MsgBox "保存成功", 16 + vbInformation, "提示"
End Sub
```

（4）退出系统

用户单击"关闭"按钮时，将结束本系统的运行。代码如下：

```
Private Sub cmdClose _Click()
    Unload Me
End Sub
```

通过上述例子，介绍了使用 ADO 对象编写代码在数据库中直接存储图片的方法。下面通过实例介绍直接读取图片的方法。

【例 10-14】 用 ADO 对象编写代码实现在数据库中直接读取图片。程序运行界面如图 10-48 所示。

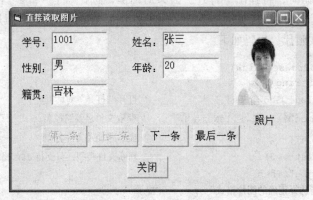

图 10-48　运行界面

1. 设计程序界面并设置控件属性

程序设计界面如图 10-49 所示。

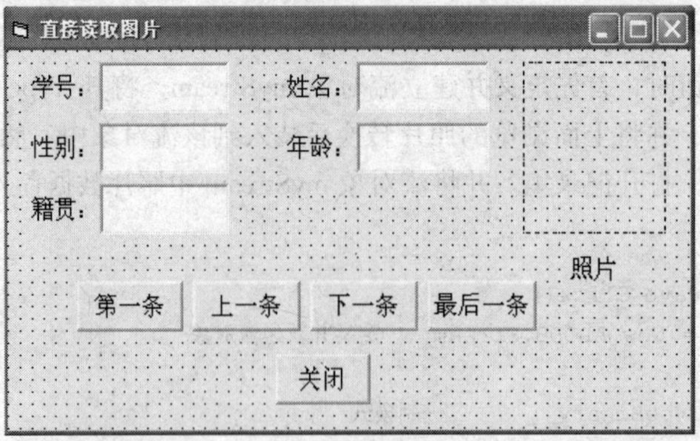

图 10-49　设计界面

在窗体上添加 6 个 Label 控件、1 个 TextBox 控件数组、1 个 Image 图像框控件和 5 个按钮控件 CommandButton。在属性窗口设置窗体及各主要控件的属性，如表 10-16 所示。

注意 在窗体上无需任何数据控件。

表 10-16 窗体及控件属性

	控 件 名	属 性 名	属 性 值
窗体	Form1	Caption	直接读取图片
文本框控件数组	Text1（1）	Locked	True
	Text1（2）	Locked	True
	Text1（3）	Locked	True
	Text1（4）	Locked	True
	Text1（5）	Locked	True
图像框控件	Image1	名称	Image1
命令按钮	cmdClose	Caption	关闭
	cmdFirst	Caption	第一条
	cmdPrevious	Caption	上一条
	cmdNext	Caption	下一条
	cmdLast	Caption	最后一条

2. 程序代码

（1）初始化

通用段设置了后面需要的几个变量，代码如下：

```
Dim cn As ADODB.Connection    ' 定义数据库连接对象 cn
Dim rs As ADODB.Recordset     ' 定义记录集对象 rs
```

窗体装载事件代码如下：

```
Private Sub Form_Load()
    Set cn = New ADODB.Connection
    Set rs = New ADODB.Recordset
    cn.Open "Provider=Microsoft.Jet.OLEDB.4.0; Data Source=H:\学生档案.mdb; Persist
Security Info=False"
    sql = "select * from student "
    rs.Open sql, cn, 1, 1
    If rs.EOF And rs.BOF Then
      MsgBox "数据为空！"
      cmdFirst.Enabled = False
      cmdPrevious.Enabled = False
      cmdNext.Enabled = False
      cmdLast.Enabled = False
    Else
      Call showrecord    ' 调用过程 showrecord() 显示当前记录的各字段值，包括照片
      cmdFirst.Enabled = False
      cmdPrevious.Enabled = False
    End If
End Sub
```

（2）自定义过程 showrecord()

该过程主要用来显示当前记录各个字段的值，包括在 Image1 图像框控件中显示该同学的照片。

首先定义并新建 ADO 对象模型的流对象 myStream，将其设置为二进制模式。然后打开该流对象，并将当前记录的"照片"字段的数据写到该流对象中，将该流对象中的照片数据写入到临时文件 temp.jpg 中。最后将临时文件 temp.jpg 在图像框控件 Image1 中显示出来。代码如下：

```vb
Public Sub showrecord()
    Dim str As String
    Dim i As Integer
    Set myStream = New ADODB.Stream
    If Not IsNull(rs("照片")) Then       ' 判断图片字段是否为空
        With myStream
            .Type = adTypeBinary        ' 二进制模式
            .Open
            .Write rs("照片")              ' 将"照片"数据存到流对象 myStream 中
            .SaveToFile App.Path & "\temp.jpg", adSaveCreateOverWrite
                                        ' 将 myStream 中数据写入临时文件中
        .Close
        End With
    str = App.Path & "\temp.jpg"
    Else
        str = ""
    End If
    For i = 1 To 5                    ' 将前 5 个字段值显示在文本框数组的 5 个文本框中
        If IsNull(rs.Fields(i - 1)) Then Text1(i).Text = "" Else Text1(i).Text = rs.Fields(i - 1)
    Next i
    Image1.Stretch = True
    Image1.Picture = LoadPicture(str) ' 在图像框中显示已经存入到临时文件中的照片
End Sub
```

（3）浏览按钮

4 个浏览用的按钮用于遍历整个记录集中的所有记录。代码如下：

```vb
Private Sub cmdFirst_Click()
    rs.MoveFirst
    cmdFirst.Enabled = False
    cmdPrevious.Enabled = False
    cmdNext.Enabled = True
    cmdLast.Enabled = True
    Call showrecord ' 调用过程 showrecord()显示当前记录的各字段值，包括照片
End Sub

Private Sub cmdPrevious_Click()
    rs.MovePrevious
    cmdNext.Enabled = True
    cmdLast.Enabled = True
    If rs.AbsolutePosition = 1 Then
        cmdFirst.Enabled = False
        cmdPrevious.Enabled = False
    End If
    Call showrecord ' 调用过程 showrecord()显示当前记录的各字段值，包括照片
End Sub
```

```
Private Sub cmdNext_Click()
   rs.MoveNext
   cmdFirst.Enabled = True
   cmdPrevious.Enabled = True
   If rs.EOF Then
      cmdNext.Enabled = False
      cmdLast.Enabled = False
   Else
      Call showrecord ' 调用过程 showrecord() 显示当前记录的各字段值, 包括照片
   End If
End Sub
Private Sub cmdLast_Click()
   rs.MoveLast
   cmdFirst.Enabled = True
   cmdPrevious.Enabled = True
   cmdNext.Enabled = False
   cmdLast.Enabled = False
   Call showrecord ' 调用过程 showrecord() 显示当前记录的各字段值, 包括照片
End Sub
```

（4）退出系统

用户单击"关闭"按钮时，将结束本系统的运行。代码如下：

```
Private Sub cmdClose _Click()
   Unload Me
End Sub
```

通过上述例子，介绍了使用 ADO 对象编写代码在数据库中直接读取图片的方法。该示例需与上例配合使用。

10.6.2　存取图片地址

在数据库中存储图片地址是指在数据库中只存储图片的存放地址（路径），而不存储图片文件本身。这种存储方式对数据库的操作比较简单。无需使用特殊对象或技术，只需把图片地址作为字符串进行存取即可。

只将图片地址存储在数据库中，其优缺点如下。

（1）优点：由于存储的图片地址是字符型数据，容量较小，这样大大减轻了数据库负荷。可加快数据库中数据存取、备份等操作。

（2）缺点：系统可移植性较差。系统安装在不同的计算机上，所选的安装路径各不相同。所以，图片所在的路径也会有所不同。这样，就需要将图片文件夹也相应移植。

下面举例说明在数据库中按地址存取图片的方法。

在 Access 数据库"学生档案.mdb"的基本表"student"中删除上例中增加的字段照片。然后再增加一个字段，字段名称为照片、字段类型为文本型、字段长度为 200。

【例 10-15】　用 ADO 对象编写代码实现在数据库中存储图片地址。程序运行界面如图 10-50 所示。

1．设计程序界面并设置控件属性

程序设计界面如图 10-51 所示。

在窗体上添加 2 个 Label 控件、1 个 ComboBox 控件、1 个 TextBox 控件、1 个 CommonDialog 控件、1 个 Image 图像框控件和 3 个按钮控件 CommandButton。在属性窗口设置窗体及各主要控件的属性，如表 10-17 所示。

图 10-50　运行界面　　　　　　　　　图 10-51　设计界面

　　　在窗体上无需任何数据控件。

表 10-17　　　　　　　　　　　　　　窗体及控件属性

	控 件 名	属 性 名	属 性 值
窗体	Form1	Caption	存储图片地址
组合框控件	Combo1	名称	Combo1
文本框控件	Text1	MaxLenth	200
公共对话框	CommonDialog1	名称	CommonDialog1
图像框控件	Image1	名称	Image1
命令按钮	cmdBrowse	Caption	浏览
	cmdSave	Caption	保存
	cmdClose	Caption	关闭

2. 程序代码

除"保存"按钮的事件过程代码不同外，其他代码与例 10.13 相同。

"保存"按钮

用户单击"保存"按钮时，首先按照用户选定的学号定位记录，打开记录集。然后把带路径的文件名存入到当前记录的"照片"字段中。代码如下：

```
Private Sub cmdSave_Click()
    sql = "select * from student where 学号='" & Combo1.Text & "'"   ' 定位记录
    rs.Open sql, cn, 3, 2
    rs("照片") = Trim(str)     ' 将带路径的文件名存入"照片"字段中
    rs.Update
    rs.Close
    MsgBox "保存成功", 16 + vbInformation, "提示"
End Sub
```

通过上述例子，介绍了使用 ADO 对象编写代码在数据库中存储图片地址的方法。下面通过实例介绍按照图片地址读取图片的方法。

【例 10-16】　用 ADO 对象编写代码实现在数据库中按照图片地址读取图片。程序运行界面如图 10-52 所示。

图 10-52　运行界面

1. 设计程序界面并设置控件属性

程序设计界面如图 10-53 所示。

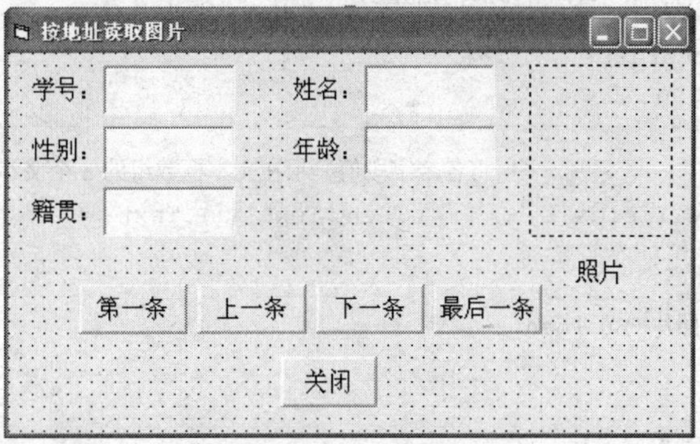

图 10-53　设计界面

在窗体上添加 6 个 Label 控件、1 个 textbox 控件数组、1 个 Image 图像框控件和 5 个按钮控件 CommandButton。在属性窗口设置窗体及各主要控件的属性，如表 10-18 所示。

注意　在窗体上无需任何数据控件。

表 10–18　　　　　　　　　　　　　窗体及控件属性

	控件名	属性名	属性值
窗体	Form1	Caption	按地址读取图片
文本框控件数组	Text1（1）	Locked	True
	Text1（2）	Locked	True
	Text1（3）	Locked	True
文本框控件数组	Text1（4）	Locked	True
	Text1（5）	Locked	True
图像框控件	Image1	名称	Image1

续表

	控件名	属性名	属性值
命令按钮	cmdClose	Caption	关闭
	cmdFirst	Caption	第一条
	cmdPrevious	Caption	上一条
	cmdNext	Caption	下一条
	cmdLast	Caption	最后一条

2. 程序代码 showrecord()

除自定义过程 showrecord()外，其他代码与例 10.14 相同。

自定义过程 showrecord()主要用来显示当前记录各个字段的值，包括在 Image1 图像框控件中显示该同学的照片。

首先通过循环将除了"照片"字段外的其他 5 个字段值显示在文本框控件数组的 5 个文本框中，然后从"照片"字段中取出该照片的地址（路径+文件名），存到变量 str 中。最后通过 LoadPicture(str)方法将照片显示在图像框 Image1 中。代码如下：

```
Public Sub showrecord()
    Dim str As String
    Dim i As Integer
    For i = 1 To 5                ' 将各个字段值显示在文本框数组的 5 个文本框中
        If IsNull(rs.Fields(i - 1)) Then Text1(i).Text = "" Else Text1(i).Text =
rs.Fields(i - 1)
    Next i
    If IsNull(rs("照片")) Then
        str = ""
    Else
        str = rs("照片")
    End If
    Image1.Stretch = True
    Image1.Picture = LoadPicture(str)   ' 显示照片
End Sub
```

通过上述例子，介绍了使用 ADO 对象编写代码在数据库中按地址读取图片的方法。该示例需与上例配合使用。

习　　题

一、选择题

1. 在 Data 数据控件中，通过（　　　）属性确定数据库中具体的访问数据对象。

[A] Connect　　　[B] DatabaseName　　　[C] RecordSource　　　[D] Recordtype

2. 在 Data 数据控件中，通过（　　　）属性指定具体使用数据库的路径及名称。

[A] DataFleld　　　[B] DatabaseName　　　[C] RecordSource　　　[D] Recordtype

3. 通过文本框的（　　　）属性，实现和表中字段绑定。

[A] DataSource　　　[B] DatabaseName　　　[C] RecordSource　　　[D] DataField

4. 通过数据记录集 Recordset，向表中添加记录的方法是（　　　）。

[A] Edit　　　　　　[B] Update　　　　　　[C] AddNew　　　　　　[D] Move

5. 通过数据记录集 Recordset，移动指针指向上一条记录的方法是（　　　）。

[A] MoveFirst　　　　[B] MoveLast　　　　[C] MoveNext　　　　　[D]MovePrevious

6. 通过 Data1 记录集，查找第一个女生的正确方法是（　　　）。

[A] Data1.Recordset.FindFirst　性别＝"女"　　　[B] Data1.Recordset.FindFirst　"女"

[C] Data1.Recordset.FindNext　性别＝"女"　　　[D] Data1.Recordset.FindNext　"女"

7. 通过 ADO 数据控件记录集，将指针移到表尾时，正确的条件是（　　　）。

[A] Adodc1.Recordset.BOF=True　　　　　　[B] Data1.BOFAction=0

[C] Adodc1.Recordset.EOF=True　　　　　　[D] Data1.EOFAction=0

8. 对表中记录进行添加或修改后，使用下列（　　　）方法更新确认。

[A] Refresh　　　　　[B] Update　　　　　[C] Close　　　　　　[D] Edit

9. 查询 1980 年 10 月 8 日出生的职工记录，正确的 SQL 查询语句是（　　　）。

[A] Select * from　职工表　where　出生年月=1980 年 10 月 8 日

[B] Select * from　职工表　where　出生年月=#1980-10-08#

[C] Select * from　职工表　where　出生年月=1980-10-08

[D] Select * from　职工表　where　出生年月="1980-10-08"

10. 将"职工表"和"工资表"按编号连接，查询两个表所有的字段内容。正确的 SQL 查询语句是（　　　）。

[A] Select * from　职工表，工资表　where 职工表.编号=工资表.编号

[B] Select * from　职工表，工资表

[C] Select * from　职工表，工资表　where　编号=编号

[D] Select * from　职工表，工资表　where 职工表=工资表

二、填空题

1. Data 数据控件对象通过_____属性指定数据库中的表。

2. 文本框控件对象通过_____属性连接 Data 数据控件对象。

3. 通过 Recordset 记录集，在表中删除记录的方法是_____。

4. 通过 Recordset 记录集，移动指针指向下一条记录的方法是_____。

5. 通过 Recordset 记录集，移动指针指向第一条记录的方法是_____。

6. 通过 Recordset 记录集，移动指针指向最后一条记录的方法是_____。

7. 在 VB 环境下，通过菜单中的_____菜单项建立数据库。

8. 在 VB 中利用报表设计器来制作报表，从菜单"工程"中选_____。

三、编程题

设计窗体如图 10-54 所示。通过数据控件 Data 和 Access 数据库中"学生表"的连接，通过两组命令按钮实现对记录的操作。编写各个命令按钮的 Click 事件过程。

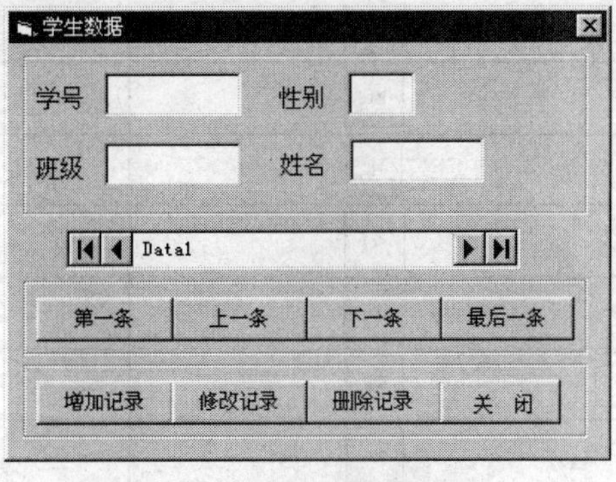

图 10-54　学生数据操作窗体

第11章
多媒体应用程序设计

11.1　多媒体控件 Multimedia MCI

　　Multimedia MCI 控件用于管理媒体控制接口（MCI）设备上多媒体文件的记录与播放。它被用来向声卡、MIDI 序列发生器、CD-ROM 驱动器、视频 CD 播放器、视频磁带记录器及播放器等设备发出 MCI 命令，它可以对这些设备进行常规的启动、播放、前进、后退、停止等管理操作。同时 Multimedia MCI 控件还支持.avi 视频文件的播放。

　　在调用 Multimedia MCI 控件之前，需要执行"工程→部件"菜单命令，将 Microsoft Multimedia Controls 6.0 前的方框选中，在工具箱中便会出现 Multimedia MCI 控件图标。在设计时，把 Multimedia MCI 控件添加到窗体上，它在窗体中的外观如图 11-1 所示。

　　按钮被分别定义为 Prev、Next、Play、Pause、Back、Step、Stop、Record 和 Eject。用户可以为某一个按钮编写程序，从而为其增加特殊功能，但一般情况，缺省的按钮功能就能很好地播放音乐和视频。各按钮的作用如表 11-1 所示。

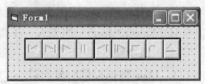

图 11-1　Multimedia MCI 控件外观

表 11−1　　　　　　　　　　Multimedia MCI 控件各按钮的作用

按 钮 图 标	功　　能
◄	回到当前曲目起点
►►	到下一个曲目起点
►	播放一个文件
❚❚	暂停
◄❙	后退一步
❙►	前进一步
■	停止
●	对一个设备进行记录
▲	退出光盘

一个 Multimedia MCI 控件只能控制一个 MCI 设备，如果要对多个设备实现并行控制，则必须添加多个 Multimedia MCI 控件到窗体中。

按默认规定，Multimedia MCI 控件添加到窗体中是可见的。如果不需要通过按钮与用户交互，而只是通过 Multimedia MCI 控件来实现多媒体功能，则可将控件的 Visible 属性设为 False 使其不可见。此外，还可以使单个按钮可见或者不可见，如果想使用控件中的按钮，则可将 Visible 和 Enabled 属性设置为 True，反之，如果不想使用控件中的按钮，则可将 Visible 和 Enabled 属性设置为 False。

11.1.1　常用命令、属性和事件

1. 常用命令

用户可以通过多媒体控件的 Command 属性向多媒体控件发出 MCI 命令，从而实现对 MCI 设备的管理，例如用以下语句来播放选中的媒体文件：

```
MMControl1.Command = "Play"
```

多媒体控件能发出的命令如表 11-2 所示。

表 11-2　　　　　　　　　Multimedia MCI 控件的 Command 属性的常用命令

命　　令	功　　能
Open	打开 MCI 设备
Close	关闭 MCI 设备
Play	用 MCI 设备进行播放
Pause	暂停播放或者录制
Stop	停止 MCI 设备
Back	向后步进可用的曲目
Step	向前步进可用的曲目
Prev	跳到当前曲目的起始位置
Next	跳到下一曲目的起始位置
Seek	向前或向后查找曲目
Record	录制 MCI 设备的输入
Sound	播放声音
Eject	从光驱中弹出光盘
Save	保存打开的文件

2. 常用属性

Multimedia MCI 控件的常用属性如下。

（1）AutoEnable 属性

该属性用于决定系统是否具有自动检测 Multimedia MCI 控件各按钮状态的功能。当属性值为 True（缺省值）时，系统自动检测 Multimedia MCI 控件各按钮的状态，此时若有按钮为有效状态，则会以黑色显示，若无效，则以灰色显示；当属性值为 False 时，系统不会检测 Multimedia MCI 控件的各按钮状态，所有按钮将以灰色显示。

（2）PlayEnabled 属性

该属性用于决定 Multimedia MCI 控件的各按钮是否处于有效状态。缺省值为 False，即无效状态。比如要使用 Play 按钮、Pause 按钮时，可以在控件所在窗体的 Load 事件中添加如下代码：

```
Private Sub Form_Load()
    MMControl1.AutoEnable = False
    MMControl1.PlayEnable = True
    MMControl1.PauseEnable = True
End Sub
```

（3）PlayVisible 属性

该属性用于决定 MMControl 控件各按钮是否可视。当 Playvisible 属性值为 True 时（缺省值），按钮可视；当 PlayVisible 属性值为 False 时，按钮不可视。

（4）Command 属性

Command 属性用于指定将要执行的 MCI 命令。

（5）DeviceType 属性

用于指定多媒体设备的类型：AVI 动画（AVIVideo）、CD 音乐设备（CDAudio）、VCD 文件（DAT）、数字视频文件（DigitalVideo）、WAV 声音播放设备（WaveAudio）、MIDI 设备（Sequencer）和其他类型。

（6）FileName 属性

该属性指定 Open 命令将要打开的或者 Save 命令将要保存的文件名。

（7）From 属性

该属性指定下一条 Play 或 Record 命令的起始点。在设计时，该属性不可用。

（8）Notify 属性

决定 MMControl 控件的下一条命令执行后，是否产生或回调事件（CallbackEvent）。为 True 则产生。

（9）Length 属性

该属性返回所使用的 MCI 设备的长度。

（10）Position 属性

该属性返回打开的 MCI 设备的当前位置。

（11）Start 属性

该属性返回当前媒体的起始位置。

（12）TimeFormat 属性

该属性设置用来报告位置信息的时间格式。

（13）To 属性

该属性指定下一条 Play 或 Record 命令的终点位置。

（14）UpdateInterval 属性

该属性指定 StatusUpdate 事件之间间隔的毫秒数。

Multimedia MCI 控件的一些主要属性可以通过属性页进行设置，如图 11-2 和图 11-3 所示。

3. 常用事件

（1）ButtonClick 事件

当用户在 Multimedia MCI 控件的按钮上按下并释放鼠标按钮时触发该事件。

（2）ButtonCompleted 事件

当 Multimedia MCI 控件激活的 MCI 命令结束时触发该事件。

（3）Done 事件

当 Notify 属性设置为 True 后所遇到的第一个 MCI 命令结束时触发该事件。

（4）StatusUpdate 事件

按 UpdateInteval 属性所给的时间间隔自动发生。

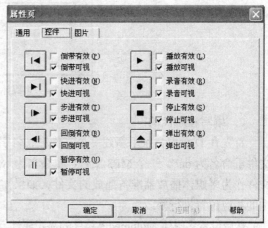

图 11-2 多媒体控件"属性页"对话框   图 11-3 "属性页"对话框的"控件"选项卡

11.1.2 制作多媒体播放器

Multimedia MCI 控件可以用来播放音频和视频，也就是音乐和电影。本节中将制作一个多媒体播放器，可以用来播放 WAV 格式和 MP3 格式的音频文件和 AVI 格式的视频文件。

1. 设计用户界面

新建一个工程，按表 11-3 所示内容创建多媒体播放器窗体。当完成创建窗体的操作后，窗体显示如图 11-4 所示。

表 11-3   多媒体播放器窗体各控件属性

对　　象	属　　性	属　性　值
窗体	Name	Form1
	Caption	音乐播放器
标签	Name	Lable1
	Caption	我的播放器
多媒体 Multimedia 控件	Name	MMControl1
	UpdateInterval	1000
单选按钮	Name	Option1
	Caption	Wav
单选按钮	Name	Option2
	Caption	Mp3
单选按钮	Name	Option3
	Caption	Avi
命令按钮	Name	Command1
	Caption	退出

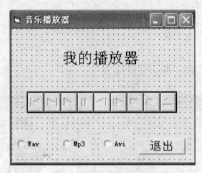

图 11-4 多媒体播放器设计窗体

2. 编写程序代码

首先在 D 盘根目录下新建一个文件夹，名字改为 music，里面拷入 3 个音乐文件，一个 WAV 文件重命名为 one，一个 MP3 文件，重命名为 two，另一个 AVI 文件，重命名为 thr。这 3 个音乐文件作为多媒体播放器准备播放的文件，如果需要，可以修改文件名和保存路径，同时应在代码中的相应位置进行修改。

然后设置多媒体 Multimedia 控件的显示属性，用鼠标右键单击窗体中的多媒体控件，在弹出的菜单中选择"属性"，在弹出的对话框顶端选择"控件"标签，将各个按钮符号旁边的有效选中打上钩，如图 11-5 所示。单击"确定"按钮回到窗体中，这时候多媒体 Multimedia 控件就可以使用了。

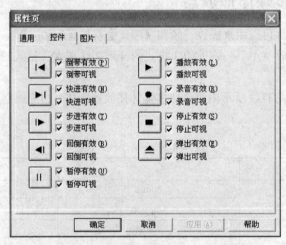

图 11-5 多媒体控件的"控件"选项卡设置

下面为播放器添加代码，以播放一个指定的文件，双击窗体，添加代码到 Form_Load()过程中，初始化播放器：

```
Private Sub Form_Load()
    MMControl1.Notify = False '不返回播放信息
    MMControl1.Wait = True '播放时其他人等待
End Sub
```

在代码窗口的顶部左边的列表中选择 Option1，右边自动选择 Click，在弹出的 Option1_Click()过程中添加播放 WAV 的代码：

```
Private Sub Option1_Click()
```

```
    MMControl1.Command = "close" '先关闭播放器
    MMControl1.DeviceType = "Waveaudio" 'Wav 音频格式
    MMControl1.FileName = "d:\music\one.wav" '文件夹中的 one.wav 文件
    MMControl1.Command = "open" '打开设备
    MMControl1.Command = "play" '播放文件
End Sub
```

最后一句用来自动播放，相当于单击播放器的“播放”按钮，播放时必须要有文件名和播放命令。同样找到 Option2 的 Click()过程，添加播放 MP3 的代码：

```
Private Sub Option2_Click()
    MMControl1.Command = "close" '先关闭播放器
    MMControl1.DeviceType = "" '其他类型
    MMControl1.FileName = "d:\music\two.mp3" '文件夹中的 two.mp3 文件
    MMControl1.Command = "open" '打开设备
    MMControl1.Command = "play" '也可以点击播放按钮
End Sub
```

这里的 MP3 格式是压缩格式，属于其他类型，别的跟 WAV 文件相同，都是声音文件，没有图像只有音乐。

Option3 有些不同，它是 AVI 视频格式，也就是既有声音还有图像，它的 Click()代码为：

```
    Private Sub Option3_Click()
        MMControl1.Command = "close" '先关闭播放器
        MMControl1.DeviceType = "AviVideo" 'Avi 视频格式
        MMControl1.hWndDisplay = Form1.hWnd '用背景窗体当屏幕
        MMControl1.FileName = "d:\music\thr.avi" '文件夹中的 thr.avi 文件
        MMControl1.Command = "open" '打开设备
        MMControl1.Command = "play" '也可以单击播放按钮
    End Sub
```

此处第三行代码是让视频图像显示在背景中，也可以添加一个图片框，把 Form1 改为 Picture1，注意图像的比例一般是 4:3 或者 16:9。

单击“启动”按钮运行程序，单击不同的格式文件来播放音乐，多媒体播放器播放效果如图 11-6 所示。

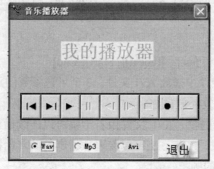

图 11-6　正在运行的多媒体播放器界面

11.2   动画控件 Animation

Animation 控件以标准 Windows 音频/视频格式来显示 AVI 动画。类似于播放电影，每个 AVI 动画都是由一系列位图帧组成的。该控件只能播放无声的 AVI 文件。运行时，Animation 控件是不可见的。

在调用 Animation 控件之前，需要执行"工程→部件"菜单命令，将 Microsoft Windows Commom Controls-2 6.0 前的方框选中，在工具箱中便会出现 Animation 控件图标。

11.2.1   常用属性、事件和方法

1. 常用属性

（1）Center 属性

该属性用于设置动画播放的位置。如将 Center 属性设为 True，则可确保播放的画面位于动画控件的中间位置。设置为 False 时，AVI 文件定位在控件内的（0，0）处。

（2）AutoPlay 属性

该属性用于设置已打开动画文件的自动播放。设置为 True 时，一旦将 AVI 文件加载到 Animation 控件中，则 AVI 文件将连续循环的自动播放。设置为 False 时，虽加载了 AVI 文件，但不使用 Play 方法就不会播放 AVI 文件。

例如，

```
Animation1.AutoPlay = True
Animation1.Open <文件名>
```

只需打开文件，不需使用 Play 方法，文件就会自动播放。

2. 事件

Animation 控件常用的事件是 Click 事件。

3. 方法

（1）Open 方法

格式：<动画控件名>.Open <文件名>

实现打开一个要播放的 AVI 文件。如果 AutoPlay 属性设置为 True，则只要打开该文件，就开始播放。

（2）Play 方法

格式：<动画控件名>.Play [= Repeat][, Start][,End]

实现在 Animation 控件中播放 AVI 文件。3 个可选参数的意义如下。

Repeat：用于设置重复播放次数。

Start：用于设置开始的帧。AVI 文件由若干幅可以连续播放的画面组成，每一幅画面称为 1 帧，第一幅画面为第 0 帧，Play 方法可以设置从指定的帧开始播放。

End：用于设置结束的帧。

例如，使用名为 Animation1 的动画控件把已打开文件的第 5 幅画面到第 10 幅画面重复 6 遍，可以使用以下语句：Animation1.Play 6，5，10。

（3）Stop 方法

格式：<动画控件名>.Stop

用于终止用 Play 方法播放 AVI 文件，但不能终止使用 Autoplay 属性播放的文件。

（4）Close 方法

格式：<动画控件名>.Close

用于关闭当前打开的 AVI 文件，如果没有加载任何文件，则 Close 不执行任何操作，也不会产生任何错误。

11.2.2　播放 AVI 动画

下面设计一个简单的无声动画的播放程序。动画播放程序的运行界面如图 11-7 所示。

1. 设计用户界面

新建一个工程，按表 11-4 所示内容创建动画播放窗体。当完成创建窗体的操作后，窗体如图 11-8 所示。

表 11-4　　　　　　　　　　CD 播放器窗体各控件属性

对　　象	属　　性	属　性　值
窗体	Name	Form1
	Caption	动画播放
命令按钮	Name	Cmdopen
	Caption	打开
命令按钮	Name	Cmdplay
	Caption	播放
命令按钮	Name	Cmdstop
	Caption	停止
命令按钮	Name	Cmdclose
	Caption	关闭
Animation 控件	Name	Animation1
公共对话框	Name	CommonDialog1

图 11-7　播放动画运行界面

图 11-8　播放动画设计界面

2. 编写程序代码

（1）"打开"按钮

在单击"打开"按钮时弹出打开文件对话框，选择要播放的 AVI 文件，编写事件过程如下：

```
Public bopen As Boolean
Private Sub Cmdopen_Click()
```

```
   On Error GoTo a0:
   CommonDialog1.Filter = "AVI 文件(*.avi)|*.avi"
   CommonDialog1.ShowOpen
   Animation1.Open CommonDialog1.FileName
   bopen = True
   Exit Sub
a0:
   bopen = False
End Sub
```

（2）"播放" 按钮

打开文件后，单击 "播放" 按钮时播放动画，编写事件过程代码如下：

```
Private Sub Cmdplay_Click()
   If bopen Then
   Animation1.Play
End Sub
```

（3）"停止" 按钮

单击 "停止" 按钮，停止动画播放，编写事件过程代码如下：

```
Private Sub Cmdstop_Click()
   Animation1.Stop
End Sub
```

（4）"关闭" 按钮

单击 "关闭" 按钮，关闭动画同时结束应用程序，编写事件过程代码如下：

```
Private Sub Cmdclose_Click()
   Animation1.Close
   Unload Me
End Sub
```

11.3 调用多媒体 API 函数开发多媒体应用程序

11.3.1 API 函数简介

API（Application Programming Interface，应用程序编程接口）是一套用来控制 Windows 各个部件的外观和行为的一套预先定义的 Windows 函数。用户可以在编程时调用这些函数。调用 API 函数可以实现许多采用 Visual Basic 无法实现的功能。

对 Visual Basic 应用程序来说，API 函数是外部过程，所以在调用 API 函数之前，一般都必须在整体模块中使用 Declare 指令加以说明，一旦说明之后，就可以把它们当作一般的 VB 所提供的函数或者过程进行调用。例如 Visual Basic 要调用 Sleep 函数就必须在标准模块中做如下声明：

Declare Sub Sleep Lib "kernel32" Alias "Sleep"（ByVal dwMilliseconds As Long）

在上面的代码中，程序访问的函数名为 Sleep，库名为 Kernel32，别名也为 Sleep。

在 Visual Basic 中，用户通常不需要编写复杂的说明代码来声明调用的函数，可以借助 Visual Basic 6.0 中的 "API 文本浏览器" 工具选择要描述的函数，然后直接插入到程序中即可。

1. 启动 API 浏览器

可以用以下两种方法启动 API 浏览器。

（1）在 Windows 环境下启动。选择"开始"菜单中的"程序"，再选择"Microsoft Visual Basic 6.0 中文版"中的"Microsoft Visual Basic 6.0 中文版工具"，最后单击"API 浏览器"，即可打开 API 浏览器，如图 11-9 所示。

（2）在 Visual Basic 环境下启动，操作步骤如下。

① 选择"外接程序"菜单中的"外接程序管理器"命令，打开"外接程序管理器"对话框。

② 在"外接程序管理器"对话框的"可用外接程序"列表中选择"VB 6 API Viewer"，然后在"加载行为"选项组中选中"在启动中加载"和"加载/卸载"两个复选框。

③ 单击"确定"按钮，即可把"API 浏览器"命令添加到"外接程序"菜单中。

④ 执行"外接程序"菜单中的"API 浏览器"命令，可打开 API 浏览器。

2. 加载 API 文件

在"API 浏览器"窗口中选择"文件"菜单下的"加载文本文件"菜单项，弹出"选择一个文本 API 文件"对话框，选择"WIN32API.TXT"文件，单击"打开"按钮，即可装入文本 API 文件。这时 API 浏览器如图 11-10 所示。

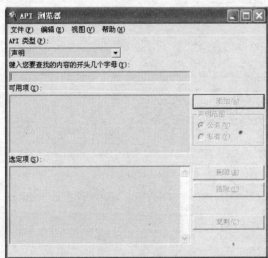

图 11-9　API 浏览器　　　　　　　图 11-10　装入 API 文件后的 API 浏览器

11.3.2　API 函数制作多媒体应用程序举例

1. 与多媒体有关的 API

与多媒体有关的 API 函数有很多，以 Wave 开头的函数负责处理语音，以 Midi 开头的函数负责处理音乐合成，用 sndPlaySound 函数可以播放音频文件，用 mciSendString 和 mciSendCommand 函数可以来编写与 MCI 有关的多媒体应用程序。

sndPlaySound 的语法：sndPlaySound（SoundFile，PlayMode），第一个参数 SoundFile 表示要播放的声音文件，第二个参数 PlayMode 表示播放模式，取值及意义如表 11-5 所示。

表 11-5　　　　　　　　　　　　　　　播放模式

常　　数	值	模　　式
SND_SYNC	0	同步播放
SND_ASYNC	1	异步播放

常　数	值	模　式
SND_NODEFAULT	2	无指定文件时不播放预设声音
SND_LOOP	8	循环播放
SND_NOSTOP	16	不要停止其他正在播放的声音

2. API 应用实例

下面的程序利用 sndPlaySound 函数播放当前路径下的 10 个声音文件，在程序的通用代码部分声明了外部 API 函数 sndPlaySound，然后在命令按钮 cmdStart 的 Click 事件中循环调用 sndPlaySound 来播放声音。App.Path 是当前程序所在的全路径。

```
Private Declare Function sendPlaySound Lib "winmm.dll" Alias "sndPlaySoundA"
(By Val lpszSoundName As String, ByVal uFlags As Long) As Long

Private Sub cmdStart_Click()
Dim SoundFile As String, PlayMode As Integer
PlayMode = 0
For i = 0 To 9
   SoundFile = App.Path & "\SOUND" & CStr(i) & ".wav"
   DoEvents
   Result = sndPlaySound(SoundFile, PlayMode)
Next i
End Sub
```

第12章
网络应用程序设计

12.1 网络基础

使用 VB 6.0 编写网络应用程序之前，应首先了解一些在编程时会用到的网络知识，如 IP 地址、端口和协议等概念。

12.1.1 IP 地址

所谓 IP 地址就是给每个连接在 Internet 上的主机分配的一个 32bit 地址。Internet 上的每台主机（Host）都有一个唯一的 IP 地址。IP 协议就是使用这个地址在主机之间传递信息，这是 Internet 能够运行的基础。IP 地址的长度为 32 位，分为 4 段，每段 8 位，用十进制数字表示，每段数字范围为 0～255，段与段之间用句点隔开。例如：192.168.0.1。

12.1.2 域名

域名（Domain Name），是由一串用点分隔的名字组成的 Internet 上某一台计算机的名称，用于在数据传输时标识计算机的电子方位（有时也指地理位置）。

网络中的地址方案分为两套：IP 地址系统和域名地址系统。由于 IP 地址是数字标识，使用时难以记忆和书写，因此在 IP 地址的基础上又发展出一种符号化的地址方案，来代替数字型的 IP 地址。每一个符号化的地址都与特定的 IP 地址对应，这样网络上的资源访问起来就容易得多了。这个与网络上的数字型 IP 地址相对应的字符型地址，就被称为域名。

12.1.3 端口

这里所说的端口（port）是逻辑意义上的端口，是指 TCP/IP 协议中的端口，通过 16 位的端口号来标记的，端口号只有整数，范围是 0～65 535（$2^{16}-1$）。如果把 IP 地址比作一间房子，端口就是出入这间房子的门。真正的房子只有几个门，但是一个 IP 地址的端口可以有 65 536 个之多。

在 Internet 上，各主机间通过 TCP/IP 协议发送和接收数据包，各个数据包根据其目的主机的 IP 地址来进行互联网络中的路由选择。可见，把数据包顺利的传送到目的主机是没有问题的。问题出在哪里呢？我们知道大多数操作系统都支持多程序（进程）同时运行，那么目的主机应该把接收到的数据包传送给众多同时运行的进程中的哪一个呢？显然这个问题有待解决，端口机制便由此被引入进来。

当目的主机接收到数据包后，将根据报文首部的目的端口号，把数据发送到相应端口，而与此端口相对应的那个进程将会领取数据并等待下一组数据的到来。

不光接收数据包的进程需要开启它自己的端口，发送数据包的进程也需要开启端口，这样，数据包中将会标识有源端口，以便接收方能顺利的回传数据包到这个端口。

我们知道，一台拥有 IP 地址的主机可以提供许多服务，比如 Web 服务、FTP 服务、SMTP 服务等，这些服务完全可以通过一个 IP 地址来实现。那么，主机是怎样区分不同的网络服务呢？显然不能只靠 IP 地址，因为 IP 地址与网络服务的关系是一对多的关系。实际上是通过"IP 地址+端口号"（套接字）来区分不同的服务的。

需要注意的是，端口并不是一一对应的。比如你的电脑作为客户机访问一台 WWW 服务器时，WWW 服务器使用"80"端口与你的电脑通信，但你的电脑则可能使用"3457"这样的端口。

另外，1024 以下的端口号（0～1023）已经分配给了一些知名的协议，称为熟知端口。用户在开发自己的应用程序时，避免使用这些熟知端口。尽量使用大于或等于 1024 的端口号。

12.1.4 协议

网络上的计算机之间又是如何交换信息的呢？就像我们说话用某种语言一样，在网络上的各台计算机之间也有一种语言，这就是网络协议，不同的计算机之间必须使用相同的网络协议才能进行通信。

网络协议的定义：为计算机网络中进行数据交换而建立的规则、标准或约定的集合。

协议是用来描述进程之间信息交换数据时的规则术语。在计算机网络中，两个相互通信的实体处在不同的地理位置，其上的两个进程相互通信，需要通过交换信息来协调它们的动作和达到同步，而信息的交换必须按照预先共同约定好的过程进行。

当然了，网络协议也有很多种，具体选择哪一种协议则要看情况而定。Internet 上的计算机使用的是 TCP/IP 协议。

TCP（Transmission Control Protocol，传输控制协议）是一种面向连接的、可靠的、基于字节流的运输层通信协议。在计算机网络 OSI 模型中，它完成第四层传输层所指定的功能。它在两个主机之间建立连接，提供双向、有序且无重复的数据流服务，以及差错控制、流量控制等服务，保证数据的可靠传输。

UDP（User Datagram Protocol，用户数据包协议）是 OSI 参考模型中一种无连接的传输层协议，提供面向事务的简单不可靠信息传送服务。数据发出去后并不进行差错控制，不能保证数据的可靠传输，一般只用于少量的数据传输。

TCP 协议和 UDP 协议都使用端口号来区分运行在同一台主机上的多个应用程序（进程）。

12.2　Winsock 控件

Winsock 是 Microsoft Windows 提供的网络编程接口，它提供了基于 TCP/IP 协议的接口实现方法。

使用 TCP/IP 协议进行网络通信时，使用 IP 地址来标识网络中的主机（IP 地址是唯一的），可以保证数据能正确地发送到指定主机。又由于每台主机上运行不止一个应用程序，为了识别同一个主机上的不同应用程序（进程），在 TCP/IP 中使用端口（Port）来作为主机上运行的应用程序标识号。所以，TCP/IP 协议中一个有效的网络地址包括：IP 地址+端口号（即 Socket套接字）。

Winsock 控件能够通过 UDP 协议或 TCP 协议连接到远程计算机并进行数据交换。使用这两种协议可以开发复杂的网络应用程序。

要使用 Winsock 控件，首先应该将其添加到工具箱中，方法为：选择"工程"→"部件"弹出"部件"对话框。在控件列表中选择"Microsoft Winsock Control 6.0"项，单击"确定"按钮，Winsock 控件就会被添加到工具箱中，其图标如图 12-1 所示。

图 12-1　Winsock 控件图标

Winsock 控件在运行状态下不可见。

12.2.1　Winsock 控件的常用属性

1. Protocol 属性

设置使用的协议（TCP 或 UDP），其取值及其含义如表 12-1 所示。

表 12-1　　　　　　　　　　　　　Protocol 属性取值及其含义

常　　数	数　　值	含　　义
sckTCPProtocol	0	使用 TCP 协议，默认值
sckUDPProtocol	1	使用 UDP 协议

该属性可以在属性窗口设置，也可以在程序中设置。例如：

```
Winsock1.Protocol = sckTCPProtocol
```

2. RemoteHost 属性

指定要连接的远程主机的名称（域名）或 IP 地址（字符串型），例如：

```
Winsock1.RemoteHost = "192.168.10.2"
```

3. RemotePort 属性

设置或返回要连接的应用程序（进程）的远程端口号，尽量使用大于 1024 的端口号。例如：

```
Winsock1.RemotePort = 6666
```

4. RemoteHostIP 属性

返回实际连接的远程计算机的 IP 地址（字符串型）。可以是客户端 IP，也可以是服务器端 IP。当使用 TCP 协议时，在连接成功后，对于客户端，该属性为服务器 IP；对于服务器，该属性为客户端 IP。当使用 UDP 协议时，在 DataArrival（数据到达）事件出现后，该属性包含了发送 UDP数据的计算机的 IP 地址。

5. LocalHostName 属性

返回本地计算机名。只在运行状态中可用。

6. LocalPort 属性

用于设置或返回 Winsock 控件使用的本地端口。对于服务器进程来说，这是用于侦听的本地端口号，必须设置；对于客户端进程来说，该属性指定发送数据的本地端口，可以不设置，由Winsock 控件随机指定。

7. LocalIP 属性

返回本地主机的 IP 地址（字符串型），只在运行状态可用。

8. State 属性

用于返回 Winsock 控件的当前状态，其取值及其含义如表 12-2 所示。

表 12-2　　　　　　　　　　　State 属性取值及其含义

常　　数	数　　值	含　　义
sckClosed	0	关闭状态，默认值
sckOpen	1	打开
sckListening	2	侦听
sckConnectPending	3	连接挂起
sckResolvingHost	4	正在识别主机
sckHostResolved	5	已识别主机
sckConnecting	6	正在连接
sckConnected	7	已连接
sckClosing	8	正在关闭连接
sckError	9	出错

12.2.2　Winsock 控件的常用方法

1. Connect 方法

使用 TCP 协议时，用于建立与远程服务器的连接，该方法只在客户端使用。

格式：Object.Connect [remoteHost ，　remotePort]

2. Accept 方法

接收一个新的连接请求。该方法只能在服务器端的应用程序中的 ConnectRequest 事件过程中使用。

格式：Object.Accept requestID

其中，requestID 参数是 ConnectRequest 事件传递过来的请求号。

3. Listen 方法

进行 TCP 连接时，用于创建套接字并设置为侦听模式。该方法只适用于 TCP 连接。

格式：Object.Listen

4. SendData 方法

用于将数据发送给远程计算机。

格式：Object.SendData data

其中，data 参数是要发送的数据。

5. GetData 方法

用于获取从网络传送给 Winsock 控件的数据，该方法通常在 DataArrival 事件过程中使用。

格式：Object.GetData data　[，　type] [，　maxlen]

其中，data 参数用于存放传过来的数据，一般为变量；type 参数指定数据类型；maxlen 指定数据的最大长度。

6. Close 方法

用于关闭 TCP 连接。

12.2.3　Winsock 控件的常用事件

1. Connect 事件

该事件在编写客户端应用程序时使用。当与服务器的连接成功后被触发。通常在该事件中写入连接成功提示信息并返回服务器 IP 等。例如：

```
Private Sub Winsock1_Connect()
    MsgBox "成功连接 IP 地址为" & Winsock1.RemoteHostIP & "的服务器！"
End Sub
```

2. ConnectionRequest 事件

该事件只能在使用 TCP 协议编写服务器应用程序时使用。当远程计算机请求连接时被触发，在该事件中经常使用 Accept 方法接受新请求的连接。例如：

```
Private Sub Winsock1_ConnectionRequest(ByVal requestID As Long)
    …
    Winsock1.Accept requestID
    …
End Sub
```

3. DataArrival 事件

当新的数据到达时触发，该事件的 bytesTotal 参数指明了新到达数据的总字节数。

```
Private Sub Winsock1_DataArrival(ByVal bytesTotal As Long)
    …
End Sub
```

4. SendComplete 事件

当完成一个发送操作时触发。

5. Close 事件

当远程计算机关闭连接时被触发。

12.2.4　Winsock 编程模型

1. 基于 TCP 的模型

TCP 协议是面向连接的协议，允许创建和维护与远程计算机的连接。连接两台计算机就可以彼此进行数据传输。将运行服务器应用程序的计算机称为服务器，运行客户端应用程序的计算机称为客户机。

（1）如果创建服务器应用程序，就应设置一个侦听端口（LocalPort 属性）并调用 Listen 方法侦听在这个端口上的传入信息。当客户机传来要求连接的请求时就会发生 ConnectionRequest 事件。可调用 ConnectionRequest 事件内的 Accept 方法完成连接。

（2）如果要创建客户端应用程序，就必须知道服务器的域名或 IP 地址，以便给 RemoteHost 属性设置值，还必须知道服务器应用程序（进程）在哪个端口上进行侦听，以便给 RemotePort 属性设置该端口值。最后调用 Connect 方法连接服务器。

连接成功后，任何一方都可以收发数据。可以调用 SendData 方法来发送数据。当对方发来的数据达到时会触发 DataArrival 事件。此时可调用 DataArrival 事件内的 GetData 方法来接收数据。当所有数据都发送完成后，调用 Close 方法关闭 TCP 连接。基于 TCP 的连接模型如图 12-2 所示。

注：1234 为客户机进程的端口号，6666 为服务器进程的端口号。

从该模型中可以看出，只有当客户机知道了服务器的套接字（IP 地址和端口号）以后，才能和服务器连接成功。

2. 基于 UDP 的模型

UDP 协议是一个无连接协议，两台计算机传送数据之前并不需要建立连接。

每台参与通信的计算机既可以是服务器，也可以是客户机。

假设计算机 1 要向计算机 2 发送数据。首先要设置计算机 2 的 LocalPort 属性（假如：5678）。然后在计算机 1 端，将 RemoteHost 属性设置为计算机 2 的 IP 地址（192.168.10.4），将 RemotePort 属性设置为计算机 2 的端口号（5678），并调用 SendData 方法来发送数据。最后，计算机 2 调用 DataArrival 事件内的 GetData 方法来接收计算机 1 发来的数据。基于 UDP 的连接模型如图 12-3 所示。

注：图中的虚线表示传送数据之前并不需要建立连接。

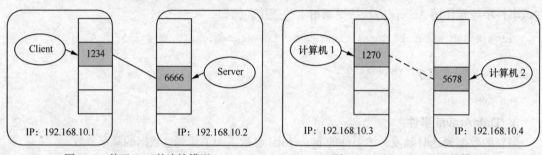

图 12-2　基于 TCP 的连接模型　　　　图 12-3　基于 UDP 的连接模型

12.2.5　Winsock 控件用法示例——简易聊天程序

下面分别列举两个示例来说明使用 TCP 协议和 UDP 协议开发简易聊天程序的过程。

【例 12-1】　使用 TCP 协议编写一个两台主机可以互相发信息聊天的程序。两台主机中一台为服务器，另一台为客户机。所以，需要编写两个程序，分别实现服务器的功能和客户机的功能。

1. 服务器端程序设计

（1）启动 VB 6.0，新建一个标准 EXE 工程，将默认窗体名称改为 frmServer。

（2）选择"工程"菜单下的"工程 1 属性"菜单项，在打开的"工程 1—工程属性"对话框中将"工程名称"栏中的内容改为"Server"，并单击"确定"按钮，如图 12-4 所示。

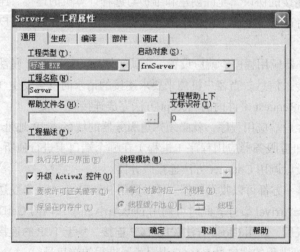

图 12-4　"工程属性"对话框

（3）右击工具箱，选择"部件"菜单项，在打开的"部件"对话框控件列表中选中"Microsoft Winsock Controls 6.0"项，单击"确定"按钮将 Winsock 控件添加到工具箱。

（4）在窗体 frmServer 上，按照图 12-5 所示绘制控件。

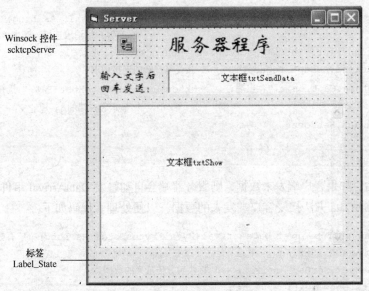

图 12-5　服务器窗口设计界面

（5）各主要控件属性设置如表 12-3 所示。

表 12-3　　　　　　　　　　　　　　窗体及主要控件属性

	控 件 名	属 性 名	属 性 值
窗体	frmServer	Caption	Server
Winsock 控件	scktcpServer	名称	scktcpServer
标签控件	Label_State	名称	Label_State
文本框	txtSendData	Text	（空）
文本框	txtShow	Text	（空）
		MultiLine	True
		ScrollBars	2-Vertical
		Locked	True

（6）编写事件过程如下。

① 初始化

窗体装载事件中，首先将 Winsock 控件 scktcpServer 的 Protocol 属性设置为 sckTCPProtocol，以便使用 TCP 协议与客户端通信；然后设置服务器的本地端口。最后调用 Listen 方法在此端口处侦听客户端的连接请求。代码如下：

```
Private Sub Form_Load()
    scktcpServer.Protocol = sckTCPProtocol
    scktcpServer.LocalPort = 6666   ' 设置服务器端的本地端口，此端口号必须设置
    scktcpServer.Listen              ' 在上面端口处，监听客户端的连接请求
    Label_State.Caption = "目前还没有客户端连接进来！"
End Sub
```

② 接受请求

如果有客户端发来连接请求，则服务器端会自动触发 ConnectionRequest 事件。在该事件过程中，调用 Accept 方法接受客户端发来的连接请求。代码如下：

```
Private Sub scktcpServer_ConnectionRequest(ByVal requestID As Long)
                                              ' 有客户端请求连接，产生该事件
    If scktcpServer.State <> sckClosed Then scktcpServer.Close
    scktcpServer.Accept requestID    ' 接受客户端的连接请求
    Label_State.Caption = "客户端:" & scktcpServer.RemoteHostIP & " 连接入本服务器!"
                                              ' 显示客户端的 ip 地址
    txtSendData.SetFocus
End Sub
```

③ 接收数据

连接成功后，如果客户端发来数据，则服务器端会自动触发 DataArrival 事件。可以在该事件过程中，调用 GetData 方法接受客户端发来的数据，以便处理。代码如下：

```
Private Sub scktcpServer_DataArrival(ByVal bytesTotal As Long)    ' 有数据到达
    Dim strData As String
    scktcpServer.GetData strData    ' 接收对方传过来的数据
    If Len(txtShow.Text) = 0 Then
       txtShow.Text = strData
    Else
       txtShow.Text = txtShow.Text & vbCrLf & strData
    End If
    ' 下面两条语句的功能是使滚动条向下滚动，始终显示下方最新的聊天数据
    txtShow.SelLength = 0
    txtShow.SelStart = Len(txtShow.Text)
End Sub
```

④ 发送数据

连接成功后，如果服务器有数据要向客户端发送，则服务器可以调用 SendData 方法向客户端发送数据。代码如下：

```
Private Sub txtSendData_KeyPress(KeyAscii As Integer)
    If KeyAscii = 13 Then     ' 判断是否按下了回车键
       If scktcpServer.State = sckConnected Then   ' 判断 Winsock 组件是否处于连接状态
          scktcpServer.SendData "服务器 " & Time & vbCrLf & " " & txtSendData.Text
                                              ' 发送数据
       If Len(txtShow.Text) = 0 Then
          txtShow.Text = "服务器 " & Time & vbCrLf & " " & txtSendData.Text
       Else
          txtShow.Text = txtShow.Text & vbCrLf & "服务器 " & Time & vbCrLf & " " &
             txtSendData.Text
       End If
       txtSendData.Text = ""
       txtShow.SelLength = 0
       txtShow.SelStart = Len(txtShow.Text)
    Else
       MsgBox "目前没有客户端连接入服务器! "
```

```
        End If
    End If
End Sub
```

⑤ 对方关闭

如果客户端用户关闭了窗口，则服务器端会自动触发 Close 事件，以便自动执行该事件过程中的代码。代码如下：

```
Private Sub scktcpServer_Close()    ' 客户端窗体关闭，产生该事件
    Label_State.Caption = "客户端：" & scktcpServer.RemoteHostIP & " 关闭！"
End Sub
```

（7）将过程保存为 Server.vbp，将窗体保存为 frmServer.frm。

（8）选择"文件"菜单中的"生成 Server.exe"，生成一个 exe 可执行文件。

2. 客户端程序设计

（1）新建一个标准 EXE 过程，将默认窗体名称改为 frmClient。

（2）选择"过程"菜单下的"过程 1 属性"菜单项，在打开的"过程 1—工程属性"对话框中将"过程名称"栏中的内容改为"Client"，并单击"确定"按钮。

（3）使用前面的方法将 Winsock 控件添加到工具箱。

（4）在窗体 frmClient 上，按照图 12-6 所示绘制控件。

图 12-6　客户端窗口设计界面

（5）各控件属性设置如表 12-4 所示。

表 12-4　　　　　　　　　　　　　　　窗体及主要控件属性

	控 件 名	属 性 名	属 性 值
窗体	frmClient	Caption	Client
Winsock 控件	scktcpClient	名称	scktcpClient
标签控件	Label_State	名称	Label_State
文本框	txtSendData	text	（空）
文本框	txtShow	text	（空）

控 件 名		属 性 名	属 性 值
文本框	txtShow	MultiLine	True
		ScrollBars	2-Vertical
		Locked	True

（6）编写事件过程如下。

① 初始化

窗体装载事件中，首先将 Winsock 控件 scktcpClient 的 Protocol 属性设置为 sckTCPProtocol，以便使用 TCP 协议与服务器通信；然后设置想要连接的服务器的 IP 地址和端口号。客户端的本地端口号可以不设置，系统会自动选择一个可用的端口号。代码如下：

```
Private Sub Form_Load()
    scktcpClient.Protocol = sckTCPProtocol
    scktcpClient.RemoteHost = "127.0.0.1"
        ' 如果客户端与服务器不在同一台主机上，则该 ip 地址要设置为服务器所在主机的真正 IP 地址
    scktcpClient.RemotePort = 6666 ' 该端口号一定要和服务器端的 LocalPort 属性值相同
    scktcpClient.LocalPort = 1234
                        ' 客户端的本地端口号可以不设置，系统会随机选择一个来用
    Label_State.Caption = "目前还没有连接到服务器！"
End Sub
```

② "连接" 按钮

单击 "连接" 按钮后，调用 Winsock 控件的 Connect 方法向服务器发出连接请求。代码如下：

```
Private Sub cmdConnect_Click()
    scktcpClient.Close      ' 关闭上一次未成功的连接请求
    scktcpClient.Connect    ' 向服务器发出连接请求
End Sub
```

③ 服务器接受请求

服务器接受请求后，会触发下列事件。代码如下：

```
Private Sub scktcpClient_Connect()  ' 连接请求成功
    Label_State.Caption = "成功连接服务器: " & scktcpClient.RemoteHostIP
                                    ' 显示服务器的 ip 地址

    txtSendData.SetFocus
    cmdConnect.Enabled = False
End Sub
```

④ 发送数据

判断文本框 txtSendData 中是否按下了回车键，如果是则调用 SendData 方法将回车键前面的数据发送给服务器，并同时显示在下方的聊天文本框 txtShow 中。代码与服务器端类似。代码如下：

```
Private Sub txtSendData_KeyPress(KeyAscii As Integer)
    If KeyAscii = 13 Then       ' 判断是否按下了回车键
        If scktcpClient.State = sckConnected Then  ' 判断 Winsock 组件是否处于连接状态
            scktcpClient.SendData "客户端 " & Time & vbCrLf & " " & txtSendData.Text
                                        ' 发送数据

            If Len(txtShow.Text) = 0 Then
                txtShow.Text = "客户端 " & Time & vbCrLf & " " & txtSendData.Text
```

```
        Else
            txtShow.Text = txtShow.Text & vbCrLf & "客户端 " & Time & vbCrLf & " " &
            txtSendData.Text
        End If
        txtSendData.Text = ""
        ' 这两条语句的功能是使滚动条向下滚动, 始终显示下方最新的聊天数据
        txtShow.SelLength = 0
        txtShow.SelStart = Len(txtShow.Text)
    Else
        MsgBox "目前没有连接服务器, 请单击"连接"按钮! "
    End If
    End If
End Sub
```

⑤ 接收数据

如果服务器发来的数据达到本客户机, 则会触发下列事件。在该事件中调用 GetData 方法接收数据, 并显示在下方的聊天文本框 txtShow 中。代码与服务器端类似。代码如下:

```
Private Sub scktcpClient_DataArrival(ByVal bytesTotal As Long)  ' 有数据到达
    Dim strData As String
    scktcpClient.GetData strData    ' 接收对方传过来的数据
    If Len(txtShow.Text) = 0 Then
        txtShow.Text = strData
    Else
        txtShow.Text = txtShow.Text & vbCrLf & strData
    End If
    ' 这两条语句的功能是使滚动条向下滚动, 始终显示下方最新的聊天数据
    txtShow.SelLength = 0
    txtShow.SelStart = Len(txtShow.Text)
End Sub
```

⑥ 对方关闭

```
Private Sub scktcpClient_Close()
    Label_State.Caption = "服务器: " & scktcpClient.RemoteHostIP & " 关闭! "
End Sub
```

（7）将工程保存为 Client.vbp, 将窗体保存为 frmClient.frm。

（8）选择"文件"菜单中的"生成 Client.exe", 生成一个 exe 可执行文件。

3. 测试程序

（1）首先, 双击 Server.exe, 运行服务器端程序。

（2）然后, 双击 Client.exe, 运行客户端程序。

（3）单击客户端窗体上的"连接"按钮, 向服务器发出连接请求, 如果连接成功, 双方即可开始相互发送数据。

（4）在客户端界面文本框 txtSendData 中输入文本并按回车键后即可在服务器窗体中看到发送的信息。在服务器窗体文本框 txtSendData 中输入文本并按回车键后也可以在客户端窗体中看到信息。效果如图 12-7 和图 12-8 所示。

本示例也可以在两台不同的主机上进行测试。需要修改的是客户端程序中 Winsock 控件的 RemoteHost 属性。将其设置为另一台主机（服务器）的 IP 地址即可。例如, 假设服务器的 IP 地

址为"192.168.10.100",客户端程序设置 RemoteHost 属性的语句如下:

```
scktcpClient.RemoteHost = "192.168.10.100"
```

本示例只是实现了两台主机之间的通信,如果想要让多台主机与服务器通信,应当在服务器程序中放置多个 Winsock 控件,每一个客户端对应一个服务器中 Winsock 控件。

图 12-7　服务器程序运行界面　　　　　　　　图 12-8　客户端程序运行界面

【例 12-2】　使用 UDP 协议编写一个两台主机可以互相发信息聊天的程序。两台主机地位平等、不分主次。其中一台称为 Host1,另一台称为 Host2。所以,需要编写两个程序,分别实现两台主机的功能。事实上,两台主机的程序代码非常类似。

1. Host1 端程序设计

(1)启动 VB 6.0,新建一个标准 EXE 工程,将默认窗体名称改为 frmHost1。

(2)选择"工程"菜单下的"工程 1 属性"菜单项,在打开的"工程 1—工程属性"对话框中将"工程名称"栏中的内容改为"Host1",并单击"确定"按钮。

(3)右击工具箱,选择"部件"菜单项,在打开的"部件"对话框控件列表中选中"Microsoft Winsock Controls 6.0"项,单击"确定"按钮将 Winsock 控件添加到工具箱。

(4)在窗体 frm Host1 上,按照图 12-9 所示绘制控件。

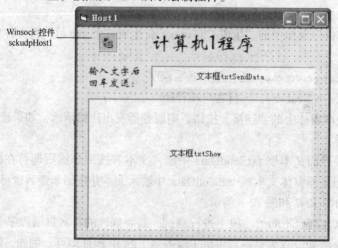

图 12-9　Host1 窗口设计界面

（5）各主要控件属性设置如表 12-5 所示。

表 12-5　　　　　　　　　　　　　窗体及主要控件属性

	控 件 名	属 性 名	属 性 值
窗体	frmHost1	Caption	Host1
Winsock 控件	sckudpHost1	名称	sckudpHost1
文本框	txtSendData	Text	（空）
文本框	txtShow	Text	（空）
		MultiLine	True
		ScrollBars	2-Vertical
		Locked	True

（6）编写事件过程如下。

① 初始化

窗体装载事件中，首先将 Winsock 控件 sckudpHost1 的 Protocol 属性设置为 sckUDPProtocol，以便使用 UDP 协议与 Host2 通信；然后设置 Host1 的本地端口及远程主机（Host2）的 IP 地址和端口号。代码如下：

```
Private Sub Form_Load()
    sckudpHost1.Protocol = sckUDPProtocol      ' 设置为 UDP 协议
    sckudpHost1.LocalPort = 1270               ' 设置本地端口号
    sckudpHost1.RemoteHost = "127.0.0.1"       ' 设置远程主机（Host2）的 IP 地址
    sckudpHost1.RemotePort = 5678              ' 设置远程主机（Host2）的端口号
    sckudpHost1.SendData ""
End Sub
```

② 发送数据

如果本机 Host1 有数据要向 Host2 发送，则 Host1 可以调用 SendData 方法向 Host2 发送数据。代码如下：

```
Private Sub txtSendData_KeyPress(KeyAscii As Integer)
    If KeyAscii = 13 Then      ' 判断是否按下了回车键
        sckudpHost1.SendData "计算机 1 " & Time & vbCrLf & "  " & txtSendData.Text
                     ' 发送数据
        If Len(txtShow.Text) = 0 Then
            txtShow.Text = "计算机 1 " & Time & vbCrLf & "  " & txtSendData.Text
        Else
            txtShow.Text = txtShow.Text & vbCrLf & "计算机 1 " & Time & vbCrLf & "  " &
            txtSendData.Text
        End If
        txtSendData.Text = ""
        ' 这两条语句的功能是使滚动条向下滚动，始终显示下方最新的聊天数据
        txtShow.SelLength = 0
        txtShow.SelStart = Len(txtShow.Text)
    End If
End Sub
```

③ 接收数据

如果对方（Host2）发来数据，则本机（Host1）会自动触发 DataArrival 事件。可以在该事件

过程中，调用 GetData 方法接受对方发来的数据，以便处理。代码如下：

```
Private Sub sckudpHost1_DataArrival(ByVal bytesTotal As Long)
   Dim strData As String
   On Error Resume Next
   sckudpHost1.GetData strData    ' 接收对方传过来的数据
   If Len(txtShow.Text) = 0 Then
      txtShow.Text = strData
   Else
      txtShow.Text = txtShow.Text & vbCrLf & strData
   End If
   ' 这两条语句的功能是使滚动条向下滚动，始终显示下方最新的聊天数据
   txtShow.SelLength = 0
   txtShow.SelStart = Len(txtShow.Text)
End Sub
```

（7）将过程保存为 Host1.vbp，将窗体保存为 frmHost1.frm。

（8）选择"文件"菜单中的"生成 Host1.exe"，生成一个 exe 可执行文件。

2. Host2 端程序设计

（1）新建一个标准 EXE 过程，将默认窗体名称改为 frmHost2。

（2）选择"过程"菜单下的"过程 1 属性"菜单项，在打开的"过程 1—工程属性"对话框中将"过程名称"栏中的内容改为"Host2"，并单击"确定"按钮。

（3）使用前面的方法将 Winsock 控件添加到工具箱。

（4）在窗体 frmHost2 上，按照图 12-10 所示绘制控件。

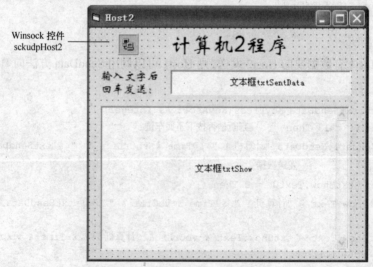

图 12-10　Host2 端窗口设计界面

（5）各控件属性设置如表 12-6 所示。

表 12-6　　　　　　　　　　　　　窗体及主要控件属性

	控 件 名	属 性 名	属 性 值
窗体	frmHost2	Caption	Host2
Winsock 控件	sckudpHost2	名称	sckudpHost2

续表

控 件 名		属 性 名	属 性 值
文本框	txtSendData	text	（空）
文本框	txtShow	text	（空）
		MultiLine	True
		ScrollBars	2-Vertical
		Locked	True

（6）编写事件过程如下。

① 初始化

窗体装载事件中，首先将 Winsock 控件 sckudpHost2 的 Protocol 属性设置为 sckUDPProtocol，以便使用 UDP 协议与 Host1 通信；然后设置 Host2 的本地端口及远程主机（Host1）的 IP 地址和端口号。代码如下：

```
Private Sub Form_Load()
    sckudpHost2.Protocol = sckUDPProtocol      ' 设置为 UDP 协议
    sckudpHost2.LocalPort = 5678               ' 设置本地端口号
    sckudpHost2.RemoteHost = "127.0.0.1"       ' 设置远程主机（Host1）的 IP 地址
    sckudpHost2.RemotePort = 1270              ' 设置远程主机（Host1）的端口号
    sckudpHost2.SendData ""
End Sub
```

② 发送数据

如果本机 Host2 有数据要向 Host1 发送，则 Host2 可以调用 SendData 方法向 Host1 发送数据。代码如下：

```
Private Sub txtSendData_KeyPress(KeyAscii As Integer)
    If KeyAscii = 13 Then      ' 判断是否按下了回车键
        sckudpHost2.SendData "计算机 2 " & Time & vbCrLf & "  " & txtSendData.Text
                     ' 发送数据
        If Len(txtShow.Text) = 0 Then
            txtShow.Text = "计算机 2 " & Time & vbCrLf & "  " & txtSendData.Text
        Else
        txtShow.Text = txtShow.Text & vbCrLf & "计算机 2 " & Time & vbCrLf & "  " &
        txtSendData.Text
        End If
        txtSendData.Text = ""
        ' 这两条语句的功能是使滚动条向下滚动，始终显示下方最新的聊天数据
        txtShow.SelLength = 0
        txtShow.SelStart = Len(txtShow.Text)
    End If
End Sub
```

③ 接收数据

如果对方（Host1）发来数据，则本机（Host2）会自动触发 DataArrival 事件。可以在该事件过程中，调用 GetData 方法接受对方发来的数据，以便处理。代码如下：

```
Private Sub sckudpHost2_DataArrival(ByVal bytesTotal As Long)
    Dim strData As String
    On Error Resume Next
```

```
    sckudpHost2.GetData strData    ' 接收对方传过来的数据
    If Len(txtShow.Text) = 0 Then
        txtShow.Text = strData
    Else
        txtShow.Text = txtShow.Text & vbCrLf & strData
    End If
    ' 这两条语句的功能是使滚动条向下滚动，始终显示下方最新的聊天数据
    txtShow.SelLength = 0
    txtShow.SelStart = Len(txtShow.Text)
End Sub
```

（7）将过程保存为 Host2.vbp，将窗体保存为 frmHost2.frm。

（8）选择"文件"菜单中的"生成 Host2.exe"，生成一个 exe 可执行文件。

3．测试程序

（1）首先，双击 Host1.exe，运行 Host1 端程序。

（2）然后，双击 Host2.exe，运行 Host2 端程序。

（3）在 Host1 端界面文本框 txtSendData 中输入文本并按回车键后即可在 Host2 窗体中看到发送的信息。同理，在 Host2 窗体文本框 txtSendData 中输入文本并按回车键后也可以在 Host1 窗体中看到信息。效果如图 12-11 和图 12-12 所示。

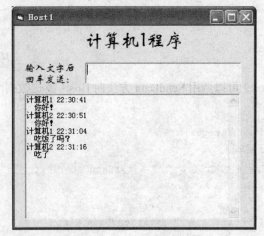

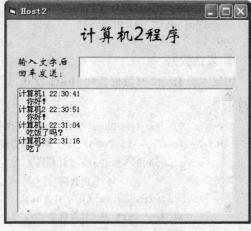

图 12-11　Host1 程序运行界面　　　　　图 12-12　Host2 程序运行界面

本示例也可以在两台不同的主机上进行测试。需要修改的是每台主机中 Winsock 控件的 RemoteHost 属性。将其设置为另一台主机的 IP 地址即可。

假设 Host1 的 IP 地址为"192.168.10.3"，则 Host2 程序设置 RemoteHost 属性的语句如下：

```
sckudpHost2.RemoteHost = "192.168.10.3"
```

假设 Host1 的 IP 地址为"192.168.10.4"，则 Host1 程序设置 RemoteHost 属性的语句如下：

```
sckudpHost1.RemoteHost = "192.168.10.4"
```

12.3　WebBrowser 控件

WebBrowser 控件主要用来编写类似 IE 的浏览器程序。

要使用该控件开发自己的浏览器，需要把它添加到工具箱中。方法：打开"工程"→"部件"

菜单项，在弹出的"部件"对话框中选中"Microsoft Internet Controls"项。其在工具箱上的图标如图 12-13 所示。

图 12-13　WebBrowser 控件的图标

1. Navigate 方法
用于将网页显示到 WebBrowser 控件中。例如：

WebBrowser1.Navigate www.sohu.com

2. GoBack 方法
用于将网页返回到前一页。例如：

WebBrowser1.GoBack

3. GoForward 方法
用于将网页进入下一页。

4. GoHome 方法
用于显示主页。

5. Stop 方法
用于停止在 WebBrowser 控件中显示的网页。

6. Refresh 方法
用于刷新在 WebBrowser 控件中显示的网页。

【例 12-3】　使用 WebBrowser 控件制作自己的简单的浏览器。程序运行界面如图 12-14 所示。

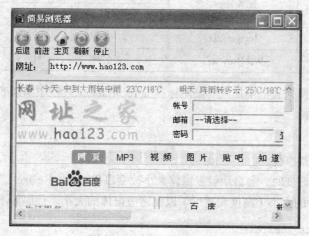

图 12-14　例 12.3 运行界面

1. 添加控件
首先，将 WebBrowser 控件和工具栏控件添加到工具箱中：打开"工程"→"部件"菜单项，在"部件"对话框中选中"Microsoft Internet Controls"和"Microsoft Windows Common Controls 6.0"两项。

2. 设计程序界面并设置控件属性

程序设计界面如图 12-15 所示。

在窗体上添加 1 个 ToolBar 工具栏控件、1 个 ImageList 图像列表控件、1 个 TextBox 文本框控件和 1 个 WebBrowser 浏览器控件。在属性窗口设置窗体及各主要控件的属性，如表 12-7 所示。

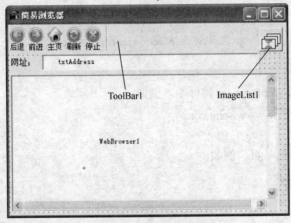

图 12-15 例 12.3 设计界面

表 12-7　　　　　　　　　　　　窗体及控件属性

	控 件 名	属 性 名	属 性 值
窗体	Form1	Caption	简易浏览器
		Icon	一个图标文件
工具栏控件	ToolBar1	名称	ToolBar1
		ImageList	ImageList1
文本框控件	txtAddress	名称	txtAddress
		Text	请在此输入网址
图像列表框控件	ImageList1	名称	ImageList1
浏览器控件	WebBrowser1	名称	WebBrowser1

在 ImageList1 图像列表框中加入 5 个图标。在 ToolBar1 工具栏中添加 5 个按钮，图像来源于 ImageList1 图像列表框。

3. 程序代码

（1）窗体大小调整事件

当窗体的大小被改变时，会自动触发窗体大小改变事件 Form_Resize()，在该事件代码中，改变 WebBrowser1 控件的大小（高度和宽度）以便适应窗体的大小。代码如下：

```
Private Sub Form_Resize()
    ' WebBrowser 控件大小随着窗体的改变而改变
    WebBrowser1.Height = ScaleHeight - Toolbar1.Height - txtAddress.Height - 220
    WebBrowser1.Width = ScaleWidth - 150
End Sub
```

（2）文本框按键事件

当用户在文本框 txtAddress 中输入网址并按下回车后触发下列事件。事件中判断用户如果按下了回车键，则执行 WebBrowser1 控件中的 Navigate 方法，以便浏览文本框中输入的网页。代码如下：

```
Private Sub txtAddress_KeyPress(KeyAscii As Integer)
    If KeyAscii = 13 Then    ' 按回车键则浏览网页
        WebBrowser1.Navigate Trim(txtAddress.Text)
    End If
End Sub
```

（3）工具栏单击按钮事件

当用户在工具栏上单击某个按钮时触发下列事件。根据按钮的索引值来判断用户按下了哪个按钮，以便执行相应的操作。代码如下：

```
Private Sub Toolbar1_ButtonClick(ByVal Button As MSComctlLib.Button)
    Select Case Button.Index
        Case 1
            WebBrowser1.GoBack      ' 返回上一页
        Case 2
            WebBrowser1.GoForward   ' 进入下一页
        Case 3
            WebBrowser1.GoHome      ' 显示主页
        Case 4
            WebBrowser1.Refresh     ' 刷新本页
        Case 5
            WebBrowser1.Stop        ' 停止浏览
    End Select
End Sub
```

12.4　Internet Transfer 控件

Internet Transfer 控件能够使用 Internet 上应用最广泛的协议 HTTP（HyperText Transfer Protocol，超文本传输协议）和 FTP（File Transfer Protocol，文件传输协议）下载文件。

HTTP 主要用于从互联网中的服务器上传输 HTML 文档。当在浏览器中以 "http://" 开始键入一个 Internet 地址时，就在告诉服务器，想要打开的是一个具有 HTML 格式代码的文档，此时浏览器可以理解并显示这种代码。Internet Transfer 控件还可以用这个协议从 Internet 的服务器上下载网页。

FTP 主要用于从特殊服务器，比如 FTP 服务器或 FTP 站点传输二进制文件或文本文件。可以通过服务器名的前缀 "ftp://" 识别 FTP 服务器。一般的公司都会利用其 FTP 站点传输.zip（已压缩）格式的工程文件和其他二进制文件，比如动态链接库（.dll）和可执行文件（.exe）等。Internet Transfer 控件还可以用来管理下载和上传等 FTP 操作。

Internet Transfer 控件是一个 ActiveX 控件，将该控件添加到工具箱的方法为：打开"工程"→"部件"菜单项，在"部件"对话框中选中"Microsoft Internet Transfer Controls 6.0"项。

1. Internet Transfer 控件的常用属性

（1）AccessType 属性

该属性用于设置或返回与 Internet 进行通信时的访问类型，其取值及含义如表 12-8 所示。

表 12-8   AccessType 属性取值及含义

常　　数	数　值	含　　义
icUseDefault	0	使用在注册表中找到的默认设置值访问 Internet，默认值
icDirect	1	直接连接类型，控件直接连接到 Internet
icNamedProxy	2	Internet Transfer 控件通过代理访问 Internet，需要设置 Proxy 属性

（2）UserName 属性

该属性用于设置或返回访问服务器时需要登录的用户名。如果该属性为空，则当提出请求时，Internet Transfer 控件将把"anonymous"作为用户名发送到远程计算机。

（3）Password 属性

该属性用于设置或返回访问服务器时需要登录的密码。

（4）URL 属性

该属性用于设置或返回 Execute 或 OpenURL 方法使用的 URL。该属性至少需要包含一个协议和一个远程主机名。当然，后面也可以包含文件名。

（5）Protocol 属性

该属性用于设置或返回 Internet　Transfer 控件当前使用的协议。其取值及含义如表 12-9 所示。

表 12-9   Protocol 属性取值及含义

常　　数	数　值	含　　义
icUnknown	0	未知的协议
icDefault	1	默认协议
icFTP	2	FTP 协议（文件传输协议）
icReserved	3	为将来预留
icHTTP	4	HTTP 协议（超文本传输协议）
icHTTPs	5	安全 HTTP 协议

（6）Proxy 属性

该属性用于设置或返回代理服务器的 IP 地址或名称。只有 AccessType 属性设置为 3 时该属性才会有效。另外，该属性页可以指定端口号，例如：

```
Inet1.Proxy = "192.168.10.100:8080"
```

（7）StillExecuting 属性

该属性用于返回一个逻辑值，指明当前的 Internet Transfer 控件是否处于忙状态。如果该控件正在做诸如下载和打开网页之类的操作时，则该属性值返回 True，否则返回 False。

2．Internet Transfer 控件的常用方法

（1）OpenURL 方法

该方法以同步方式连接到远程服务器上，打开并下载一个完整的文档。文档以变体型返回。该方法完成时，URL 的各种属性（以及该 URL 的一些部分，如协议）将被更新，以符合当前的 URL。使用该方法的预计类似于：

```
Text1.Text = Inet1.OpenURL(www.sohu.com)
```

其中，Inet1 是 Internet Transfer 控件的默认名称。上面语句的作用是将 www.sohu.com 的主页内容下载下来复制给 Text1 文本框。

（2）Execute 方法

以异步方式连接远程服务器，向远程服务器发送服务请求并得到服务结果，该方法无返回值。使用该方法的语句类似于：

```
Inet1.Execute FTP://ftp.microsoft.com, "GET aa.txt D:\download\aa.txt"
```

该语句的作用是将 ftp.microsoft.com 站点的 aa.txt 文件下载到本机"D:\download"文件夹中，并起名为 aa.txt。该方法的第二个参数中，除了可以用 GET 运算符下载文件以外，还可以用 DELETE、DIR 和 CD 等多种运算符。

（3）Cancel 方法

用来取消当前请求，并关闭当前已经建立的所有连接。

3. Internet Transfer 控件的常用事件

Internet Transfer 控件只有一个事件——StateChange 事件。该事件当连接状态发生改变时被触发。StateChange 事件由一个参数 State，该参数的取值及其含义如表 12-10 所示。

表 12–10　　　　　　　　　　　State 参数的取值及其含义

常　　量	数　　值	含　　义
icNone	0	无状态可报告
icHostResolvingHost	1	该控件正在查询所指定的主机 IP 地址
icHostResolved	2	该控件已成功找到所指定的主机 IP 地址
icConnecting	3	该控件正在于主机连接
icConnected	4	该控件以于主机连接成功
icRequesting	5	该控件正在向主机发送请求
icRequestSent	6	该控件发送请求成功
icReceivingResponse	7	该控件正在接受主机的响应
icResponseReceived	8	该控件已成功接收到主机的响应
icDisconnecting	9	该控件正在解除于主机的连接
icDisconnected	10	该控件已成功地与主机解除了连接
icError	11	与主机通信时出现了错误
icResponseCompleted	12	该请求已经完成，并且所以数据均已接收到

【例 12-4】　使用 Internet Transfer 控件下载网页源代码。程序运行界面如图 12-16 所示。

1. 添加控件

首先，将 Internet Transfer 控件添加到工具箱中：打开"工程"→"部件"菜单项，在"部件"对话框中选中"Microsoft Internet Transfer Controls 6.0"项。

2. 设计程序界面并设置控件属性

程序设计界面如图 12-17 所示。

在窗体上添加 1 个 Internet Transfer 控件和 2 个 TextBox 文本框控件。在属性窗口设置窗体及各主要控件的属性，如表 12-11 所示。

图 12-16　例 12-4 运行界面

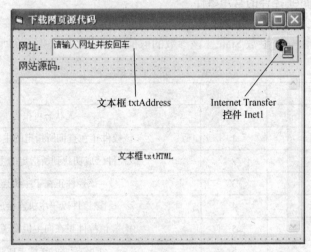

图 12-17　例 12-4 设计界面

表 12-11　　　　　　　　　　　　　　　　窗体及控件属性

	控 件 名	属 性 名	属 性 值
窗体	Form1	Caption	下载网页源代码
文本框控件	txtAddress	名称	txtAddress
		Text	请输入网址并按回车
文本框控件	txtHTML	名称	txtHTML
		Text	（空）

3. 程序代码

（1）文本框按键事件

当用户在文本框 txtAddress 中输入网址并按下回车后触发下列事件。事件中判断用户如果按下了回车键，则执行 Internet Transfer 控件中的 OpenURL 方法，以便下载网页源代码。代码如下：

```
Private Sub txtAddress_KeyPress(KeyAscii As Integer)
    Dim strAddress As String
```

```
    If KeyAscii = 13 Then
       strAddress = txtAddress.Text
       '将地址框变为不可用，将鼠标指针变为沙漏
       txtAddress.Enabled = False
       Screen.MousePointer = 11
       '把网页的内容复制到文本框中
       txtHTML.Text = Inet1.OpenURL(strAddress)
    End If
End Sub
```

（2）Internet Transfer 控件的 StateChanged 事件

当使用 OpenURL 方法连接远程主机成功或通信出错时，就会自动触发下列事件。根据 State 参数的值进行不同的处理。代码如下：

```
Private Sub Inet1_StateChanged(ByVal State As Integer)
    Select Case State
       Case icError
          MsgBox "找不到网页或网页不存在！", vbOKOnly + vbExclamation, "提示"
       Case icConnected
          MsgBox "网页源代码下载成功！", vbOKOnly + vbExclamation, "提示"
    End Select
       '将地址框变为可用，将鼠标指针还原
       txtAddress.Enabled = True
       txtAddress.SetFocus
       Screen.MousePointer = 0
End Sub
```

第13章
程序调试与错误处理

本章主要介绍 VB 的程序调试与错误处理技术，其中包括 VB 编程过程中常见的错误类型的产生和表现，以及利用 VB 提供的调试工具和错误处理语句对程序错误进行捕获、处理和修改的方法。VB 为广大用户提供了功能强大的程序调试工具，使用户能够迅速排除编程中出现的问题。

13.1 错误类型

Visual Basic 程序设计中常见的错误类型可以分为 3 种：语法错误（Syntax Errors）、运行错误（RunTime Errors）及程序逻辑错误（Logic Errors）。

1. 语法错误

语法错误是指在编译时出现的错误，是最常见的一种错误类型。它主要是由于代码编写时不符合 VB 的语法要求引起的，比如拼错关键字、丢失关键字、非法标点符号和遗漏了标点符号、函数调用时一些必须配对的关键字没有成对出现等。

Visual Basic 应用程序在编译时会自动检测是否存在语法错误。如果发现了这类错误，会红色高亮显示发生错误的语法行，提示程序员进行更正，相对来说这类错误比较容易解决。

编译错误如图 13-1 所示。

图 13-1　编译错误提示对话框

2. 运行错误

应用程序在运行期间执行了非法操作或数据库连接有问题等情况，就会导致运行错误。发生这类错误的程序一般语法没有错误，编译能够通过，只有在运行时才出错，例如类型不匹配、除数为 0、访问不存在的文件、数组的下标越界等。出现此类错误时，程序会自动中断，同时给出相应的错误提示信息。运行错误如图 13-2 所示。

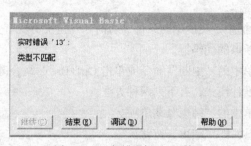

图 13-2　运行错误提示对话框

3. 逻辑错误

逻辑错误指的是程序可以正常执行，但是无法得到用户所希望的结果。这并不是程序语句的错误，而是由于程序设计时本身存在逻辑缺陷所致。例如定义了错误的变量类型，或者在程序中出现了不正确的循环次数或死循环等。大多数逻辑错误不容易发觉是在哪一条语句发生的，而却错误产生的原因与产生错误结果的语句之间可能隔有多条语句，因而难以发现。Visual Basic 提供了程序调试功能以便程序员能够查找该类错误的根源。

13.2　代码调试

程序中的错误时难以避免的，尤其是难以查找的逻辑错误。为此 Visual Basic 不但提供了专门的调试工具来帮助程序设计人员查找并排除错误，而且提供了有关的捕获错误和处理错误的语句用于设计错误处理程序。

13.2.1　Visual Basic3 种模式

Visual Basic 具有集程序编辑、解释和运行于一体的集成环境。按其工作状态可分为 3 种模式：设计模式、运行模式及中断模式。

1. 设计模式

设计模式是代码在编写过程所在的模式。在该模式下，可以进行程序的界面和代码编写。在此阶段，根据设计目标的不同，不同的代码被写在相应的模块里。当要执行一个程序时，可以单击"运行"菜单中的"开始"命令，或者按 F5 功能键。当程序处于设计模式时，除了可以设置断点和创建监视表达式外，不能使用其他调试工具。

2. 运行模式

当代码编写完成后就进入了运行模式，在运行模式下，程序处于运行状态，此时可以查看程序代码或者与应用程序对话，但不能修改程序。单击"运行"菜单中的"结束"命令可以使之由运行状态转到设计状态。用"运行"菜单中的"中断"命令或者按下 Ctrl+Break 组合键就进入了中断模式。

3. 中断模式

中断模式使运行中的程序处于挂起状态。一旦发生了错误，就应进入中断模式来调试代码。在此模式下，可以使用各种调试工具，如设置断点、改变某变量的值、观察某变量的值等，以便发现或者更正错误。

以下情况的发生时都会使程序自动地进入中断模式。

（1）语句产生运行时错误。

（2）"添加监视"对话框中定义的中断条件为真时（与定义方式有关）。

（3）执行到一个设有断点的代码行。

（4）执行"运行"菜单中的"中断"命令或单击 Ctrl+Break 组合键。

要从中断模式返回到设计模式，有下列两种方法。

（1）选择"运行"菜单中的"结束"菜单项。

（2）单击"调试"工具栏的"结束"按钮。

要从中断模式重新进入运行模式，有下列 3 种方法。

（1）选择"运行"菜单中的"继续"菜单项。

（2）单击"调试"工具栏的"继续"按钮（在中断模式下，"启动"按钮变为"继续"按钮）。

（3）使用快捷键 F5。

13.2.2 调试工具

调试工具的功能是提供应用程序的当前状态，以便程序员分析代码的运行过程，了解变量、表达式和属性值的变化情况。有了调试工具，程序员就能深入到应用程序内部去观察程序的运行过程和运行状态。

Visual Basic 提供的调试功能设置在"调试"菜单下，如图 13-3 所示。调试工具包括断点、中断表达式、监视表达式、逐语句运行、逐过程运行、显示变量和属性的值等。此外 Visual Basic 还提供了一个专用的程序调试工具栏，如图 13-4 所示。在"视图"菜单下选择"工具栏"菜单项下"调试"，可以打开调试工具栏。表 13-1 阐述了每个调试工具的作用。

图 13-3　"调试"菜单

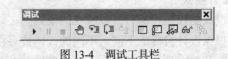

图 13-4　调试工具栏

表 13-1　　　　　　　　　　　　　　　　　调试工具功能

调 试 工 具	作　　　用
断点	程序运行到该处将暂时停止运行
逐语句	执行程序代码的下一行，并跟踪到过程中
逐过程	执行程序代码的下一行，但并不跟踪到过程中
跳出	执行当前过程的其他部分，并在调用过程的下一行处中断执行

13.2.3　调试窗口

在中断模式下，利用调试窗口可以观察有关变量的值。Visual Basic 提供了"立即"、"本地"、"监视" 3 种调试窗口。

1."立即"窗口

"立即"窗口可以在中断模式下自动激活，还可以通过其他方法打开。如单击"调试"工具条上的"立即窗口"按钮、执行"视图"工具条上的"立即窗口"命令，或者按下 Ctrl+G 快捷键。该窗口是最方便、最常用窗口。立即窗口的使用有两种方法。

（1）可以在程序代码中利用 Debug.Print 方法，把输出送到"立即"窗口。

例如：debug.print "a = ";a

（2）设置某程序行为断点后，可以直接在窗口输入语句，如输入"?a"，则可将变量 a 的值显示在窗体上，因此，立即窗口可以在中断状态下使用。在运行状态时可以在窗口输入代码，来测试某个命令的使用。

2."监视"窗口

"监视"窗口在代码运行过程中监控并显示当前监视表达式的值。在中断状态下，可以使用监视窗口显示当前的某个变量或表达式的值。在使用监视窗口监视表达式的值时，应首先利用"调试"菜单的"添加监视命令"或"快速监视"命令添加监视表达式及设置监视类型。如图 13-5 和图 13-6 所示。

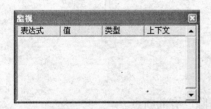

图 13-5　"监视"窗口

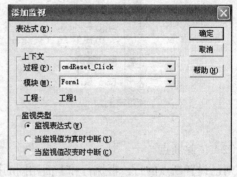

图 13-6　"添加监视"对话框

说明

在图 13-6 所示的对话框中输入相应的监视表达式、上下文及类型。其中"表达式"中输入要监视的表达式或参数名；"上下文"用于选择所要考察的模块或过程，监视表达式将在这些模块或过程中进行计算，并在监视窗口中显示其值；"监视类型"用于指定在何种条件下进入中断模式。

3."本地"窗口

"本地"窗口只显示当前过程中所有变量和对象值，只在中断模式下可用，在设计和运行时均不可用。当程序的执行从一个过程切换到另一个过程时，本地窗口的内容也会随之发生相应的变化，即它只反映当前过程中可用的变量，如图 13-7 所示。

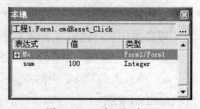

图 13-7　"本地"窗口

13.2.4 调试方法

1. 中断程序

中断程序的执行是指当程序运行到某一行语句时，就进入中断状态，不再继续执行。这样程序员就可以在中断状态下调试程序。常用的方法是通过设置断点来实现，有关断点的相关操作包括以下几种。

（1）设置断点

将插入点放在要设置断点的行，然后使用下述操作之一便可为该行设置断点。

① 选择"调试"菜单中的"切换断点"命令。

② 单击调试工具栏中的按钮。

③ 按 F9 键。

为某一行设置了断点后，该行代码将以红底白字显示，并在左侧边界指示条中出现一个红色的圆圈，表示这一行代码已被设置了断点，如图 13-8 所示。

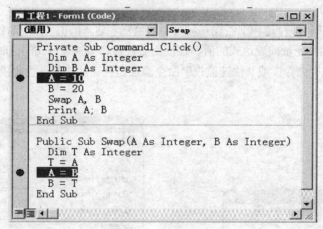

图 13-8 设置断点示例

（2）清除断点

对已设置断点的行，再执行和上面相同的操作便可清除已有的断点。

（3）清除所有断点

选择"调试"菜单中的"清除所有断点"命令，或按 Ctrl+Shift+F9 组合键。

2. 单步调试

所谓单步调试即逐个语句或逐个过程地执行程序，程序每执行完一条语句或一个过程，就发生中断。

（1）逐语句执行

此项操作是逐条语句地执行代码，即每次运行一行代码。当进入到过程中时，也将在该过程中逐条语句执行代码。

逐条语句执行代码有下面 3 种方法：

① 选择"调试"菜单中的"逐语句"命令；

② 单击调试工具栏中的 按钮；

③ 按 F8 键。

当逐语句执行代码时，执行点将移动到下一行，且该行将以黄底黑字显示，而且，在左侧的边界指示条中还会出现一个黄色的箭头，如图 13-9 所示。

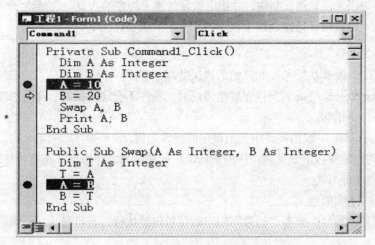

图 13-9　单步调试示例

（2）逐过程执行

此项操作单步执行代码，如果碰到过程调用，则不进入该过程，也就是说，将过程调用看作一行语句来执行。

逐过程执行有下面 3 种方法：

① 选择"调试"菜单中的"逐过程"命令；

② 单击调试工具栏中的 按钮；

③ 按 Shift+F8 键。

（3）跳出过程

此项操作将当前过程中执行点后面的语句全部执行，并将下一执行点定位在调用该过程的语句的下一行。

跳出过程有下面 3 种方法：

① 选择"调试"菜单中的"跳出"命令；

② 单击调试工具栏中的 按钮；

③ 按 Ctrl+Shift+F8 组合键。

13.3　错误处理

利用 Visual Basic 调试工具能够排除程序代码中的错误，但是却无法处理在程序运行过程中由于运行环境、资源使用等因素引起的错误。为了避免这种错误，应用程序本身就应当具有一定的错误捕获与错误处理功能，也就是设计专门能够用于错误处理的程序，为此 Visual Basic 提供了一系列错误捕获与错误处理的语句和函数。

错误处理程序由错误陷阱、错误处理和退出处理 3 部分组成，通过错误捕获语句、恢复语句以及有关的错误处理函数和语句来实现。

Visual Basic 提供了 On Error 语句设置错误陷阱，捕捉错误。On Error 语句有 3 种形式。

（1）On Error GoTo 行号|标号

功能：该语句用来设置错误陷阱，并指定错误处理子程序的入口。"行号"或者"标号"是错误处理子程序的入口，位于错误处理子程序的第一行。例如：

```
On Error GoTo 100
```

指发生错误时，跳到从行号 100 开始的错误处理子程序。

（2）On Error Resume Next 当程序发生错误时，程序不会终止执行，而是忽略错误，继续执行出错语句的下一条语句。

（3）On Error GoTo 0 取消程序中先前设定的错误陷阱。

Resume 语句应放置在出错处理程序的最后，以便错误处理完毕后，指定程序下一步做什么。Resume 语句也有 3 种形式。

（1）Resume 行号|标号

功能：返回到"行号"或者"标号"指定的位置继续执行，若行号为 0，则表示终止程序的执行。

（2）Resume Next

功能：跳过出错语句，返回出错语句的下一条语句处继续执行。

（3）Resume

功能：返回到出错语句处重新执行。

附录
常用字符与 ASCII 代码对照表

ASCII 值	字符	ASCII 值	字符	ASCII 值	字符	ASCII 值	字符
0	NUT	32	（space）	64	@	96	、
1	SOH	33	!	65	A	97	a
2	STX	34	"	66	B	98	b
3	ETX	35	#	67	C	99	c
4	EOT	36	$	68	D	100	d
5	ENQ	37	%	69	E	101	e
6	ACK	38	&	70	F	102	f
7	BEL	39	,	71	G	103	g
8	BS	40	(	72	H	104	h
9	HT	41	)	73	I	105	i
10	LF	42	*	74	J	106	j
11	VT	43	+	75	K	107	k
12	FF	44	,	76	L	108	l
13	CR	45	-	77	M	109	m
14	SO	46	.	78	N	110	n
15	SI	47	/	79	O	111	o
16	DLE	48	0	80	P	112	p
17	DCI	49	1	81	Q	113	q
18	DC2	50	2	82	R	114	r
19	DC3	51	3	83	X	115	s
20	DC4	52	4	84	T	116	t
21	NAK	53	5	85	U	117	u
22	SYN	54	6	86	V	118	v
23	TB	55	7	87	W	119	w
24	CAN	56	8	88	X	120	x
25	EM	57	9	89	Y	121	y
26	SUB	58	:	90	Z	122	z
27	ESC	59	;	91	[	123	{
28	FS	60	<	92	\	124		
29	GS	61	=	93	]	125	}
30	RS	62	>	94	^	126	~
31	US	63	?	95	—	127	DEL

参考文献

[1] 张彦玲，于志翔. Visual Basic 6.0 程序设计教程[M]. 北京：电子工业出版社，2009.

[2] 郑丽. Visual Basic 程序设计[M]. 北京：清华大学出版社，2009.

[3] 邹丽明. Visual Basic 6.0 程序设计与实训[M]. 北京：电子工业出版社，2008.

[4] 范晓平. Visual Basic 软件开发姓名实训[M]. 北京：海洋出版社，2006.

[5] 郑阿奇，曹戈. Visual Basic 实用教程[M]. 北京：电子工业出版社，2007.